高等职业教育“十四五”规划教材
辽宁职业学院教育部现代学徒制项目建设成果

果蔬产品加工

吴艳秋　主编

中国农业大学出版社
·北京·

内容简介

本教材与现代学徒制实施企业共同设计编写。教材内容分为果蔬干制品的加工、果蔬糖制品的加工、果蔬罐制品的加工、果蔬汁制品的加工、蔬菜腌制品的加工、果酒酿造制品的加工、果蔬速冻制品的加工、果蔬鲜切制品的加工和果蔬加工副产物的综合利用9个学习项目22个学习任务。教材充分考虑高职学生的认知能力、动手能力和可持续发展能力，从生产过程入手，以工艺方法为重点，将理论知识渗透到实际操作中。本书开门见山，直击生产。本书可作为现代学徒制试点项目各高职高专院校食品类专业教材，亦可作为相关行业企业专业技术人员的培训用书与学习参考书。

图书在版编目(CIP)数据

果蔬产品加工 / 吴艳秋主编. —北京：中国农业大学出版社，2020.6
ISBN 978-7-5655-2373-1

Ⅰ.①果… Ⅱ.①吴… Ⅲ.①果蔬加工-高等职业教育-教材 Ⅳ.①TS255.3

中国版本图书馆 CIP 数据核字(2020)第107319号

书　名　果蔬产品加工
作　者　吴艳秋　主编

策划编辑　张　玉　　**责任编辑**　韩元凤
封面设计　郑　川
出版发行　中国农业大学出版社
社　址　北京市海淀区圆明园西路2号　　**邮政编码**　100193
电　话　发行部 010-62733489，1190　　读者服务部 010-62732336
编辑部 010-62732617，2618　　出　版　部 010-62733440
网　址　http://www.caupress.cn　　**E-mail** cbsszs @ cau.edu.cn
经　销　新华书店
印　刷　北京鑫丰华彩印有限公司
版　次　2021年2月第1版　2021年2月第1次印刷
规　格　787×1 092　16开本　15.5印张　330千字
定　价　45.00元

编审人员

主　　编　吴艳秋

副 主 编　于海杰　江凤平　刘　畅

编写人员　（按拼音排序）

侯振博（康师傅（沈阳）方便食品有限公司）

江凤平（抚顺农业特产学校）

李晓平（辽宁职业学院）

刘　畅（辽宁职业学院）

田艳玲（辽宁职业学院）

吴艳秋（辽宁职业学院）

杨占军（辽宁职业学院）

殷微微（黑龙江农业职业技术学院）

于海杰（黑龙江农业职业技术学院）

主　　审　卢锡纯（辽宁职业学院）

姚文秋（黑龙江农业职业技术学院）

总 序

历经两年的辛苦努力，辽宁职业学院教育部现代学徒制项目建设成果系列教材正式出版了。为贯彻执行《教育部关于开展现代学徒制试点工作的意见》(教职成〔2014〕9号)和《教育部办公厅关于全面推进现代学徒制工作的通知》(教职成厅函〔2019〕12号)文件精神，落实《国家职业教育改革实施方案》中建设一大批校企"双元"合作开发的国家规划教材要求，现代学徒制试点项目组充分利用校企共建四大平台，发挥校企双方的场所、设备、人员优势，吸纳新技术、新工艺、新规范和典型生产案例，与合作企业、行业、同类院校共同开发此系列教材，并配套信息化资源，形成共建共享的教学资源体系，落实立德树人根本任务，打造"双导师"师资队伍，提升学徒培养质量。

本着"课程内容与职业标准对接，教学过程与生产过程对接"的原则，在行业企业调研的基础上，以满足企业岗位能力需求、遵循企业工作流程、参照行业标准、符合学徒培养目标为理念，以学徒职业能力培养、职业素养提升为主线，以生产项目、工作任务为载体，立足服务区域经济发展、食品加工岗位工作实际，认真总结、吸取国内外经验，明确"如何教、教什么"的问题，我们组织相关校企共同开发了现代学徒制系列数字化教材。本系列教材具有如下特点：

1. 开发主体多元化。教材开发在校企共建的前提下，组织学术水平高、教学经验丰富的学院导师，"康师傅"一线技术人员、高级技师，兄弟院校和行业资深专家共同联合开发教材。

2. 对接职业标准化。教材以最新国家标准、行业标准为依据，融合最新教育理念及相关研究成果，以生产项目、工作任务为载体，突出学生岗位能力、职业素养培养。

3. 教材形式立体化。教材不仅包括纸质内容，还配有视频、音频、动画等数字资源，使学习者可以在手机、电脑等移动终端随时随地观看学习，满足学习者移动学习、个性化学习的需要。

4. 立德树人全程化。本教材设有"思政花园"栏目，把思政教育融入教材编写中，体现到课堂教学环节，实现全员、全方位、全过程育人。

辽宁职业学院教育部现代学徒制项目建设成果——校企合作理实一体化特色系列数字化教材，凝聚了多方开发人员的智慧和心血，凝聚了出版界的关心与关爱，希望该系列教材的出版能发挥示范引领作用，辐射、带动同类高职院校的课程改革和建设。

本系列教材适应面广、选择性强，使用者可根据不同学习需求，学习部分项目或任务。本系列教材既可用于高职教学，也可用于各类相关培训。

由于编写时间有限，教材疏漏之处在所难免。真诚希望同行及教材使用者多提宝贵意见。

辽宁机电职业技术学院院长、党委副书记 于宏国

2020 年 5 月

前言
Preface

为全面贯彻落实《国务院关于加快发展现代职业教育的决定》(国发〔2014〕19号)和《教育部关于开展现代学徒制试点工作的意见》(教职成〔2014〕9号)文件精神,立足于社会发展对人才的职业素养要求,按照现代学徒制人才培养模式,编者深入果蔬产品加工行业企业调研,以师带徒、师徒共研为编写思路,以职业岗位能力培养为中心,以生产项目(典型工作任务)为载体,按照课程内容与职业标准对接、教学过程与生产过程对接的原则,编写了这本教材。旨在培养"德技双馨"高素质技术技能型人才。

本教材与现代学徒制实施企业共同设计编写。教材内容分为果蔬干制品的加工、果蔬糖制品的加工、果蔬罐制品的加工、果蔬汁制品的加工、蔬菜腌制品的加工、果酒酿造制品的加工、果蔬速冻制品的加工、果蔬鲜切制品的加工和果蔬加工副产物的综合利用9个学习项目22个学习任务。教材充分考虑高职学生的认知能力、动手能力和可持续发展能力,从生产过程入手,以工艺方法为重点,将理论知识渗透到实际操作中。本书开门见山,直击生产。本书可作为现代学徒制试点项目各高职高专院校食品类专业教材,亦可作为相关行业企业专业技术人员的培训用书与学习参考书。

本书由辽宁职业学院吴艳秋、刘畅、杨占军、李晓平、田艳玲,黑龙江农业职业技术学院于海杰、殷微微,抚顺农业特产学校江凤平,康师傅(沈阳)方便食品有限公司侯振博编写。编写分工是:果蔬干制品的加工、果蔬糖制品的加工、果蔬速冻制品的加工和果蔬罐制品的加工由吴艳秋编写;果蔬汁制品的加工由江凤平编写;蔬菜腌制品的加工、果酒酿造制品的加工由刘畅编写;果蔬鲜切制品的加工由于海杰编写;果蔬加工副产物的综合利用任务一、任务二由殷微微编写,任务三由田艳玲编写;生产工艺、质量标准和专业技术支持由侯振博负责,图片、图表及排版等由杨占军、李晓平负责。

本书的编写得到了编者所在单位领导和中国农业大学出版社编辑人员的大力支持，在此表示衷心的感谢！

由于编者水平有限，加之编写时间紧，疏漏之处在所难免。恳请使用本教材的师生和读者批评指正。

编　者

2019 年 12 月于铁岭

目录
Contents

项目一

果蔬干制品的加工

知识目标

1. 了解果蔬干制品加工原理。
2. 掌握果蔬干制品的加工工艺及工艺要点。
3. 掌握果蔬干制品加工中常见的问题及控制。

技能目标

1. 能够正确、安全操作果蔬干制品所用的设备和工具。
2. 能够熟练运用所学知识干制果蔬产品。
3. 能够准确地对果蔬干制品进行感官评价，根据产品缺陷判断原因，并提出解决方案。

德育目标

1. 通过果蔬干制在我国的悠久历史，对学生进行爱国主义教育。
2. 通过完成干制加工过程中的分工与合作，培养学生的团结协作精神。
3. 通过实践操作培养学生有效组织、合理分工的能力。

任务一 果品干制技术

【任务要求】

1. 能够掌握果品干制加工的基本原理。
2. 能够编制果品干制加工技术方案。

3. 能够准确判断干制品加工出现的问题，并能采取措施予以解决。

【工艺流程】

原料选择、分级 → 清洗 → 整理 → 护色 → 干制 → 筛选、分级 → 回软 → 防虫 → 包装 → 成品贮藏

【任务实施】

1　原料的选择、分级

果品干制原料的选择首先应考虑的是其经济价值，包括产品的特色、保藏价值、市场消费容量等。其次应选择适合于干制的原料，如对果品原料要求是：干物质含量高，风味色泽好，肉质致密，果心小、果皮薄，肉质厚，粗纤维少，成熟度适宜。

一般常见果品干制原料的要求如下：

1.1　葡萄

宜选用含糖量在20%以上，皮薄、肉满，无核品种为佳，果粒成熟适当，如无核白、秋马奶子等是较好的干制原料，此外，优良的无核红色品种亦是理想的干制品种。

二维码 1-1　干制产品加工过程微课

1.2　枣

宜选用果形大，皮薄肉厚，含糖量高，肉质致密，核小的品种。此外，优良的小枣品种也可用于干制。如山东乐陵金丝小枣、新疆哈密大枣、河南新郑灰枣、浙江义乌大枣都适合干制。

原料分级：按大小、成熟度进行分级，同时剔除腐烂果、病虫果，以保证品质一致。

2　清洗

原料干制前要进行洗涤，以除去表面污物、微生物和泥沙。这对于保持制品清洁，改善外观和提高制品品质均很重要。采用的方法有人工清洗和机械清洗。

洗涤原料最好使用软水。水温一般用常温，有时为增加洗涤效果，洗前可用水浸泡，污

经典语录

用最严谨的标准、最严格的监管、最严厉的处罚、最严肃的问责，确保广大人民群众"舌尖上的安全"。

——2013年12月23日至24日习近平在中央农村工作会议上的讲话

物易洗去，同时更有利于残留在果品表面的农药浸出。如果原料上残留的农药较多，有时还可以用化学药剂洗涤。

3 整理

按产品要求去除蜡质、皮、壳、核等不可食部分和伤、斑等不合格部分。有的原料须切成片、条、丝或颗粒状，以加快水分的蒸发。原料去蜡质可用碱液来处理，如葡萄可用1.5%～4%的氢氧化钠处理1～5 s，薄皮品种也可用5%的碳酸钠或碳酸钠与氢氧化钠混合液处理3～6 s，然后立即用清水冲洗干净。去皮和去蜡质同样可加快干燥过程。

4 护色

果品干制前的护色以采用硫处理为主。硫处理是许多果品干制的一种常见的预处理方法。如苹果、梨、杏等，经过切片热烫后，一般都要进行硫处理。

熏硫处理时，可将装果品的果盘送入熏硫室中，燃烧硫黄粉进行熏蒸。二氧化硫的浓度一般为1.5%～2.0%，有的可达3%。1 t切分的原料，需硫黄粉2～4 kg，要求硫黄粉纯净，品质优良，易于燃烧，砷含量不得超过0.015%，含油质的硫黄粉不能使用，因其影响干制品的风味，硫黄燃烧要完全，残留量不超过2%。如果硫黄不易燃烧，可加入相当于硫黄质量5%的硝酸钠或硝酸钾。熏硫法一般需要能密闭的熏硫室。

浸硫法常用亚硫酸进行处理，原因是亚硫酸对果品干制品品质提高具有如下作用：

(1)强烈的护色作用　因为它对氧化酶的活性有很强的抑制或破坏作用，故可防止酶促褐变。

(2)抗氧化作用　这是因为它具有强烈的还原性，它能消耗组织中的氧，抑制氧化酶活性，对防止果品蔬菜中维生素C的氧化破坏很有效。

(3)防腐作用　因为它能消耗组织中的氧气，能抑制好气性微生物的活动，并能抑制某些微生物活动所需的酶活性。

(4)促进水分蒸发的作用　这是因为它能增大细胞膜的渗透性，因此不仅缩短了干燥脱水时间，而且还使干制品具有良好的复水性能。

(5)漂白作用　它与许多有色化合物结合而变成无色的衍生物。二氧化硫解离后，有色化合物又恢复原来的色泽。所以，用二氧化硫处理保存的原料，色泽变浅，经脱硫后色泽恢复。

此外，还有用1%～5%柠檬酸、0.5%～1%抗坏血酸、0.1%～0.3% *L*-半胱氨酸等酶褐变抑制剂浸泡的方法抑制褐变。

5 干制

入炉烘制的过程实际就是果品在干燥设备中脱水干燥的过程。整个脱水过程主要包括升温和通风排湿两个操作工序。

5.1 升温

温度高低直接影响产品质量，不同的产品要求不同的烤制温度和升温方式。

升温有三种方式。

(1)在干制期间，干燥初期为低温，55～60℃；中期为高温，70～75℃，后期为低温，温度逐步降至50℃左右，直到干燥结束。这种升温方式适宜于可溶性固形物含量高的果蔬，或不切分整果干制的红枣、柿饼。操作较易掌握，能量耗费少，生产成本较低，干制质量较好。如红枣采用这种升温方式干燥时，要求在6～8 h内温度平稳上升至55～60℃，持续8～10 h，然后温度升至68～70℃，持续6 h左右，之后温度再逐步降至50℃，干燥大约需要24 h。

(2)在果品干制初期急剧升高温度，最高可达95～100℃，当物料进入干燥室后吸收大量的热能，温度可降低至30℃左右，此时应继续加热使干燥室内温度升到70℃左右，维持一段时间后，视产品干燥状态，逐步降温至干燥结束。此法适宜于可溶性固形物含量较低的果蔬，或切成薄片、细丝的果蔬，如苹果、杏等。这种方法，干燥时间短，产品质量好，但技术较难掌握，能量耗费多，生产成本较大。

(3)其升温方式介于以上两者之间。即在整个干制期间，温度在55～60℃的恒定状态，直至干燥临近结束时再逐步降温，此法操作技术容易掌握，成品质量好。因为在干燥过程中长时间维持较均衡的温度，耗能比第一种高，生产成本也相应高一些。这种升温方式适宜于大多数果蔬的干制加工。

另外，升温速率对于产品质量也很重要。升温速率过快会导致表面脱水过快，外观形态发生变化，同时对于一些含糖分较高的原料，会发生表面结焦而阻碍内部水分蒸发。如果升温速率太慢，干燥时间过长，既浪费能量，提高成本，同时也会使果蔬营养成分损失较多。因此，依据实际原料而定，控制合适的升温速率对产品质量也很重要。

5.2 通风排湿

果品含水量较高，在干制中由于水分的大量蒸发，使得干燥室内的相对湿度急剧升高，甚至会达到饱和程度，因此，在果蔬干制过程中应十分注意通风排湿工作，否则会延长干制时间，降低干制品质量。

一般当干燥室内相对湿度达70%以上时，应进行通风排湿操作。通风排湿的方法和时间要根据加工设备的性能，室内相对湿度的大小，以及室外空气流动的强弱来定。

在进行通风排湿时，一般还应控制干制的前期相对湿度适当高些，这一方面有利于传热，另一方面可以避免物料因水分蒸发过快出现"结壳"现象；在干制的后期相对湿度应低些，可促使水分蒸发，使干制品的含水量符合质量要求。

5.3 倒换烘盘

利用烤架、烤盘的干燥设备，由于烤盘位于干燥室上下不同的位置，往往会使其受热程度不同，使之干燥不均匀。因此，为了避免物料干湿不均匀，需进行倒盘，在倒盘的同时翻动盘内的物料，促使物料受热均匀，干燥程度一致。

烘房上部和靠近主火道及炉膛部位的温度往往比其他部位高,因而原料干燥较其他部位快。为了获得干燥程度一致的产品,应在干燥过程中及时倒换烘盘位置,并注意翻动烘盘内的原料。

6 筛选、分级

为了使产品符合规定标准,便于包装,贯彻优质优价原则,对干制后的产品要求进行筛选、分级。果品干制品常用振动筛等分级设备进行筛选分级,剔除块、片和颗粒大小不合标准的产品,以提高商品质量。筛下物另做他用,碎屑物多被列为损耗。大小合格的产品还需进一步进行人工挑选,剔除杂质、变色、残缺或不良成品,并经磁铁吸除金属杂质。

7 回软

回软又称均湿、发汗或水分平衡,目的是通过干制品内部与外部水分转移,使各部分的含水量均衡,呈适宜的柔软状态,以便产品处理和包装运输。回软方法是待干燥后的产品稍微冷却,即可装入大塑料袋或铁桶中密封,一般果干 2～5 d,待质地略软后便于后续操作。

8 防虫

果品干制品常有虫卵混杂其间,特别是自然干制的产品最易受害。害虫在果蔬干制期间或干制品贮存期间侵入产卵,以后再发育为成虫危害,有时会造成大量损失。所以,防止干制品遭受虫害是不容忽视的重要问题。常见的害虫有:蛾类为印度谷蛾和无花果螟蛾;甲类如露尾虫、锯谷盗、米扁虫、菌甲等;壁虱类如糖壁虱等。防治方法:

(1)低温杀虫 采用低温杀虫最有效的温度必须在－15℃以下。

(2)熏蒸剂杀虫 烟熏是控制干制品中昆虫和虫卵常用的方法,晒干的制品最好在离开晒场前进行烟熏。干制水果贮藏过程中还要定期烟熏以防止虫害发生。甲基溴是近年来使用最多的一种有效熏蒸剂。用量 16～24 g/m^2,密闭室处理时间在 24 h 以上。此外,SO_2、CS_2、氯化苦也可用于熏蒸。

9 包装

常用的包装材料有木箱、纸箱、纸盒、无毒 PE 塑料袋、铝箔复合薄膜袋、马口铁罐等。包装的方法有如下几种。

(1)普通包装 多采用纸盒、纸箱或普通 PE 袋包装,先在容器内衬防潮纸或涂防潮涂料,然后将制品按要求装入,上盖防潮纸,扎封。多用于自然干制和热风干制品的包装。

(2)不透气包装 采用不透气的铝箔复合薄膜袋包装。其内也可放入脱氧剂,将脱氧剂包装成小包与干制品同时密封于不透气的袋内,提高耐藏性。适用于真空干制、真空油炸、真空冻结干燥、喷雾干燥制品的包装。

(3)充气包装 采用 PE 袋或铝箔复合薄膜袋包装,将干制品按要求装入容器后,充入二氧化碳、氮气等气体，抑制微生物和酶的活性。适用于真空干燥、真空油炸、真空冻结干燥制品的包装。

(4)真空包装　将制品装入容器后，用真空泵抽出容器内的空气，使袋内形成真空环境，提高制品的保存性。多用于含水量较高的干制品的包装。

10　贮藏

果品干制品贮藏效果首先取决于制品质量优劣，优质制品贮藏性好，另一重要条件是制品含水量，含水量越低，贮藏性越好。干制品贮藏环境的要求：首先，低温有利于抑制害虫和微生物的活动，干制品适宜贮藏温度为 0～2℃，最好不超过 10～12℃；其次，干制品贮藏环境的相对湿度，以不超过 65%为宜，湿度较大，制品易吸湿返潮，尤其是含糖量较高的制品；光照和氧气能促进色素分解，引起变色，破坏维生素，降低二氧化硫的保藏效果，因此，干制品宜于避光和密闭保藏。同时，在贮藏期果品脱水后，虽然在一定程度上抑制了微生物的活动，但因富含营养物质，易遭虫害和霉变，故在包装前应做好灭虫处理。要做好贮藏库的清洁卫生和通风换气工作，做好防鼠、防潮工作，定期检查质量，发现问题，及时解决。

【案例】

1　苹果干的加工

1.1　材料、设备

1. 材料

苹果、盐酸、硫黄、亚硫酸氢钠、PE 包装袋等。

2. 设备

烘盘、晒盘、熏硫室(箱)、台秤、不锈钢果刀、鼓风干燥箱(机)、果盆、真空包装机等。

1.2　工艺流程

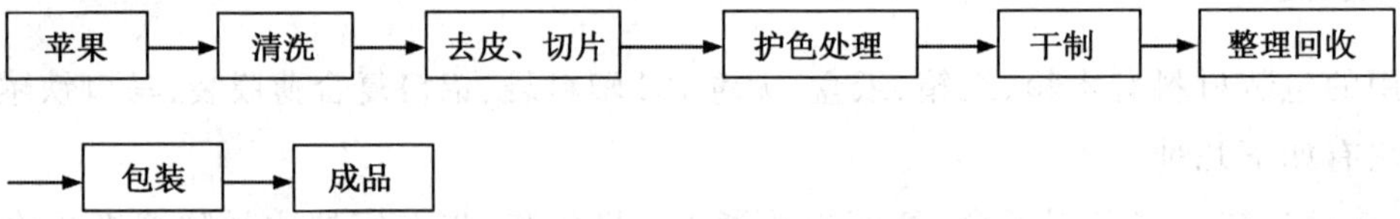

1.3　工艺要点

1. 选料、清洗

选择肉质致密、含糖量高、单宁含量少的成熟苹果，如小国光、倭锦、红玉等中晚熟品种。用 0.5%～1%的稀盐酸溶液浸泡 3～5 min，以除去果实表面的农药，再用清水冲洗干净。

2. 去皮、切片

用不锈钢果刀去皮，去心，将果实横切成 5～7 mm 的环状果片。投入 1%的食盐水中，以防变色。

3. 护色

按 10 kg 原料用 20～30 g 硫黄，熏硫 15～30 min，防止果块氧化变色。或配制 0.5%的亚硫酸氢钠溶液，将切好的苹果片投入浸泡约 10 min。另取一部分苹果不经硫处理做对照。

4. 干制

采用人工干制，装载量为 4～5 kg/m^2，干制初期温度为 80～85℃，以后逐渐降至 50～60℃，干燥 5～6 h，以用手紧握再松手互不黏着而富有弹性为宜。干燥率为(6～8)∶10。

5. 包装

干燥后将成品堆积密闭，回软 1～2 d 使水分平衡，最后挑选分级，用 PE 袋包装。

【任务评价】

苹果干制品制作完成后，按照感官评价表中的产品质量标准，采取师傅评价、徒弟间互评两种方式对任务完成情况进行打分。见表 1-1。

表 1-1 苹果干感官评价表

苹果干	产品质量标准	师傅评价	徒弟互评
组织与形态	果片呈环状，片型完整，不带机械伤、病虫害、斑点，片厚及大小基本均匀，无杂质，不完整片不超过 10%。		
色泽	呈淡黄色，色泽一致，不允许有氧化变色片、焦片、水片。		
滋味与口感	具有苹果特有的风味，甜酸适口，无异味。		

【师徒共研】

1. 果品干制品为什么干缩？如何解决？

干缩的原因：果蔬在干制时，因水分被除去而导致体积缩小，细胞组织的弹性部分或全部丧失的现象称为干缩。干缩的程度与果蔬的种类、干制方法及条件等因素有关。一般情况下，含水量多，组织脆嫩者干缩程度大；含水量少，纤维多的果蔬干缩程度轻。果蔬干缩严重会出现干裂或破碎等现象。干缩有两种情形，即均匀干缩和非均匀干缩。有弹性的细胞组织在均匀而缓慢地失水时，会均匀干缩，否则，会发生非均匀干缩。非均匀干缩还会使制品造成奇形怪状的翘曲，进而影响产品的外观。

改进方法：适当降低干制温度，缓慢干制；采用冷冻升华干燥可减轻制品干缩现象。

2. 果品干制品为什么表面硬化(结壳)？如何解决？

硬化原因：表面硬化是指干制品外表干燥而内部仍然软湿的现象。有两种原因造成表面硬化。其一是果蔬干制时，内部的溶质随水分不断向表面迁移和积累而在表面形成结晶造成的；其二是由于果蔬干燥过于强烈，内部水分向表面迁移的速度滞后于表面水分汽化的速度，从而使表面形成一层干硬膜造成的。

改进方法：采用真空干燥、真空油炸、冷冻升华干燥等方法来降低干燥温度、提高相对湿度或减少风速，用以减轻表面硬化现象。

3.果品干制品在干制时营养损失，如何解决？

营养损失原因：果蔬中的营养成分有糖类、维生素、矿物质、蛋白质等，在干制过程中会发生不同程度的损失，主要是糖类、维生素的损失。

改进方法：缩短干制时间，降低干制温度和空气压力有利于减少养分的损失。

任务二 蔬菜干制技术

【任务要求】

1.能够准确掌握蔬菜干制加工的基本技术。

2.能够掌握蔬菜干制过程中温度控制方式。

3.能够正确分析蔬菜干制品加工中出现的质量问题。

【工艺流程】

原料选择、分级 → 清洗 → 修整 → 煮烫 → 水冷 → 烘烤

→ 压块 → 防虫 → 包装 → 成品贮藏

【任务实施】

1 原料的选择、分级

蔬菜干制原料应选择适合于干制的原料，对原料要求肉质肥厚，组织致密，粗纤维少，新鲜饱满。

一般常见蔬菜干制原料有豆角、黄瓜、青辣椒、萝卜、胡萝卜、洋葱、黄花菜、食用菌等。

为了便于加工，使制品质量一致，首先应根据原料的新鲜度、大小、成熟度进行挑选分级，同时剔除腐烂植株、病虫植株，以保证品质一致。

2 清洗

将选好的原料用清水除去表面污物、微生物和泥沙。这对于保持制品清洁，改善外观和提高制品品质均很重要。采用的方法有人工清洗和机械清洗。洗涤原料最好使用软水。水温一般用常温，有时为增加洗涤效果，洗前可用水浸泡，污物易洗去，同时更有利于残留在蔬菜表面的农药浸出。如果原料上残留的农药较多，有时还可以用化学药剂洗涤。清洗过程中，除去干叶，放在没有阳光直射的地方晾干。

3 修整

萝卜、洋葱等根茎类菜切成片状、丁状或条状，其余的分类捆把，做到整齐一致，以便于煮烫。马铃薯、胡萝卜需要去除表皮。

4 漂烫

蔬菜经过热处理后，比较容易烘干，其干制品在加水时也容易恢复原状，

用常压蒸汽或沸水漂烫，漂烫用水以柠檬酸调整 pH，漂烫 2～5 min，以烫透为准，但不得有软烂现象。

5 干制

采用隧道式间歇半连续干燥设备。物料进入干燥室后，前期热风温度 80～85℃，中期温度降至 40℃左右，后期热风温度 75～80℃由出料口一端吹入，当物料中的水分含量降至 5%～8%时，即可结束干燥处理。

6 回软

将干燥的胡萝卜冷却，剔除湿度过大或焦煳等不合格品，然后于木箱等密闭容器中或以堆聚的形式在室内存放 1～3 d，使物料自身的内部与外部，以及物料与物料之间的干湿度一致，质地变得稍加皮软，这样不但为成品的压块成型、包装创造了有利条件，而且可提高成品得率。

经典语录

要贯彻食品安全法，完善食品安全体系，加强食品安全监管，严把从农田到餐桌的每一道防线。

——2016 年 8 月 19 日至 20 日 习近平在全国卫生与健康大会上的讲话

7 压块成型

当物料干燥后可趁热压块成型，其操作可采用螺旋式或液压式压榨机进行，视块型的大小，压榨时间为 1～3 min，工作压力为 70 kg/cm^2 左右。

8 包装

经压块成型的干制品，如水分含量不超过 8%，即可包装。包装环境必须干燥清洁、空气清新、温度适宜。蔬菜干制品的包装，应做到防潮、防虫和密封。

【案例】

1 胡萝卜干的加工

1.1 材料、设备

1. 材料

胡萝卜、盐酸、硫黄、亚硫酸氢钠、PE 包装袋等。

2. 设备

烘盘、晒盘、熏硫室（箱）、台秤、不锈钢果刀、鼓风干燥箱（机）、果盆、真空包装机等。

1.2 工艺流程

胡萝卜 → 清洗 → 去皮、切片 → 漂烫、硫浸 → 干制 → 整理回软 → 包装 → 成品

1.3 工艺要点

1. 原料选择

选择新鲜洁净、成熟适度、长粗适宜、外皮光滑、直根圆柱形，便于切片加工的胡萝卜。剔除带虫蛀、病斑、严重损伤或畸形、发育不良的胡萝卜。

2. 清洗

清洗容器可采用瓷缸、铁板水槽、水泥池等，有条件的工厂应采用带有滤板的清洗槽，或采用配有喷淋水的滚筒式洗涤机进行清洗操作，借助压缩空气对水的翻动或高压水的冲刷等机械作用来清洗胡萝卜原料。

3. 去皮、切分

采用 NaOH 碱液（浸碱或淋碱）的化学去皮。碱液的浓度，视原料的新鲜程度，可在

8%～12%之间进行调整，碱液温度不应低于95℃，浸碱或淋碱的作用时间为1～3 min。经碱液处理后的原料，要立即用流动清水进行2～3次冲洗，以洗掉被碱液腐蚀的表皮组织及残留的碱液，并起到对物料的冷却作用。

去除胡萝卜黑斑、根须及胡萝卜顶端叶、根尾等部分。经修整处理后的原料，以手工或切菜机械，切成厚8 mm左右薄片。

4. 漂烫、硫浸

用常压蒸汽或沸水漂烫，漂烫用水以柠檬酸调整pH为5.5～6.0，漂烫2～5 min，以烫透为准，但不得有软烂现象。用0.2%～0.5%(以有效SO_2计)亚硫酸钠浸泡，硫浸时间5～10 min。

5. 干制

采用隧道式间歇半连续干燥设备。胡萝卜物料，平铺在透气性能良好的烘盘(平筛)内，物料的装填量控制在5～6 kg/m^2，装好物料的烘盘，按一定的垂直间距，分层摆放在载料小车的框架上(一般可摆放10层左右)，物料进入干燥室后，前期热风温度80～85℃，中期温度降至40℃左右，后期热风温度75～80℃由出料口一端吹入，当物料中的水分含量降至5%～8%时，即可结束干燥处理。一般情况下，胡萝卜的人工干制，在6～7 h内即可完成。

6. 整理回软

将干燥的胡萝卜冷却，剔出湿度过大或焦煳等不合格品，然后于木箱等密闭容器中或以堆聚的形式在室内存放1～3 d，使物料自身的内部与外部，以及物料与物料之间的干湿度一致，质地变得稍加皮软，这样不但为成品的压块成型、包装创造了有利条件，而且可提高成品得率。

7. 压块成型

胡萝卜干制品的连续化、大批量生产，可不必单独进行回软处理。当物料干燥后可趁热压块成型，其操作可采用螺旋式或液压式压榨机进行，视块型的大小，压榨时间为1～3 min，工作压力为70 kg/cm^2 左右。

8. 包装

经压块成型的胡萝卜干制品，如水分含量不超过8%，即可包装。如水分含量超过成品标准，可采用生石灰为干燥剂，与等量的胡萝卜块置于室内同放一段时间，当块料中的水分含量降至8%以下时，再行包装。包装环境必须干燥清洁、空气清新、温度适宜。蔬菜干制品的包装，应做到防潮、防虫和密封。小型包装采用不透光的复合薄膜袋真空包装，有条件的采用较为理想的高充氮密封包装。大型包装，一般采用瓦楞纸箱或木箱，并经防潮和密闭处理，每大箱净重为15～20 kg。

【任务评价】

从制胡萝卜成品和完成任务的合作精神、职业素质对小组完成任务情况进行评价。按照评价表中的评分标准，由师傅对小组任务完成情况进行评价打分。重点考核合作精神、职业素质及产品质量对照评价。见表1-2。

表1-2　胡萝卜干产品感官评价及完成任务表现评价表

项目	评分标准	分值	组1	组2	组3	组4
形态与组织（25分）	片型完整，片厚基本均匀，干片稍有卷曲或皱缩，无碎片。	25～21				
	有部分卷曲或皱缩。	20～16				
	有碎片。	15～10				
色泽与滋味（25分）	胡萝卜干呈橙黄色，色泽较一致，无氧化变色；具有脱水胡萝卜干的气味，无异味。	25～21				
	有少部分发生了氧化变色。	20～16				
	有焦煳味。	15～10				
合作精神（25分）	具有合作意识与协作精神，积极参与，认真完成工作任务，成品质量好。	25～21				
	按分工，完成工作任务。	20～16				
	按分工，能部分参与，基本完成任务。	15～10				
职业素质（25分）	团结协作，工作严谨，效率高，成品率高。	25～21				
	工作严谨性良好，效率一般。	20～16				
	组内协调沟通性差，效率低。	15～10				
总分						

【师徒共研】

1.蔬菜干制品为什么褐变？如何解决？

褐变原因：果蔬在干制过程中或干制后的贮藏中，类胡萝卜素、花青素、叶绿素等均受影响或流失，造成品质下降。酶促褐变和非酶褐变反应是促使干制品褐变的原因。

改进方法：干制前，进行热烫处理、硫处理、酸处理等，对抑制酶褐变有一定的作用。避免高温干燥可防止糖的焦化变色，用一定浓度的碳酸氢钠浸泡原料有一定的护绿作用。

2.蔬菜干制品在干制时营养损失，如何解决？

蔬菜中的营养成分有糖类、维生素、矿物质、蛋白质等，在干制过程中会发生不同程度的损失，主要是糖类、维生素的损失。

改进方法：缩短干制时间，降低干制温度和空气压力有利于减少养分的损失。

3.蔬菜干制品干燥率低，如何解决？

干燥率低原因：原料固形物含量低；干制过程中呼吸消耗；原料成熟度不够。

改进方法：选择固形物含量高的原料；干制前进行烫漂处理；选择成熟度适宜的原料。

【知识链接】

1 果蔬干制品的基本原理

1.1 干制品的保藏机理

1.1.1 干制对微生物的影响

二维码 1-2 果蔬干制原理微课

在自然干制过程中，果蔬原料受到日光中紫外线及红外线的作用，造成原料污染的微生物死亡。在果蔬脱水的时候，其所污染的微生物也同时脱水，干制后，微生物长期处于休眠状态。

干制品的水分活度值在 0.80～0.85，在 1～2 周内，可以被霉菌等微生物引起变质而败坏。若水分活度值为 0.70，就可较长期防止微生物的生长。微生物耐低水分环境的能力常随菌种及其不同生长期而异。干燥状态的细菌芽孢、菌核、厚膜孢子、分生孢子可存活 1 年以上；有实验表明，霉菌孢子的耐热性随水分活度的降低而呈增大的倾向。显然，降低水分活度可有效地抑制微生物的生长，但同时，微生物的耐热性也增大，所以，尽管在干制品贮存过程中微生物总数逐渐缓慢地减少，但干制并不能将微生物全部杀死，只能抑制微生物的活动。干制品复水后，残留的微生物仍能复苏并再次生长。

1.1.2 干制对酶活性的影响

酶是引起食品变质的主要因素之一。酶的活性与很多条件有关，如温度、水分活度、pH、底物浓度等，其中水分活度的影响非常显著。水分活度影响酶促反应主要通过以下途径：①水作为运动介质促进扩散作用（底物与酶靠近）；②稳定酶的结构和构象；③水是水解反应的底物；④通过水化作用使酶和底物活化。由于活性中心的反应速率大于底物或产物的扩散速率，因此运动性是限制酶促反应的主要因素。

酶对湿热环境很敏感，在较高的水分活度环境中更容易发生热失活，而在干热环境中对热不敏感，如在干燥状态下，即使用 204℃热处理，对酶活的影响也极微。这说明干制食品中的酶并未完全失活，在低水分干制品中，特别是它吸湿后，酶仍会缓慢地活动，从而可能降低制品的品质。

1.2 干制过程及影响因素

1.2.1 果蔬的干制过程

二维码 1-3 干制水分的内外扩散动画

果蔬的干制过程是果蔬中水分蒸发的过程，水分的蒸发是依靠水分外扩散作用和内扩散作用共同完成的。果蔬干制时所需除去的水分，是游离水和部分结合水。目前常规的加热干制，是以空气为干燥介质。当果蔬原料与热空气接触后，果蔬表面的水分受热变成水蒸气而大量蒸发，称为水分外扩散。一部分水分由表面蒸发后，表层组织内容物浓度提高，水分的含量比内层组织低，使原料内外层水分失去平衡，水分即由内层向外层移动，以求各部分水分平衡，这种内层水分向外层转移的现象，称为内扩散。在果蔬干制过程中，水分的内外扩散是同时进行的，两者相互促进，不断打破旧的平衡，建立新的平衡。由于水分不断蒸发，而使原料内容物的浓度逐渐增加，水分向外转移的速度也逐渐缓慢，蒸发速度渐渐减弱，直至原料温度与干燥介质温度相等，水分即停止蒸发，这时干制过程结束。

在干制过程中，如果外扩散速度远大于内扩散，即造成内部水分来不及转移到表面，原料表面会因过度干燥而形成硬壳（称"结壳"现象），阻碍水分继续蒸发，甚至出现表面焦化和干裂，降低产品质量。因此，在干制过程中，要合理控制干制介质的条件，使内外扩散相对平衡，促使水分均匀快速蒸发，避免一些不良现象的发生，这是干制技术的重要环节。

1.2.2 影响干制的因素

干制速度的快慢对于制品的品质起决定性的作用。一般来说，干制越快，制品的质量越好。干制的速度常受许多因素的影响，这些因素归纳起来有两方面：一是干制的环境条件，二是原料的性质和状态。

1. 干制的环境条件

（1）干制介质温度　干制介质温度是影响干制速度的关键因素，温度越高，干制速度也就越快。

（2）干制介质相对湿度　干制介质相对湿度的大小是直接影响干制速度的因素，相对湿度越小，原料干燥时水分蒸发就越快；反之，水分蒸发就慢。

（3）干制介质空气流速　干制介质空气流动速度越大，越容易带走原料附近的湿空气，促进原料水分的蒸发，干制速度越快。因此，有风晾晒比无风晾晒干燥得快。同样，人工通风干制机比无通风装置的干制设备干制速度快得多。因此，在选用干制设备及建造烤房时，应注意通风设施的配备。

2. 原料的性质和状态

（1）果蔬种类和品种　果蔬的种类和品种不同，其结构和化学成分也不相同，因而干燥的速度也不尽相同。在同一干制条件下，可溶性固形物含量低、表面积大、组织结构疏松和表皮蜡粉层薄的果蔬，干制速度快；反之，则干制速度慢。

（2）果蔬存在的状态　果蔬状态在一定程度上也能影响干制速度。果蔬切分成薄片或小颗粒后，缩短了热量向果蔬中心传递和水分从果蔬中心外移的距离，增加了果蔬和加热介质相互接触的表面积，从而加速了水分蒸发和果蔬的脱水干制。另外，原料的烫漂、硫处理、浸碱脱蜡等都会加速水分的蒸发，提高干制速度。

3. 原料装载量

单位烘盘或晒盘面积上原料装载量多，则厚度大，不利于空气流通，影响水分蒸发，干燥速度就慢。装载量太少，干燥速度虽然加快，但不够经济。一般装载量的多少与厚度以不妨碍空气流通为原则。干燥过程中可以根据原料体积的变化，改变其厚度，干燥初期宜薄些，干燥后期可以厚些。自然气流干燥的要放薄一些，用鼓风干燥的可厚些。

1.3 果蔬在干制过程中的变化

果蔬在干制过程中，会发生一系列的物理化学变化。

1. 重量和体积的变化

果蔬干制后由于脱除了大部分的水分，体积和重量明显变小。一般体积为新鲜果蔬的20%～35%，重量为原重的6%～20%。体积和重量的变小，使得运输方便、携带容易。

2. 透明度的改变

在干制过程中，果蔬组织及细胞间隙的空气也同时被排除，使干制品呈半透明状态。这不仅使制品具有良好的外观，而且由于果蔬组织及细胞间隙的空气含量降低，增强了制品的保藏性。

3. 干缩和干裂

干缩和干裂是物料失去弹性时出现的一种变化，也是果蔬干制时最常见、最显著的变化之一。

4. 表面硬化

表面硬化是物料表面收缩和封闭的一种特殊现象。如物料表面温度过高，就会因为内部水分未能及时转移至物料表面，使表面迅速形成一层干燥膜或干硬膜。这层干燥膜或干硬膜的渗透性极低，以致将大部分残留水分保留在食品内，使干燥速率下降。这种现象在一些含有高浓度糖分和可溶性物质的物料中容易出现。

5. 物料内多孔性的形成

快速干制时物料表面硬化及其内部水分蒸发区的迅速建立，会促使物料成为多孔性制品。

6. 颜色变化

果蔬在干制过程中或干制品在储存中，常会变成黄色、褐色或黑色等，一般统称为褐变。根据褐变发生的原因不同，又可将之分为酶促褐变和非酶促褐变。通常的干制温度不足以钝化酶的活性，因此在果蔬干制前进行热烫或加化学抑制剂处理，能有效抑制酶促褐变。非酶促褐变的发生与干制温度、果蔬种类及含水量变化有关，原料中还原糖或氨基酸含量高、高温的工艺操作均易发生此褐变。

7. 营养成分的变化

干制过程中营养成分的变化因干制方式和各种处理不同而异。

(1)糖分的变化　糖普遍存在于果蔬中，是果蔬甜味的来源。它的变化直接影响到果蔬干制品的质量。

干制过程中，干制速度越慢，干制时间越长，糖分损失越多，干制品的质量越差，重量也相应降低；另外，过高的温度会使糖分焦化呈深褐色甚至黑色，且味道变苦。

(2)维生素的变化　维生素C既不耐高温又容易氧化，在常规的干制过程和干制品保存中很容易被破坏，其损失程度除与干制环境中的氧含量和温度有关外，还与抗坏血酸酶的活性和含量有关。此外，光照和碱性环境也易加速其破坏。因此，干制前对原料进行的热烫、硫处理，都是减少维生素C损失的有效措施。

(3)风味的变化　新鲜果蔬加工成干制品后，无论如何在其复水后都比新鲜的原料在口感上、组织结构上、滋味上会有不同程度的降低。在热风干燥过程中，水分蒸发的同时，一些芳香物质要随之挥发而损失。故如苹果、洋葱、大蒜、香葱、莴苣等风味浓郁的原料干制后或多或少在风味品质上有所降低。在正常情况下，果蔬原料切分处理得越细，挥发表面越大，风味损失就越大。

2　果蔬干制方法和设备

果蔬产品干制的方式根据热能来源不同，可分为自然干制和人工干制。

2.1　自然干制

自然干制是指在自然条件下，利用太阳辐射能、热风等使果蔬产品干燥的方法。自然干制方法简便，设备简单。但自然干制受气候条件影响大，如在干制季节，阴雨连绵，会延长干制时间，降低制品质量，甚至会霉烂变质。自然干制方法可分为以下两种。

2.1.1　太阳辐射干燥

太阳辐射干燥是利用太阳的辐射热作为热源，使水分蒸发的一种干燥方法。太阳光的干燥能力和果蔬原料水分蒸发的速度，主要取决于太阳辐射的强度和果蔬表面接受的辐射强度。太阳辐射的强度，因地区的纬度和季节而异，纬度低的地区较纬度高的地区强，夏季较冬季强。为了有效地利用太阳辐射进行晒干，在干制过程中，应提高晒干品表面所受到的太阳辐射强度。

2.1.2　空气的干燥

我国南方诸省，虽然气温较高，但空气相对湿度平均在75%以上。潮湿的空气，对于果蔬干燥不利。但是，晒干和风干是在白天进行的，白天的气温较高，相对湿度远低于一天中的平均湿度，仍然可以起到一定的干燥作用。我国西北属干旱、半干旱地区，气候十分干燥，空气相对湿度低，平均在60%左右，有利于果蔬干制，如新疆吐鲁番一带干制葡萄采用此法。风速的大小与干燥作用关系很大，特别是在空气温度高、湿度低的情况下，如果有较大的风速，即使在多云或者天阴时，也能收到一定的干燥效果。

自然干制的主要设备为晒场和晒干用具如晒盘、席箔，运输工具等，以及必要的建筑物如工作室、贮藏室、包装室等。晒场要向阳，位置宜选择交通方便的地方，但不要靠近多灰尘的大道，还应注意要远离饲养场、垃圾堆和养蜂场等，以保持清洁卫生，避免污染和蜂害。

2.2　人工干制

人工干制是人工控制脱水条件的干燥方法。它不受气候条件限制，方便、卫生、干燥速度快、制品质量高。但人工干制需要干制设备和能源消耗等，成本较高，技术比较复杂。

现在采用的人工干制方法很多，需根据原料的不同、产品的要求不同，而采取适当的干制方法。

2.2.1 烘制

(1)烘灶干制 烘灶是我国农村、山区所应用的一种最简单的干制设施，其构造是在地面砌灶或地下挖坑，上架木檀、铺席箔，原料摊在席箔上，在灶坑生火，通过火力大小控制干制所需的温度，达到干制目的。

(2)烘房干制 多采用砖木结构，设备费用低，操作管理简单，干燥速度快，适合大量生产，是我国农村乡镇企业采用较多的一种干燥设施，常用于果脯、菜干、果干的生产。烘房的形式很多，但结构基本相同，主要由烘房主体建筑、加热升温设备、通风排湿设备和装载设施组成。

2.2.2 热风干制

热风干制能控制干制环境的温度、湿度和空气的流速，因此，干燥时间短，制品质量好。热风干制机的类型很多，概括起来有以下几种。

1. 箱式干燥

古老但应用广泛的干燥器，设备容量小，易控制，但操作费用较高。一般用于果蔬或价格较高的食品，或用于中试，摸索物料干制特性，为确定大规模工业化生产提供依据。主要分为平行流式箱式干燥器、穿流式箱式干燥器、真空箱式干燥器、热风循环烘箱 4 种。

二维码 1-4 箱式干燥器工作过程动画

(1)平行流式箱式干燥器 箱内设有风扇、空气加热器，料盘置于小车上，小车可方便地推进推出，盘中物料填装厚度为 20～30 mm，平行流风速一般为 0.5～3 m/s，蒸发强度一般为 0.12～1.5 kg/(m^2·h)盘表面积。

(2)穿流式箱式干燥器 料盘底部为金属网(孔板)结构。导风板强制热气流均匀地穿过堆积的料层，其风速在 0.6～1.2 m/s，料层高 50～70 mm。对于特别疏松的物料，可填装高度达 300～800 m，其干燥速度为平行流式的 3～10 倍，蒸发强度为 24 kg/(m^2·h) 盘表面积。

2. 隧道式干燥

为了增加干燥能力，将干燥室加长，可达十几米到几十米，从一头进到另一头出来，这种干燥机的干燥室为狭长的隧道形。地面铺铁轨。装好原料的载车，沿铁轨经隧道，完成干燥，然后从隧道另一端推出，下一车原料又沿铁轨再推入。干燥室一般长 12～18 m、宽 1.8 m、高 1.8～2 m。隧道式干燥机可根据被干燥的产品和干燥介质的运动方向分为逆流式、顺流式和混合式(又称复式或对流式)三种形式。

二维码 1-5 隧道式干燥机工作过程动画

(1)逆流式干燥机 指载车前进的方向与干热空气流动的方向相反。原料由隧道低温高湿的一端进入，由高温低湿的一端完成干燥过程出来。桃、杏、李、葡萄等含糖量高，汁液黏厚的果实适合于采用这种干燥机干制。

(2)顺流式干燥机　指载车的前进方向和空气流动的方向相同。原料从高温低湿的热风一端进入。适宜于干制含水量高的蔬菜。

(3)对流式干燥机　又称混合式干燥机(图 1-1)。该干燥机综合了上述两种干燥机的优点，克服了他们的缺点。原料补载车首先进入顺流式隧道，用较高的温度和较大的热风吹向原料，加快原料水分的蒸发。随着载车向前推进，温度逐渐下降，湿度也逐渐增大，水分蒸发趋于缓慢，有利于水分的内扩散，不致发生硬壳现象，待原料大部分水分蒸发以后，载车又进入逆流隧道，从而使原料干燥比较彻底。对流式干燥机具有能连续生产，温湿度易控制，生产效率高，产品质量好等优点。目前，果蔬产品干制大多采用对流式(混合式)。

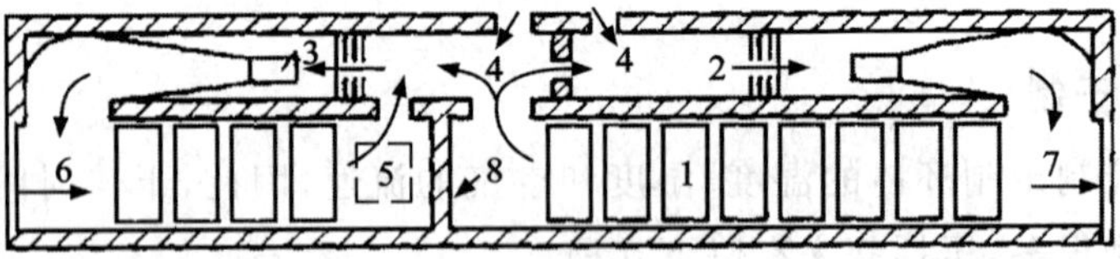

1. 载车　2. 加热器　3. 电扇　4. 空气入口　5. 空气出口　6. 新鲜品入口　7. 干燥产品出口　8. 活动隔门

图 1-1　混合式干燥机示意图

(引自《果蔬加工学》，方宗涵，1993)

3. 带式干燥

带式干燥机是在用帆布带、橡胶带、涂胶布带、钢带和钢丝网带等制作的传送带上放置原料，用装在每层传送带中间的暖管提供热源的一种干制机械。

图 1-2 为 4 层传送带式干燥机，能连续转动。物料从上层带子加入，随着带子的移动，依次落入下一根带子，最后干物料从下部卸出。热空气从下方引入，由下而上进到带子上方，湿热空气由上部排气口排出。当物料向下层落下时，就自然翻动一次，因而在干燥过程中不用人工翻动物料，而且物料干燥程度也极其均匀，最后成品由末端卸出。

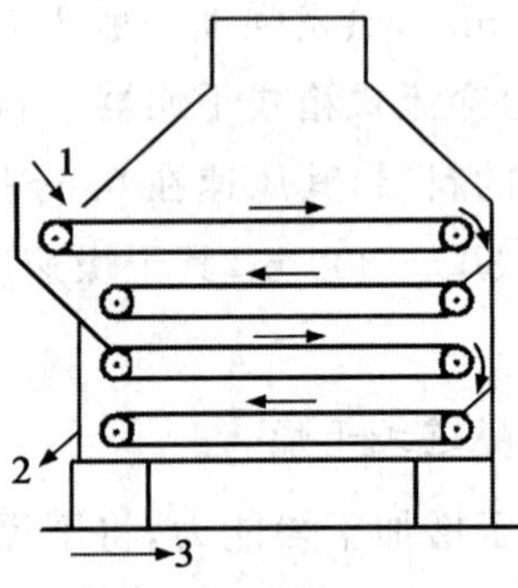

1. 原料进口　2. 原料出口

3. 原料运动方向

图 1-2　带式干燥机

(引自《果蔬加工学》，方宗涵，1993)

带式干燥机适应于单品种、整季节的大规模生产。苹果、胡萝卜、马铃薯、甘薯、洋葱等都可用此干燥机干燥。

4. 滚筒干燥

由一只或两只中空的金属圆筒组成。圆筒随水平轴转动，圆筒内部由蒸汽、热水或其他加热剂加热。这样，圆筒壁就成为被干燥产品接触的传热壁。当滚筒的一部分浸没在稠厚的浆料中，或者将稠厚的浆料喷洒到滚筒的表面上时，因滚筒的缓慢旋转使物料呈薄层状附着在滚筒外表面进行干燥。当滚筒旋转 3/4～7/8 周时，物料已干到预期的程度。滚筒干燥机主要用于果蔬粉和糊化淀粉的干燥。

2.2.3 微波干燥

微波一般是指 300～300 000 MHz 的电磁波，波长为 0.001～1.0 mm。所用的微波管为磁控管，常用的加热频率为 915～2 450 MHz。微波的穿透能力比红外线更强，水又是吸收微波良好的介质，另外，微波加热不是由外部热源加进去的，而是在加热物体内部直接生产的。

微波干燥具有加热均匀、干燥时间短、热效率高和反应灵敏等优点，是一种较理想的干燥方法。如利用微波干燥器生产乳儿糕，干燥时间由原来的 6～8 h 缩短到 8～10 min，大大缩短了干燥时间，实现了生产的连续化和自动化。

2.2.4 真空干燥

真空干燥又称减压干燥。它是使用真空干燥机，将物料于真空条件下进行加热干燥的一种方式。真空干燥机主要由密闭箱体（干燥室）、真空泵、加热系统、冷凝器 4 部分组成（图 1-3）。干燥箱内有数层固定的夹层加热板（管）。干燥时，用真空泵进行抽气抽湿，使干燥室内抽成真空状态，利用蒸汽（或热水、热油）通入加热板（管）对物料进行加热，物料中的水分在真空状态下易被蒸发，蒸发出的水蒸气被吸入冷凝器经冷凝后排出。例如，采用真空干燥可将香蕉片（5 mm 厚）干燥到含水量达 10％以下，而且色泽美观、质地松脆、口感好。真空干燥若用于液浆物料和散粒物料，干燥效率更高。

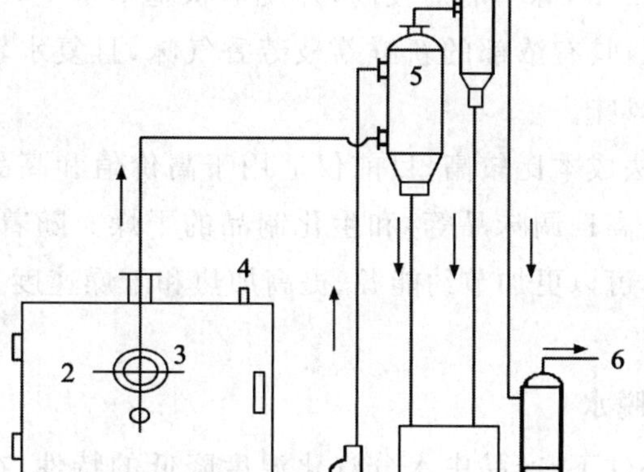

1.冷凝水出口　2.干燥箱　3.观察孔　4.蒸汽入口　5.冷凝器　6.连接真空泵

图 1-3　真空干燥机

（引自《果蔬贮运与加工》，赵晨震，2002）

2.2.5 冷冻升华干燥

冷冻升华干燥又称冷冻真空干燥、冷冻干燥、冻结干燥，简称冻干。这是目前最先进的干燥技术，主要用于医药和食品工业。冷冻升华干燥是在－30～－40℃下将物料快速冻结到冰点以下，使原料中的水分冻结成细小冰晶，然后送入真空干燥室，在高真空度（通常不超过 100 Pa）和较低温度（一般不超过 50℃）的条件下，使原料中的冰晶不经液态而直接升华为气态被除去，从而达到干燥的目的。冷冻升华干燥设备一般由物料预处理系统（含速冻库）、真空升华干燥仓（冻干箱）、真空系统、加热系统及制冷系统等组成（图 1-4）。

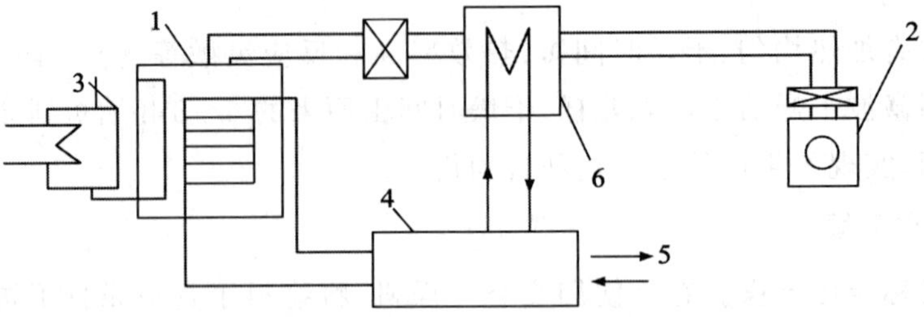

1. 冻干箱　2. 真空系统　3. 加热系统　4. 水冷系统　5. 制冷系统　6. 凝水器

图 1-4　冷冻真空干燥机结构示意图

（引自《果品深加工新技术》，艾启俊，2003）

此方法加工出的成品能基本上保持产品的色、香、味和营养价值，蛋白质不易变性，且复水容易，复水后产品接近新鲜产品。因此，比加热烘干要优越得多。例如，在≤20 Pa 真空度下，冻干的香蕉片不仅能很好地保留香蕉的色、香、味和形状，而且质地松脆，口感似威化饼，很受人欢迎。在≤60 Pa 下，冻干的荔枝肉，外观形状基本不变，断面呈多孔海绵样疏松状，保持了荔枝原有的颜色，具有浓郁的新鲜荔枝芳香气味，且复水较快，复水后芳香气味更为强烈，接近新鲜荔枝的风味。

不过，这种干燥方法成本比较高，目前仅适用于高价值和高品质的果蔬干制品（如功能性食品、高档脱水果蔬、高档调味品等）和生化制品的干燥。随着微波真空冷冻干燥机的研发问世，采用微波加热，可以更加节约能源、提高加热和干燥速度，将会有力地推动冻干食品的生产。

2.2.6 真空油炸脱水

此法是利用减压条件下，产品中水分汽化温度降低的特性，在低温条件下，在短时间内使产品通过油炸脱水达到干燥的目的。热的油脂作为产品的脱水供热介质，还能起到膨化及改进产品风味的作用。

真空油炸的技术关键在于原料的前处理及油炸时真空度和温度的控制，原料前处理除常规的清洗、切分、护色外，对有些产品还需进行渗糖和冷冻处理。渗糖浓度为 30％～40％，冷冻要求在－18℃左右的低温冷冻 16～20 h，油炸时真空度一般控制在 92.0～98.7 kPa 之间，油温控制在 100℃以下。目前，国内外市场出售的真空油炸果蔬有：苹果、猕猴桃、柿子、草莓、葡萄、香蕉、胡萝卜、南瓜、番茄、四季豆、甘薯、马铃薯、大蒜、青椒、洋葱等。

2.2.7 喷雾干燥

喷雾干燥机由空气加热器、送风机、喷雾器、干燥室等部分组成(图 1-5)。干燥时,是将浆料喷成微细的雾状液滴(直径为 10～100 μm)进入干燥间与 150～200℃的热空气接触进行热交换,于是分散悬浮的微小液滴立即干燥成粉粒,落在加热器下方的收集器内。此法具有干燥速度快、制品分散性好、物料热损害少等特点,尤其适合干燥果蔬粉、酵母粉、蛋粉、奶粉等。

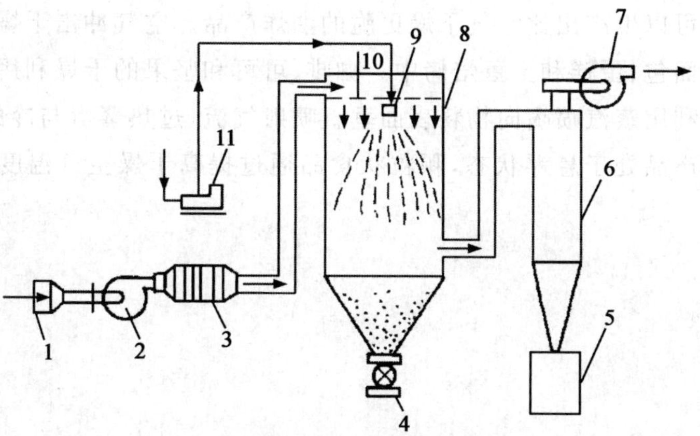

1.空气过滤器 2.送风机 3.空气加热器 4.旋转卸料间 5.收集器 6.旋风分离器 7.排风机 8.喷雾干燥室 9.喷雾系统 10.空气分配器 11.料泵

图 1-5 喷雾干燥机

(引自《果蔬加工工艺学》,赵丽芹,2002)

3 果蔬干燥新技术

3.1 果蔬脆片低温真空油炸干燥技术

在真空条件下把果蔬切块后投入高温油槽,脱去果蔬组织中所含的大量水分,用油抽取装置进行脱油。低温真空油炸,可防止油脂劣化变质,不必加入其他抗氧化剂,油脂可以反复使用。制得果蔬脆片的含油量小于 25%,含水量小于 6%。且产品的口感脆,复水性好。

3.2 果蔬脆片变温压差膨化干燥技术

变温是指物料膨化温度和真空干燥温度不同,在干燥过程中温度不断变化;膨化过程通过原料组织在高温与高压下瞬间泄压时内部产生的水蒸气剧烈膨胀来完成。其优点是干燥的产品绿色天然,口感酥脆,最大限度地保持了原果蔬的风味、色泽和营养,并解决了真空油炸果蔬脆片含油量多的问题,同时,不含任何添加剂。

3.3 果蔬 CO_2 干燥技术

将传统的热风干燥设备增加 CO_2 循环管路、冷凝和加热装置,用 CO_2 代替空气作为介质对果蔬进行干燥，可在较低的温度及隔绝空气的状态下操作，不用油炸，无抗氧剂及烟熏剂等化学药品，是绿色食品生产的理想干燥方法。

3.4 果蔬颗粒流化床干燥技术

在流化床系统中，热空气被强制以高速穿过床层，克服了颗粒状物料重力的影响，使颗粒暂时处在一个流化状态，由于气体和颗粒状物料充分接触，实现了最佳的热、质传质效率，从而得到了较高的干燥速率，如豆类、水果颗粒、洋葱片等都适合于流化床干燥技术。

3.5 空气冲击干燥技术

空气冲击干燥可以生产出比空气干燥更脆的油炸产品。空气冲击干燥一般被用于焙烤和烹饪中，如饼干、面包、蛋糕和土豆焙烤中。咖啡、可可和坚果的干燥利用空气冲击干燥技术效果也很突出。利用蒸汽喷嘴向物料表面垂直喷射气流，过热蒸汽与冷的固体接触，喷嘴产生的高速气流使产品处于悬浮状态，颗粒状食品通过提高干燥空气温度可以显著提高干燥速率。

项目二
果蔬糖制品的加工

知识目标

1. 熟练陈述果蔬糖制品的分类、特点及加工原理。
2. 掌握蜜饯、果脯、果酱、果冻等主要果蔬糖制品加工工艺及工艺要点。
3. 掌握蜜饯、果酱加工中常见的质量问题及控制。

技能目标

1. 能够正确、安全操作果蔬糖制品所用的设备和工具。
2. 能够熟练运用所学知识制作果脯、果酱。
3. 能够准确对产品进行感官评价，根据产品缺陷判断原因，并提出解决方案。

德育目标

糖制品加工是中国古老的食品加工方法之一，早在西周时就开始用蜂蜜煮果蔬，并称为“蜜饯”。对学生进行中华优秀传统文化教育。

任务一 果脯蜜饯类制品的加工

【任务要求】

1. 掌握几种常见的原辅料特点及预处理方法。
2. 学会糖液的配制，糖煮、糖渍工艺控制及糖转化与制品品质的关系。

3. 学会控制烘干温度及烘干的终点判断。

4. 掌握回软的操作工艺，整理的标准。

5. 掌握果脯蜜饯类产品包装的技术要领。

【工艺流程】

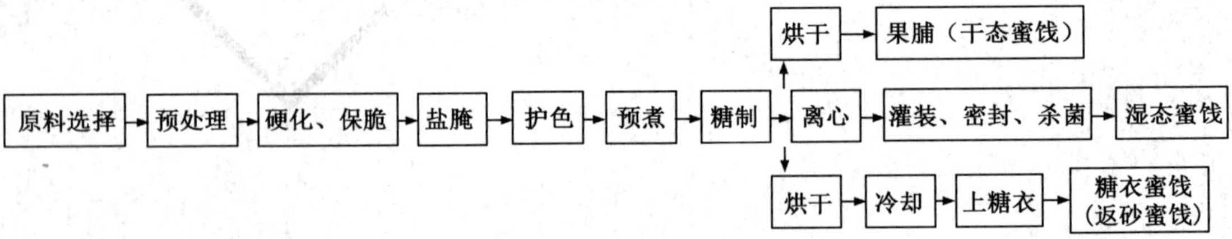

【任务实施】

1 原料的选择、分级

根据糖制品加工要求，正确选择加工原料，是保证产品质量的最基本条件。根据原料的种类和品种不同，需要按照制品加工要求对原料进行必要的选别。同时，原料分级多以大小为依据，目的是达到产品质量一致，便于加工。

二维码 2-1 蜜饯类制品加工微课

果脯蜜饯类产品在原料选择时，通常应选用正品果。蜜饯产品制作需要煮制，为防止煮制过程中的软烂发生，要选择果蔬产品组织致密，硬度较高的为果脯、蜜饯的加工原料。同时，为使产品保持一定块形，一般选择七八成熟的硬熟果，及时剔除病果、烂果、成熟度过低或过高的不合格果。

2 洗涤、去皮

为保证原料清洁卫生，须洗去产品表面污物、残留农药等。因果皮对产品质量有不利影响，要对原料进行去皮，根据原料特点可采用擦皮、削皮、刮皮及剥皮等方法进行去皮。去皮时，要求去净果皮，但不损及果肉为度，如去皮过度，会增加原料的损耗，提高成本。

2.1 擦皮

一是用盐或粗砂相混摩擦把外皮擦伤；二是擦去一薄层皮，例如擦去马铃薯表皮等。

饮食文化

“越以甘蜜丸(木党)报吴增封之礼。”

——东汉 · 赵华《吴越春秋》

蜜饯史悠久，是具有民族特色的食品，此处提及甘蜜丸，指的就是蜜饯。

2.2 削皮

对于形状规则的果，如梨、苹果等，可用手摇旋皮机或电动水果削皮机去皮。

2.3 剥皮

对于皮层易剥离的水果，如柑橘，香蕉、荔枝等，可用手工剥皮。

2.4 碱液去皮

对于桃、杏、猕猴桃及橄榄、萝卜等原料，常用一定浓度氢氧化钠溶液处理除去果皮。

3 切分、去心、划缝

为便于糖煮和糖制加工，使原料透糖快，应对个体较大产品按食用习惯和产品特点进行切分。一般切分成片状、块状、条状、丝状或划缝等形态。切分要大小均匀，充分利用原料。原料量少的情况常用手工切分，大批量生产则需用专用机械等完成。划缝可增加成品外观的纹路，使产品美观，又加速糖制中的制品透糖。可以用手工或用划纹机进行划缝，要求划缝纹络均匀，深浅一致。

4 盐腌

用食盐处理新鲜原料，把原料中部分水分脱除，使果肉组织更致密，改变果肉组织的渗透性，以利糖分渗入。用盐量为10%～24%，腌渍时间7～20 d，腌好后，再晾晒保存，以延长加工期。

5 保脆硬化

为提高果脯、蜜饯原料硬度，增强耐煮性，使原料在糖煮过程保持一定块形，对质地较疏松、含水量较高的果蔬原料如冬瓜、柑橘等，在糖煮前要进行硬化处理。常用的硬化剂有石灰、明矾、亚硫酸氢钙、氯化钙等。将原料投入含有石灰、明矾、氯化钙或氢氧化钙等的水溶液中进行短时间的浸渍，达到硬化目的。一般含果酸物质较多的原料用0.15%～0.5%石灰溶液浸渍，含纤维素较多的原料用0.5%左右亚硫酸氢钙溶液浸渍为宜。使用的盐类含有的钙和铝离子能与果胶物质形成不溶性的盐类，使组织硬化耐煮。硬化剂的选择和用量、处理时的时间非常重要，用量和处理时间要适当。浸泡时间应视切分程度、原料种类而定。通常为10～16 h，以原料的中心部位浸透为止，浸泡后立即用清水漂净。用量过高会生成过多的果胶酸钙盐，或引起部分纤维素钙化，从而降低原料对糖的吸入量，使产品粗糙，品质下降。硬化剂的使用浓度：明矾溶液为0.4%～2%，亚硫酸氢钙溶液为0.5%左右，石灰水溶液0.1%～5%。可用pH试纸贴到产品中心断面上，若试纸全部变蓝色，表示浸泡已到中心部位，否则继续浸泡。浸泡后用清水漂洗。

6 护色与染色

果蔬原料大多需要护色处理，护色处理主要是抑制氧化变色，使制品色泽鲜明。制作果脯的原料，为防止制品氧化变色，促进原料对糖液的渗透，常用硫处理。常用的方法有两种：熏硫处理和浸硫处理。同时，SO_2 也有防腐、抗菌的功能。

6.1 护色

护色的熏硫处理是在熏硫室或熏硫箱中进行，要求熏硫室或熏硫箱要密封严格，又可方便开启，以便熏硫时密封和开启通风便利。熏硫时，将分级、切分的原料装盘送入熏硫室，分层码放。

用硫熏蒸，一般 1 t 原料用硫黄 2.0～2.5 kg，熏蒸 8～24 h；或 1 m^3 容积用 200 g，熏制时间因品种而异：梨 16～18 h，苹果 16～20 h，杏 8～10 h，樱桃 14～16 h，桃 16～20 h，李 12～14 h，青榄 16～24 h。

浸硫处理是先配制好 0.2％～0.6％亚硫酸或亚硫酸氢钠溶液，然后将原料置入该溶液中浸泡 10～30 min，硫处理后的果实，在糖煮前应充分漂洗，去除残硫，使 SO_2 含量降到 20 mg/kg 以下。

6.2 染色

果蔬原料所含有的天然色素在加工中容易被破坏，失去原有的色泽。为使产品具有鲜明的色泽，可用人工染色法染色。目前常用色素有两类，一是天然色素，二是人工合成色素。可供糖制品着色的天然食用色素有：红紫色的苏木色素，玫瑰茄色素；黄色的姜黄色素，栀子色素；绿色的叶绿素铜钠盐(可用微量)。人工合成色素有柠檬黄、胭脂红、苋莱红和靛蓝等。人工合成色素的使用量按照有关规定，不能超过 0.005％～0.010％，天然色素也应掌握一定用量。

染色时，原料用 1％～2％明矾溶液浸泡，然后再进行染色，也可把糖渍或色素液调成糖渍液直接染色，或在最后制成糖渍品时以淡色溶液在制品上着色。染色要达到固有色泽为宜，淡、雅、鲜明、协调，切勿过度。

7 糖制

糖制是果脯、蜜饯加工工艺中最重要的环节，也是工艺中的关键性操作步骤。糖制方法有蜜制和煮制，蜜制又称糖渍，也称冷浸法糖制。

7.1 蜜制

蜜制是我国蜜饯制作中一种传统的糖制方法。此法适于肉质疏松、不耐煮制的原料。如青梅、杨梅、樱桃等均采用此法。其特点是分次加糖，不进行加热，在室温下进行一定时间的浸糖。由于糖有一定的黏稠度，在常温下渗透速度慢，所以产品加工时间较长。为此，也可以将糖渍与日晒结合，使糖液浓度逐步上升。还可采用浓糖液趁热加在原料上，使糖液热、原料冷，造成较大的温差，促进糖分的渗透。由于渗糖，原料失水，当原料体积缩减至原来一半左右时，渗糖速度降低。这时沥干表面糖液，即为成品。由于不加热，制品能保持原有的色、香、味和保持完整的外形及质地，营养损失较少。

蜜制的具体方法是先用原料重量30%的干砂糖与原料拌均匀，经12～14 h后，再补20%的干砂糖翻拌均匀。再放置24 h，又补加20%的干砂糖腌渍。由于糖渗透压的存在，原料本身含有较多水分，经腌制后组织中水分大量渗出，使原料体积收缩到原来的一半左右，透糖速度降低。糖制时间1周左右，最后将原料捞出，沥干表面糖液或洗去表面糖液，即成制品。

7.2 煮制

煮制又称糖煮，也称加热煮制法。产品组织致密的原料采用煮制法，可迅速完成加工过程，只是制品的色、香、味以及维生素C有所损失。煮制法分为敞煮法和真空煮制法两种。敞煮法又分为一次煮成和多次煮成法。在具体应用中有下列几种方法。

(1)一次糖煮法　适合于含水量较低、细胞间隙较大，组织疏松易于透糖的原料，如柚皮和经过划缝、榨汁等处理后的橘饼坯、枣等。将原料与糖液一起加热煮制，不断搅动，最初使用糖液浓度40%左右，随时将粘在锅壁的糖浆刮入糖液中，以避免焦化，分次加入白糖，加热蒸发浓缩到结砂为止。这种一次糖煮完成的方法称为“一次糖煮法”。由于加热时间较长容易煮烂，又易引起失水、产品干缩。为缩短加热时间，也可以先将原料浸渍在糖溶液中，然后在锅中煮到应有的糖度为止。

(2)逐次糖煮法　适用于含水量较高、细胞壁较厚、组织结构较致密、不易渗糖的原料。糖煮可分3～5次进行。开始糖煮时，采用浓度为40%的糖液。糖煮沸腾后分次加入少量的冷糖液，使糖液浓度逐渐增加，使组织与糖液之间的浓度梯度不大，组织较紧密，透糖较好。在加冷糖液时也可加干砂糖，可以缩短煮制时间。具体做法为先将原料置于40%浓度的糖液中，煮沸2～3 min，使果肉变软，然后连同糖液一起倒入缸内放冷浸泡8～24 h；以后每次煮制时均增加10%糖度，煮沸2～3 min，再连同糖液浸渍8～12 h，如此反复4～5次，最后一次是把糖液浓度提高到70%，待含糖量达到成品要求时，便可沥干糖液，整形后即为成品。由于温度的变化，果蔬组织受到冷热的刺激，水蒸气分压增大或减小，压差变化迫使糖液渗透入组织。但整个加工中始终加热，所以称逐次糖煮法。优点是制品组织比较细致紧密，透糖好，缺点是时间延长，易引起颜色加深，维生素C损失多。

(3)一次间歇糖煮法　原料短时间与糖液煮沸后，停止加热，放置一段时间使组织内外的糖液浓度有较长时间来达到扩散平衡。然后又加热沸腾，使糖液达到一定浓度后又停止加热，放置一段时间，达到浓度梯度平衡后，再煮沸蒸发，再提高糖液浓度，重复放置。如此反复几次完成糖煮，称为“一次间歇糖煮法”。

(4)逐次间歇糖煮法　不用煮沸浓缩的方法以增加糖液浓度，而是采用逐次补加砂糖来增加浓度，或是在上述方法的基础上，在煮沸糖液浓缩时，把原料移出，糖液浓缩后再加入浸渍以达平衡的方法。此法平衡所需要时间由数小时至若干日。其优点是透糖可有充分平衡时间，又可以利用工作间隙处理，缺点是加工时间长。

(5)变温糖煮法　利用温差悬殊的环境，使原料受到冷热交替的变化，组织内部的水蒸气分压有增大和减小的变化，由压力差的变化，迫使糖液透入组织，加快组织内外糖液的平衡，缩短煮制时间，称为"变温糖煮法"。由于此方法操作较复杂，生产上应用较少。

(6)减压渗透法　为糖制新工艺，在较高真空度下进行糖煮。可以使其沸点降低。其操作方法是将原料置于加热煮沸的糖液中浸渍，利用果实内外压力之差，促进糖液渗入果肉。如此反复进行数次，最后烘干，即可制得质量较高的产品。减压渗透法应在真空设备里完成。因为它避免了长时间的加热煮制，由于在减压下糖煮，所以组织内的蒸汽分压随真空度的变化而反复收缩，促使组织内外糖液浓度加速平衡，缩短糖煮时间，使产品品质稳定，制品色泽鲜明、风味纯正。

减压渗透法一般所用的真空度是 80～87 kPa，温度为 60℃。减压渗透法需要在真空设备中进行，常采用真空锅或真空罐。用 30%～40%浓度的糖液，加热到 60℃时，开始抽真空减压，使糖液沸腾，同时进行搅拌，沸腾约 5 min 后可改变真空度，使糖加速渗透，最后使糖液浓度达到 60%～65%时解除真空，完成糖煮过程，全部时间仅需 1 d 左右。

8　干燥、上糖衣

8.1　干燥(干态蜜饯)

经糖煮制后，沥去多余糖液，然后铺于竹屉上送入烘干房。

果脯和"返砂"蜜饯制品，要求保持完整和饱满状态，不皱缩、不结晶、质地紧密而不粗糙，水分一般不超 18%～20%，因此要进行干燥处理，即烘干或晾晒。烘干多用于果脯和返砂蜜饯。晾晒多用于甘草、凉果类制品。烘干在烘房中进行，烘烤温度掌握在 50～60℃，也可采用晒干的方法。人工控制温度，升温速度快，排湿通气好，卫生清洁，原料受热均匀，烘烤中注意通风排湿和产品调盘，烘烤时间在 12～24 h。烘烤到手感不黏、不干硬为宜。

晾晒在晒场进行，设有专门的晾架，晒到产品表面干燥或萎蔫皱缩为止。此法受自然条件影响大，产品不卫生。

成品要求糖分含量 72%，水分含量 18%～20%，外表不皱缩、不结晶、质地紧密而不粗糙。

8.2　上糖衣(糖衣蜜饯)

制作糖衣果脯蜜饯，还需在干燥后再上糖衣。上糖衣是用配制好的过饱和糖液处理干态蜜饯，干燥后使其表面形成一层透明状糖质薄膜。上糖衣不仅外观好，且保藏性增强，可以减少蜜饯保藏期中吸湿和返砂、黏结等不良现象。上糖衣用的过饱和糖浆一般以 3 份蔗糖、1 份淀粉糖浆和 2 份水混合而成，煮沸到 113～114.5℃，离火冷却到 83℃，将已干燥的蜜饯浸入糖液中 1 min，立即取出放置筛面上，于 50℃下晾干即成。此外也可将干燥的蜜饯浸于 90℃的 1.5%食用明矾和 5%白糖的溶液中，取出在 35℃左右下干燥，也能形成一层透明的胶质薄膜。

上糖粉，即在干燥蜜饯表面裹上一层糖粉，增强其保存性。糖粉制法，将砂糖在 50～60℃烘干条件下磨碎成粉，即可使用。操作时，将收锅蜜饯稍冷却，糖未收干时，即加入糖粉拌匀,筛去多余的糖粉,成品表面有一层白色糖粉。

9 整形、回软和包装

果脯和干态蜜饯由于在煮制和干燥过程中的收缩、破碎等一系列处理后,失去应有的形状;同时往往制品表面糖衣厚薄不一,糖衣太厚时会出现制品不透明,口感太甜等情况,所以在成品包装前要加以整理。

9.1 整形

包括分级整形和搓去过多糖分等操作。分级时按大小、完整度、色泽深浅等分成若干级别。整形时按原有产品的形状、食用习惯和产品特点进行大小分级和整形。根据产品要求,如橘饼、苹果脯等要压成饼状;对糖分过多的制品,可在摊晾时,边翻边用铲子搓,筛去多余糖分,使制品表层的糖衣厚度均匀。

9.2 回软

许多产品在干燥后,其内部含水量不均匀,为使其含水量均匀,产品质量一致,可以将产品堆放在干燥的环境下回软,回软时间约为 1 周。

9.3 包装

果脯和干态蜜饯包装的一个重要目的是防潮、防霉、防污染,一般可先用塑料薄膜包装后,再用其他包装,可用大包装或小包装,以利于保藏、运输、销售为原则。

包装方法应根据制品种类,采用不同方法,如糖渍蜜饯,往往装入罐装容器中,装罐后于 90℃下杀菌 20～40 min,如糖度超过 65%,则制品不用杀菌也可,成品用纸箱包装。对于干态蜜饯,通常用塑料盒装,每盒 0.25～1.50 kg,然后包上塑料薄膜袋,再行装箱。凉果的包装与水果糖粒的包装相类似,分三层包装,内层为白纸,外层为蜡纸。包好后装入复合薄膜袋中,每袋 0.25～0.50 kg。

【案例】

1 苹果脯的加工

1.1 材料、设备

1. 材料

苹果、白糖、氯化钙、葡萄糖酸钙、亚硫酸氢钠、PE 包装袋等。

2. 设备(用具)

去皮机、烘盘、晒盘、熏硫室(箱)、台秤、不锈钢果刀、鼓风干燥箱(机)、果盆、真空包装机等。

1.2 工艺流程

苹果 → 去皮、切分 → 硬化、护色 → 糖制 → 烘干 → 整形 → 包装 → 成品

1.3 工艺要点

1.原料选择

苹果脯的原料应选择果形完整、果心小、肉质紧实,成熟度在坚熟期采收的果实。

2.去皮、切分、去心

手工或机械去皮后,根据大小分成 2～4 瓣,挖核器去掉果心。

3.硬化、护色

将果块放入 0.1%的氯化钙或葡萄糖酸钙与 0.2%～0.3%的亚硫酸氢钠混合液中浸泡 4～8 h,进行硬化和硫处理。肉质较硬的品种只需要进行硫处理。每 100 kg 混合液可浸泡 120～130 kg 原料。浸泡时上压重物,防止上浮。浸后取出,浸泡后用清水漂洗 2～3 次备用。

4.糖制

苹果脯在糖制中有三种方法。先把水和砂糖调配成浓度为 40%～45%的糖液,煮沸,再把处理好的果块放入煮沸的锅内。

一次煮成法:在夹层锅内配成 40%的糖液 25 kg,煮沸,将处理好的果块 30 kg 倒入锅内,用旺火煮沸后,再添加 50%的冷糖液 5 kg,重新煮沸。如此反复进行 3 次,用时 30～40 min。待果块发软膨胀开始有微小的裂纹出现时,开始撒入白糖。每次煮沸后撒一次,加糖次数 5～6 次,前两次可加入 3～4 kg 砂糖,再加入 60%的冷糖液 12 kg,中间两次加糖为 4～5 kg,再加入 60%的冷糖液 1 kg,最后 1～2 次加 6～10 kg 白糖,用文火加热维持 20～30 min,然后加入 65%的冷糖液,并立即出锅,在缸中浸泡 24～48 h 后捞出沥干进行烘烤。全部糖煮时间需 1～1.5 h,待果块呈现透明状态,温度达到 105～106℃、糖液浓度达到 60%左右时,即可起锅。

除此种方法糖制外还有煮制法、多次煮成法。可根据条件和设备选择。

5.糖渍

趁热起锅后,将果块连同糖液倒入缸中浸渍 24～48 h。

6.烘干、整形和包装

将果块捞出,沥干糖液,摆盘使果碗朝上,先在 60～66℃下烘烤 6 h,再升温到 70℃烘烤 6 h,然后再降到 60℃烘烤 6 h,共用时 20 h,干燥至不粘手为度,大约需要 24 h。

7.整形和包装

将干燥后的果脯放于 25℃的室内 24 h 回潮,剔除碎块,剔除果脯上的斑疤、黑点等,整形,用玻璃纸或塑料袋密封包装,再装入垫有防潮纸的纸箱中。

【任务评价】

采用分组完成本次任务，评价方式有师傅、徒弟间评价，小组评价。见表2-1。

表2-1　苹果脯制品感官评价表

项目	评分标准	分值	组1	组2	组3	组4
形态与组织（25分）	块形完整，基本一致，组织饱满，质地柔软，有韧性，不定糖，不流糖。	25～21				
	组织结构紧密，稍流散。	20～16				
	有汁液分泌，有糖结晶。	15～10				
色泽（25分）	呈浅黄色、橙黄或黄绿色，色泽鲜艳透明有光泽，色度一致。	25～21				
	较正常色泽略微变浅或加深。	20～16				
	果脯表面颜色较重，无光泽。	15～10				
气味和滋味（25分）	具有原果风味。	25～21				
	无异味，但气味寡淡。	20～16				
	有焦煳味。	15～10				
口感（25分）	甜酸适口，适度适中，柔软、不黏不燥	25～21				
	有生心、口感偏甜或不甜。	20～16				
	有杂质、有杂味。	15～10				
总分						

【师徒共研】

1.在加工期间的前处理中，为什么有时产品出现变色现象？

变色的原因：在糖制品加工过程及贮存期间都可能发生变色，在加工期间的前处理中，变色的主要原因是氧化引起酶促褐变。

改进的方法：做好护色处理，在去皮后要及时浸泡在盐水或亚硫酸盐溶液中，组织疏松的原料需抽空处理，在整个加工中尽可能地避免与空气接触，防止氧化。而非酶促褐变则伴随在整个加工过程和贮藏期间，其主要影响因素是温度，即温度越高变色越深。因此，控制办法为在加工中尽可能缩短受热处理时间。在贮存期间要控制温度在12～15℃，对于易变色品种最好采用真空包装，在销售时要注意避免阳光暴晒，减少与空气接触的机会。

另外，微量的铜、铁等金属的存在也能使产品变色，因此加工用具一定要用不锈钢制品。

2.制作蜜枣出现煮烂和干缩现象怎么办？

产生的原因：一是枣的成熟度太高，二是在划皮时划得过深，而且有的果实两头会合，煮时皮脱落，容易煮烂。制作蜜枣煮烂的原因，与果实的成熟度及品种有密切关系，但是成熟度不够,一则不易吸收糖液,二则干燥以后容易产生干缩现象。

改进的办法:果实的成熟度要适当,糖煮前先用清水煮几分钟,糖煮时开始大量加糖,迅速提高糖液的浓度等。

3.果脯和蜜饯出现返砂和流汤现象怎么办?

产生的原因:质量正常的果脯质地柔软,鲜亮透明。但如果在煮制过程中操作不得当,就会造成成品表面和内部的蔗糖"重结晶",这种现象称为"返砂"。"返砂"使果脯质地变硬,失去光亮色泽,容易破损,品质降低。产生这种现象的原因是果脯中蔗糖含量过高而转化糖含量不足;但是,如果果脯中转化糖含量过高,在高温高湿季节,又容易"流汤",使产品发黏。试验证明,果脯中的总含糖量为68%~70%,含水量为17%~19%,转化糖占总糖量的50%以下时,易出现不同程度的"返砂";转化糖量达到总糖量的60%时,在良好条件下就不"返砂";但当转化糖高达90%以上时,则易产生"流汤"。

改进的方法:掌握好果脯中蔗糖和转化糖的含量,是防止上述现象发生的根本方法。经验证明,控制煮制时的条件,是决定转化糖含量的有效措施。目前是将糖液的pH保持在2~2.5之间,促进蔗糖的转化,其方法是加柠檬酸或盐酸调节。

任务二 果酱类制品的加工

【任务要求】

1.掌握果酱加工浓缩温度与制品品质的关系。

2.掌握封罐与密封操作要点。

3.掌握果酱类产品包装的技术要领。

【工艺流程】

原料果 → 清洗 → 削皮、去核、去果柄、切块 → 加热软化 → 打浆 → 加糖浓缩 → 装罐 → 灭菌 → 成品

【任务实施】

1 原料选取

原料要求成熟度高,柔软多汁,易于破碎,含果胶1%左右,含有机酸1%以上。一般果

表有污点或缺陷，如虫眼、小痂斑点、外形机械损伤等对果酱没什么影响。只是在清洗前应把虫蛀部分和干痂削去，腐烂部分要挖去。但是太生的未熟小果则剔除不用。

2　清洗

把处理好的原料果一起倒入有流动清水的槽内冲洗，注意清洗时间要短，随放随洗。洗净立即捞出，以免清洗时间过长，可溶性果糖果酸溶出。

3　削皮、去果柄、切块

把洗净的原料果削皮，挖去核仁部分去掉果柄，再切块，注意这一过程一定要在清洁环境中进行，工作人员必须按照食品卫生法的要求，穿工作服，戴工作帽，手要洗净。

4　加水、加热、软化

把切好的果块倒入沸水锅中，用不锈钢的夹层锅用蒸汽加热，若无夹层锅，用大锅熬煮时要用文火，以免糊锅。加热 10～20 min，致使原料果充分软化。

5　打浆

把软化好的果块放入筛板孔径 0.7～1.0 mm 的打浆机内打浆。软化可以破坏酶的活性、防止变色和果胶水解，软化果肉组织，便于打浆。

6　配料

原料与加糖量之比为 1∶(0.5～0.9)，配料时先将白糖用 20%的水溶化，煮沸后过滤，以除去糖中的杂质。参考配比为 100 kg 果块加入 60～90 kg 糖和 15～20 g 柠檬酸，也可根据产品销售地区群众的口味来调节果浆的酸度和糖度。有的为了增进果泥的风味，还加有不超过 0.1%的香料，如肉桂、丁香等。

7　浓缩

先将滤好的糖液倒入果浆中，边倒边搅拌，加热浓缩，当浓缩至固形物达 65%时即可出锅。出锅前加入柠檬酸搅拌均匀。若散装果酱应在出锅前加防腐剂，加时先将防腐剂用少量水溶化与果浆搅拌均匀。浓缩期间，火力要大，浓缩时间短则产品质量好。浓缩的终点温

饮食文化

“节饮食以养胃，多读书以养胆。”

——《庄子》

规律饮食才能健康，多读书才可以培养智慧增加胆识。

度为 105～107℃，可溶性固形物≥68%为标准。于 85℃装罐，90℃下杀菌 30 min；当果酱可溶性固形物达 70%～75%时，可不必杀菌。

8　罐装

用 250 g 的四旋盖罐装。装瓶前把瓶内壁洗净、晾干。当酱液温度下降至 68～70℃时，即可装罐，罐装后应立即拧紧瓶盖，瓶盖也应事先清洗消毒，控干净。

9　灭菌

果酱装好瓶后应立即在沸水中维持 20 min 灭菌，然后在 65℃和 45℃水中逐步冷却，取出擦干瓶，贴好标签。保存期为 1 年。

【案例】

1　草莓酱的加工

1.1　材料、设备(用具)

1. 材料

草莓、白糖、柠檬酸、山梨酸、PE 包装袋等。

2. 设备(用具)

夹层锅、杀菌锅、台秤、不锈钢果刀、鼓风干燥箱(机)、果盆、真空包装机等。

1.2　工艺流程

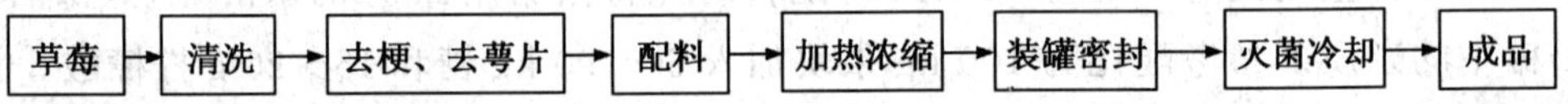

1.3　工艺要点

1. 原料选择

应选含果胶及果酸多、芳香味浓的品种。果实八九成熟，果面呈红色或淡红色。

2. 洗涤

将草莓倒入清水中浸泡 3～5 min，分装于竹筐中，再放入流动的水中或通入压缩空气的水槽中淘洗，洗净泥沙，除去污物等杂质。

3. 去梗、去萼片

逐个拧去果梗、果蒂，去净萼片，挑出杂物及霉烂果。

4. 配料

草莓 100 kg，75%的糖液 138 kg，柠檬酸 238 g，山梨酸 80 g。

5. 加热浓缩

浓缩可采用两种方法：第一种方法是将草莓倒入夹层锅内，并加入一半的糖液，加热使其充分软化，搅拌后，再加余下的糖液和柠檬酸、山梨酸，继续加热浓缩至可溶性固形物达65%～67%时出锅。第二种方法是采用真空浓缩。将草莓与糖液置入真空浓缩锅内，控制真空度达46.66～53.33 kPa，加热软化5～10 min，然后将真空度提高到79.89 kPa，浓缩至可溶性固形物达60%～63%加入已溶化好的山梨酸和柠檬酸，继续浓缩至浆液浓度达67%～68%，关闭真空泵，破除真空，并把蒸汽压力提高到250 kPa，继续加热，至酱温达98～102℃，停止加热，而后出锅。

6. 装罐与密封

果酱趁热装入经过消毒的罐中，每锅酱须在20 min内装完。密封时，酱体温度不低于85℃，放正罐盖旋紧，若装罐时酱体温度较低需再行杀菌。

7. 杀菌及冷却

封盖后立即投入沸水中杀菌5～10 min，然后逐渐用水冷却至罐温达35～40℃为止。

【任务评价】

在室温条件下，用不锈钢匙取果酱20 g，置于干燥的白磁盘上，在1 min内视其酱体有无流散和汁液，观其色泽等项目，由师傅、徒弟间和小组间对各组产品进行评分。见表2-2。

表2-2　草莓酱感官评价表

项目	评分标准	分值	组1	组2	组3	组4
形态与组织 （25分）	酱体呈胶状，果肉分布均匀，黏稠度适中，不分泌汁液，无糖结晶。	25～21				
	组织结构紧密，稍流散，有少许杂质。	20～16				
	有汁液分泌，有糖结晶，杂质较多。	15～10				
色泽 （25分）	酱体呈紫红色或红色，色泽均匀。	25～21				
	较正常色泽略微变浅或加深。	20～16				
	果肉表面颜色较重，无光泽。	15～10				
气味和滋味 （25分）	具有草莓酱应有的芳香气味。	25～21				
	无异味，但气味寡淡。	20～16				
	有焦煳味或酸败味。	15～10				
口感 （25分）	酸甜适口，适度适中，且无异味。	25～21				
	口感偏甜或不甜。	20～16				
	有明显异味。	15～10				
总分						

【师徒共研】

1. 果酱贮藏期间为什么有时会产生酒精味?

产生的原因:果酱在贮藏期间最易出现的微生物败坏是长霉菌和发酵产生酒精味。这主要是由于制品含糖量没有达到要求的65%~70%。

改进的方法:加糖时一定按要求糖的浓度添加。但对于低糖制品一定要采取防腐措施如添加防腐剂,采用真空包装。必要时加入一定的抗氧化剂,保证较低的贮藏温度。对于罐装果酱一定要注意密封严密,以防止氧气为霉菌生长提供条件。杀菌要充分。

2. 果酱产品出现汁液分泌是什么原因?

产生的原因:加热浓缩过程中加酸过早,酱体受热时间过长,导致转化糖含量过高。

改进的办法:注意加工酸度的控制,避免果酱贮藏时间过长,以免发生汁液分泌和颜色变暗等。

3. 果冻产品胶凝不好是什么原因?

产生的原因:一是果冻的原料果胶和有机酸含量低,二是加热时间过长造成胶凝不好。

改进的办法:原料果胶和有机酸含量低时,应在果汁中加入调整。一般果汁与加糖量之比为1∶(0.8~1.0)。果汁总酸度应加糖浓缩后达到0.75 %~1.0%,果汁pH应调整为2.9~3.0。同时,要进行预煮,提高果实的出汁率,一般加水1~3倍,煮沸10~20 min,然后压榨取汁。调整后立即煮制,不断搅拌,防止焦化,避免加热时间过长而影响胶凝。

4. 果丹皮产品易破碎是什么原因?

产生的原因:一是制作果丹皮的原料含糖、酸、果胶物质低,二是加糖量较多。

改进的办法:一是选择含糖、酸、果胶物质丰富的鲜果为原料,也可用加工的下脚料(皮、果实碎块等);二是控制加糖量,一般加糖量不高于10%。按此比例经适当浓缩后,摊于浅盘或玻璃板上(预先在浅盘或玻璃板上涂上植物油,便于撕皮),放60℃左右的烘房或烘箱中,烘烤至不粘手为度。撕下后将果皮切成条状或片状,包上玻璃纸,即成。

【知识链接】

1 果蔬糖制的发展历史

我国糖制加工的起源是蜜饯类。早在我国古代,已有不少果蔬用来制成丰富多彩的糖制品。作为糖制品有记载的只有蜜饯类。此外还有一类盐坯制品称为凉果或甘草香料制品。其实这两类并不能概括我国近代及世界各国多种多样的果蔬糖制品。

我国最古老的传统蜜饯类,最初是用自然产的蜂蜜进行糖制。到有饴糖生产以后,用饴糖进行糖制。到唐朝有蔗糖生产以后，又用蔗糖进行糖制。从古到今，这类制品统称蜜饯。因此“蜜饯”一语沿用至今。在“辞源”上的解释为：“蜜饯者糖制果物也。本作蜜煎，俗因其为食物，改用饯字。”

果蔬糖制品色、香、味、形俱佳，并且提高了果蔬的经济价值，同时也改善了果蔬的品质，使果蔬的食用种类增加，便于运输和贮藏，给人们生活带来更多食用产品的选择。果蔬糖制加工原料广泛、制品繁多、风味优美、销路广阔，有其特有优点。

2　果蔬糖制的优点

(1)扩大利用自然资源，改进果蔬的食用价值及提高经济价值。果蔬糖制不仅对好果进行加工，同时对酸果、未成熟果、伤果等进行有效的利用，大大改进食用品质并可提高经济价值，增加自然资源的利用。

(2)改进食用品质，增加花色品种。某一种水果、蔬菜单供鲜食，则风味单一。若制成糖制品，则由于糖制工艺的多样化，大大改进食用品质，增加花色品种。如山楂鲜食味酸，食用品质较差，经糖制可制成山楂糕、山楂片、山楂果丹皮等，花色增加，品质提高。

(3)可长期贮存，调节市场供应；体积缩小，便于运输。新鲜果蔬的生产具有很强的季节性，且不能长期贮存。若制成糖制品，可长期贮存。

果蔬糖制品，加工中脱去水分60％～80％，从而大大地缩小了体积与重量。由于制品含水量低，便于包装及贮藏，从而为外销创造了良好的条件。

(4)加工工艺易掌握，建厂易，投产快。

3　果脯蜜饯的分类

3.1　按加工工艺分

蜜饯按加工工艺可分为干态蜜饯、果脯类、返砂蜜饯类、糖制蜜饯类、凉果类、甘草制品类。

干态蜜饯：干态蜜饯是不带糖液的蜜饯。即果品在糖制后，进行晾干或烘干的制品。一般含糖量在65％～68％；有时干态蜜饯为了改进产品外观，在它外面沾敷上一层透明或干燥结晶的糖衣。

返砂蜜饯类：与果脯制法类似，只是原料煮制时，直接煮至糖返砂结晶，或是煮到一定程度后将原料捞出。冷却到90℃后，淋上煮到108℃左右的糖液，拌凉后即成为表面有一层糖霜的产品。

糖制蜜饯类：与果脯制法类似，在煮制后，不再烘干或晒干，产品表面附一层似蜜的浓糖汁，为半干性成品。

凉果类：其糖制不经蒸煮等加热过程，直接以干鲜果品或经过漂洗的果胚浸、拌以辅料后，晾晒即成。

甘草制品类：与凉果类基本相同，主要是其辅料为甘草汁，多为半干态产品。

3.2 按生产地域分

由于各地果品原料不同，习俗各异，产品在加工方法上不尽相同，长期实践中逐渐形成了“四大系”即京式、苏式、广式、闽式。

京式主要以果脯类产品为主，保持了原果风味，外观呈半透明状，含糖量高，柔软而有韧性，口味浓甜。代表品种有苹果脯、桃脯、杏脯等。

苏式起源于苏州，产品表面微有糖液，色鲜肉脆，清香可口，原果风味浓郁，色、香、味、形俱佳。代表产品如糖制梅、雕梅、糖佛手等。

广式起源于广州汕头、潮州一带，以凉果（甘草制品）产品和糖衣类产品为代表。因以甘草为矫味或甜味剂，所以称为甘草制品。产品表面干燥，味多酸甜或酸咸甜适口，入口余味悠长。代表品种有奶油话梅、陈皮梅、甘草阳桃等。

闽式主要产于福建漳州、泉州一带，以橄榄制品为代表。其最大特点是凉果类型，含糖量低，表面干燥或半干燥，微有光泽感，肉质细腻而致密，添加香味突出，爽口而有回味。主要代表品种有大福果、丁香榄、十香果等。

4 果蔬糖制原理

果蔬糖制采用的食糖，本身对微生物无害。低浓度糖液有利于微生物生长和繁殖。食糖的保藏作用在于其高浓度糖液的高渗透压，使微生物细胞的原生质脱水而失去活性。因而，食糖只是一种食品保藏剂。只有在较高浓度下才能产生足够的渗透压。1%的蔗糖液约有70.9 kPa的渗透压。大多数微生物细胞渗透压为307～615 kPa。50%的糖溶液能抑制大多数酵母的生长，而65%以上的含糖量能有效地抑制细菌和霉菌的生长。所以糖制品一般最终糖浓度都在65%以上。如果是中、低浓度的糖制品，则是利用糖的渗透压或辅料产生抑制微生物的作用，使制品得以保存。

5 食糖的保藏作用

食糖的保藏作用主要体现在高渗透压、抗氧化和降低水分活性三个方面。

(1)食糖的高渗透压　糖溶液有一定的渗透压，当糖溶液浓度达65%以上时所产生的渗透压大于微生物吸收营养的渗透压，从而抑制了微生物的生长，使制品得以保存。

(2)食糖的抗氧化作用　糖溶液中的含氧量比纯水低，在20℃时60%蔗糖溶液溶解氧的能力仅为纯水的1/6。因此高糖制品可减少氧化。

(3)食糖溶液水分活性低　微生物吸收营养要在一定的湿度条件下，就是要有一定的水分活性。糖浓度越高的溶液其水分活性越小，微生物就越不易获得所需的水分和营养。新鲜水果的水分活性大于0.99以上，而糖制品的水分活性为0.75～0.80，具有较强抑菌作用。

6 糖的性质

糖制品所用糖类有蔗糖、饴糖、淀粉糖浆、果葡糖浆和蜂蜜等。蔗糖具有纯度高、风味好、色泽浅、使用方便和保藏作用强的特点，在糖制中广泛应用。

糖制品质量的高低与所用食糖的性质有极大关系。食糖的性质包括化学性质和物理性质两方面，化学性质有甜味和风味、蔗糖的转化等，物理性质有渗透压、结晶和溶解度、吸湿性等。

6.1 糖的甜度

糖的甜度影响糖制品的甜度和风味。通常用人的味觉来进行判断。不同种类的糖，甜度有很大的区别，风味各异，并且在口中留甜的时间长短有差异。在不同的温度下也有一定的变化，如5%的果糖溶液和10%的蔗糖溶液，当温度为50℃时果糖液与蔗糖液的甜度相等；当温度低于50℃时，果糖液甜于蔗糖液；当温度高于50℃时蔗糖液甜于果糖液。

糖制品的风味不单纯与甜味有关，还要酸、咸、香味等合理配比才能达到良好效果。

6.2 糖的溶解度与结晶

每100 g水中能溶解糖的克数，称为糖的溶解度。糖的溶解度一般随溶液的温度增高而增大。

糖的种类不同溶解度有差异。同一种糖随温度升高，溶解度加大，在常温条件下蔗糖即可达到65%的浓度，所以应用蔗糖时可煮制，也可以腌制。蔗糖的晶体溶于水中成溶液，浓度达到过饱和状态时，从溶液中析出的现象称“结晶”。蔗糖溶液最易结晶。纯正的麦芽糖也能从溶液中结晶，但一般糖制品常含麦芽糖40%～60%，混有不同程度的糊精成分，所以都为溶液状态。由于含糊精成分能阻止晶体形成，故常利用这一特性，使之与蔗糖混合使用，从而阻止蔗糖在制品中结晶。淀粉糖浆称为“糖稀”，也有不同程度的糊精成分，通常用来阻止蔗糖“返砂”，使制品保持一定的柔韧性。

6.3 糖的吸湿性

一般情况下，高浓度的砂糖在空气相对湿度不超过60%的条件下，不会吸湿发潮，但纯度差时其晶体表面有少量的非糖物质，易吸收空气中的水分而潮解，甚至使晶体溶解。糖制品吸湿后，糖的浓度和渗透压都因水分增多而下降，削弱糖的保藏作用，引起制品的变质和败坏。糖的种类不同，吸湿性也不同。其中果糖最强，其次是葡萄糖，蔗糖最弱。

6.4 糖的沸点

糖溶液的沸点与糖溶液浓度之间有一定的关系，糖溶液的沸点温度随着糖溶液浓度的增大而升高。可以根据糖溶液温度的高低来测定出糖液的浓度，从而控制煮制时间和制品可溶性固形物总量。

6.5 蔗糖的转化

蔗糖属于双糖，在酸性溶液中或在转化酶的作用下转化成等量的葡萄糖和果糖，这个过程称为蔗糖的转化，所生成的葡萄糖和果糖的混合物称为转化糖。蔗糖的转化可以提高制品中蔗糖溶液的饱和度，抑制蔗糖的结晶；增大制品的渗透压，提高制品的保藏性；增加制品的柔韧性，并能增进制品的甜度。蔗糖的转化需要较低的 pH 和较高的温度，最适宜的 pH 为 2.5；转化温度越高，作用时间越长，蔗糖转化的数量越多。所以糖煮时要控制制品最终转化糖的含量，必须处理好 pH、煮制时间和煮制温度三者的关系。对于含酸量偏高的原料糖煮不宜过度，以免生成过多的转化糖而出现流汤现象，使保藏性降低。

项目三 果蔬罐制品的加工

知识目标

1. 了解果蔬败坏的原因及原理，熟悉各类果蔬的加工特性以及果蔬罐头对原料的要求。

2. 掌握果蔬罐藏的基本原理。

3. 了解果蔬罐藏品的主要种类和特点。

4. 了解果蔬罐藏制品相关标准法规，熟悉各种果蔬制品的感官、理化、卫生指标要求。

5. 了解现代加工新技术在果蔬罐藏加工中的应用。

技能目标

1. 能够自行运用互联网等资源查阅相关资料进行参考学习，如罐头工业手册、相关论文文献等。

2. 能够自行查阅相关标准，针对性地找出准确标准对果蔬罐头产品的要求，包括原料要求、各项指标要求、添加剂使用限量、试验方法、检验规则等。

3. 能够在学习后完成罐头加工实施方案的制定，识别关键质量控制点。

德育目标

通过果蔬罐藏各项工艺环节的实践操作，培养学生有效组织、合理分工、相互协作、团队合作的能力。

任务一 水果罐头制品的加工

【任务要求】

1. 水果制品生产加工的原辅料必须符合相应的国家标准、行业标准及相关规定，不得使用非食用性原料。

2. 水果制品所选用的原料应无异味、无腐烂现象，农药残留及污染物限量应符合相应国家标准、行业标准的规定。

3. 如使用的原辅材料为实施生产许可证管理的产品，则必须选用获生产许可证企业生产的合格产品。

【工艺流程】

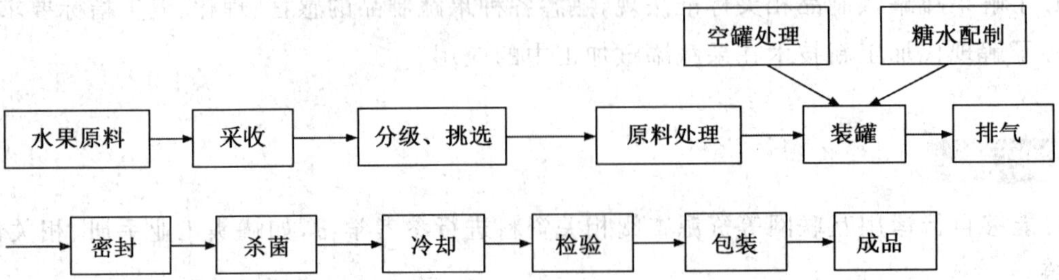

【任务实施】

1 原料选择

生产罐头的水果原料应该新鲜，大小均匀一致，七八成熟，无病虫害，无机械损伤，具有一定的色、香、味，组织致密，耐热加工。其他原料要求如下：

1.1 白糖

白色、松软、干燥、溶于水为清澈溶液，甜味纯正，无不良气味。

经典语录

推进健康中国建设，是我们党对人民的郑重承诺。

——2016年8月19日至20日 习近平在全国卫生与健康大会上的讲话

1.2　水

符合国家饮用水标准。

1.3　其他添加剂

其他添加剂为食品级。

二维码 3-1　三辊筒式分级机工作原理动画

2　原料处理

原料在进入生产之前，必须严格挑选和分级，剔除不合格的原料，同时根据质量、新鲜度、色泽、大小等分为若干等级，以利于加工工艺条件的确定。

原料要进行洗涤、分级、去皮、去核、切分等处理。

3　热烫

热烫又称为漂烫或预煮，其主要目的是破坏水果中酶的活性，防止变色，还有软化组织、便于装罐等作用。

热烫的方法有热水和蒸汽热烫两种。热烫以烫透而不过度为准。含酸量较低的水果可在热烫水中添加适量酸(0.15%的柠檬酸)。热烫后需立即冷却。

4　抽空处理

水果组织内含有一定量的空气，某些果实含气量较高，如苹果含气量为12.2%～29.7%(以体积计)。这些空气的存在不利于罐头的加工，影响制品的质量，如变色、组织松软、装罐困难，从而造成开罐后固形物不足，加速罐内壁腐蚀速度，降低罐头真空度等。因此含气量高的水果还需进行抽空处理。

抽空处理是及时利用真空泵等机械造成真空状态，使水果的空气释放出来，代之以抽空液。抽空液可以是盐水、糖水和护色液。根据被抽空果实确定抽空液的种类和浓度。

抽空的方法有干抽和湿抽两种。干抽就是将处理好的果块装入容器中，置于具有一定真空度的抽空锅内抽空，抽去果块组织内部的空气，然后吸入抽空液，使抽空液淹没表层果肉5 cm以上，并保持一定时间，此时要防止抽空锅内的真空度下降。湿抽是将处理好的果块淹没于抽空液中进行抽空，在抽去果块组织中的空气的同时渗入抽空液。抽空温度一般控制在50℃以下，真空度在90 kPa以上，抽空液与果块之比一般为1∶1.2，抽空时间视抽空液的种类、浓度、受抽果块的面积以及抽空设备的性能等而异。对于以糖水为抽空液的，抽空后可以浸泡几分钟，以便使糖水更好地渗入果肉。抽空液浓度应及时调节，使用几次后应彻底更换，以确保果肉色泽鲜艳和确保抽空效果。

经抽空后，果肉中的空气被抽出而代之以抽空液，使肉质紧密，减少热膨胀，防止加热时煮融，减轻果肉的变色，使制成品的感官质量明显提高，同时有利于保证罐头的真空度和固形物含量，减轻罐内壁的腐蚀。

5 装罐

5.1 空罐准备

食品在装罐前，首先要根据食品种类、物性、加工方法、产品要求及有关规定选择合适的罐藏容器。由于容器上附有灰尘、微生物、油脂等污物，有碍卫生，为此在装罐前必须进行洗涤和消毒。清洗可用手工或机械的方法。目前，大中型企业均采用机械方法，通过喷射蒸汽或热水来清洗。

马口铁罐的洗涤和消毒：在小型企业中，多采用人工操作，即将空罐放在沸水中浸泡0.5～1.0 min，取出后倒置沥干水分。在大型企业中，一般采用洗罐机洗罐和消毒。洗罐机的种类很多，有链带式、滑动式、旋转式等，基本方式都是先用热水冲洗空罐，然后用蒸汽进行消毒。

玻璃罐的洗涤和消毒：一般都采用热水浸泡或冲洗，这样可使附着在玻璃罐上的许多物质膨胀而容易脱落；对于回收的旧玻璃罐，由于罐壁上常附着有油脂、食品碎屑等污物，则需用40～50℃的2%～8%的氢氧化钠溶液洗涤。然后用漂白粉或高锰酸钾溶液消毒。

罐藏容器消毒后，每只空罐的微生物残留量应低于几百个。消毒后，应将容器沥干并立即装罐，以防止再次污染。

5.2 填充液配制

水果罐头一般加注糖液，加填充液的作用是增进风味，提高初温，促进对流传热，提高杀菌效果，排除罐内部分空气等。糖液的配制方法有直接法和稀释法两种。

直接配制法是根据装罐需要的糖水浓度，直接称取白砂糖和水在溶糖锅中加热搅拌溶解，煮沸5～10 min，以驱除砂糖中残留的SO_2并杀灭部分微生物，然后过滤。例如，配制30%的糖液，可直接称取30 kg白砂糖，70 kg水于溶糖锅内加热煮沸，过滤后调整浓度即可。

稀释法就是先配制高浓度的糖液，也称为母液，一般浓度在65%以上，装罐时再根据所需浓度用水或稀糖液稀释。例如，用65%的母液配制30%的糖液，则以母液：水＝1：1.17混合，就可得到30%的糖液。

我国目前生产的水果罐头要求外销产品的开罐浓度为14%～18%，内销产品糖液浓度为12%～16%。水果罐头所需糖液的浓度，根据原料的可溶性固形物含量及产品质量标准而定。糖水罐头要用柠檬酸调整pH 3.0～4.0。每罐实际的糖液量，按下式计算：

$$Y=\frac{W_3Z-W_1X}{W_2}$$

式中：W_1——每罐装入果肉的质量，g；

W_2——每罐装入糖液的质量，g；

W_3——每罐净含量，g；

X——装罐前果肉的可溶固形物含量,%;

Z——装罐用糖水的浓度,%;

Y——要求产品开罐后达到的糖液浓度,%。

5.3 装罐时注意的问题

(1)装罐应迅速及时,不应停留时间过长,以防污染。

(2)装罐量符合要求,保证产品质量。

(3)罐上部应留一定的顶隙,一般装罐时食品表面与翻边相距 4～8 mm,待封罐后顶隙高度为 3～5 mm。

(4)原料要合理搭配,均匀一致,排列整齐。

(5)装罐后应及时擦净瓶口,除去细小碎块及外溢的糖液。

6 预封

预封是果肉装罐后进入加热排气之前,用封罐机初步将盖钩卷入罐身翻边下,进行相互勾连的操作。勾连的松紧程度以能允许罐盖沿罐身自由旋转而不脱开为准,以便在排气时,罐内空气、水蒸气及其他气体能自由地从罐内溢出。

预封的目的是预防因固体果肉膨胀而出现汁液外溢;避免排气箱冷凝水滴入罐内而污染果肉;防止罐头从排气到封罐过程中顶隙温度降低和外界冷空气侵入,以保持罐头在较高温度下进行封罐,从而提高罐头的真空度。

7 排气

7.1 排气的目的

排气是在装罐或预封后,将罐内顶隙间和原料组织中残留的空气排出罐外的技术措施,从而使密封后罐头食品的顶隙内形成部分真空度的过程。罐头真空度是指罐外大气压与罐内气压的差值,一般要求 26.7～40 kPa,有的真空度更高些。排气的目的主要有以下几个方面:

(1)防止或减轻因加热杀菌时内容物的膨胀而使容器变形或破损,影响金属罐卷边和缝线的密封性,防止玻璃罐跳盖。

(2)防止罐内好气性细菌和霉菌的生长繁殖。

(3)控制或减轻罐藏食品在贮藏过程中出现的马口铁罐的内壁腐蚀。

(4)避免或减轻罐内食品色、香、味的不良现象和维生素等营养物的损失。

7.2 排气的方法

目前常见的罐头排气的方法主要有:加热排气法、真空排气法和蒸汽喷射排气法。

7.2.1 加热排气法

这是最经典的、最基本的排气方法。其基本原理是将预封后的罐头通过蒸汽或热水进行加热，或将加热后的食品趁热装罐，利用空气、水蒸气和食品受热膨胀的原理，将罐内空气排除掉。根据产品的具体情况，可采用热装罐排气和加热排气。对于流体或半流体食品如果汁、果酱等，可加热到预期温度后趁热装罐，接着立即封罐。一般在70～75℃封罐可达到一定的真空度。对于其他的块状固态食品，一般是装罐注液后，放在热水或蒸汽排气箱中进行排气，排气温度在80～100℃。经过一定时间，使罐内中心温度达到70～90℃，然后立即进行封罐。

排气温度应以罐头中心温度为依据。罐头加热排气、杀菌或冷却时，加热或冷却最缓慢的地方通常是罐中心处，此处称为冷点，它为加热时罐头内温度最低点，冷却时的最高点。罐头中心温度就是指冷点温度。

加热排气法能较好地排除食品组织内部的空气，获得较好的真空度，还能起某种程度的脱臭和杀菌作用。但是加热排气法对食品的色、香、味有不良影响，对于某些水果罐头有不利的软化作用，且热量利用率低。

7.2.2 真空封罐排气法

该法是在封罐过程中，利用真空泵将密封室内的空气抽出，形成一定的真空度，当罐头进入封罐机的密封室时，罐内部分空气在真空条件下立即被抽出，随即封罐，达到较高的真空度。因此，生产效率很高，有的每分钟可达到500罐以上；能适应各种罐头食品的排气，尤其适用于不易加热的食品；真空封罐机体积小占地少。但这种排气方法不能很好地将食品组织内部和罐头中下部空隙处的空气加以排除；封罐时易产生暴溢现象造成净重不足，有时还会造成瘪罐现象。

7.2.3 蒸汽喷射排气法

该法是向罐头顶隙喷射蒸汽，赶走顶隙内的空气后立即封罐，依靠顶隙内蒸汽的冷凝来获得罐头的真空度。蒸汽喷射时间较短，除表层食品外，罐内食品并未受到加热。即使是表层食品，受到加热程度也极轻微。因此，这种方法难以将食品内部的空气及罐内食品间隙中的空气排除掉。显然要获得良好的真空度，空气含量较多的食品不宜采用蒸汽喷射排气法。这类食品如要采用此种方法，应在喷蒸汽之前进行抽真空处理，将食品内部空气排除掉，再喷蒸汽排气密封，方可获得满意的真空度。

蒸汽喷射排气法适用于大多数加糖水或盐水的罐头食品和大多数固态食品等，但不适用于干装食品。

8 杀菌

二维码3-2 卧式杀菌锅工作原理动画

杀菌是罐藏工艺过程中最重要的一步，直接关系到罐头的保藏性及其品质的好坏。罐头杀菌的目的主要是使罐头内容物不致受微生物等的破坏，从而达到商业无菌的要求。杀菌的传热介质一般为热水和蒸汽，以蒸汽应用较多。杀菌加热介质向罐外壁的传热主要靠对流和传导两种方式进行，由罐外壁到罐内壁是靠传导，而由罐内壁到内容物中心最冷点的传热方式取决于内容物的性质和装罐情况。

8.1　杀菌工艺条件

罐头食品加热杀菌的工艺条件主要由温度、时间、压力三个因素组合而成，常用杀菌式表示。依照水果原料的性质不同，水果罐头杀菌方法可分为常压杀菌和加压杀菌两种。其过程包括升温、保温和降温三个阶段，可用下列杀菌式表示：

$$\frac{t_1-t_2-t_3}{T}$$

式中：t_1——升温至杀菌温度所需时间，min；

t_2——保温杀菌温度不变的时间，min；

t_3——从杀菌温度降至常温的时间，min；

T——杀菌锅的杀菌温度，℃。

热杀菌工艺条件的确定，即确定必要的杀菌温度、时间。工艺条件制定的原则是在保证罐藏食品安全性的基础上，尽可能地缩短加热杀菌的时间，以减少热力对食品品质的影响。正确合理的杀菌条件是既能杀灭罐内的致病菌，也能杀灭在罐内环境中生长繁殖引起食品变质的腐败菌，使酶失活，又能最大限度地保持食品原有的品质。

8.2　杀菌方法

水果罐头通常用常压杀菌法。常压杀菌法是指在常压100℃或100℃以下介质中进行杀菌的方法。也有将在常压100℃以下介质中的杀菌称为巴氏杀菌。常压杀菌可以在立式杀菌器内或长方形水槽内进行，水煮沸后立即放入装满罐头的铁笼或铁篮，但应注意玻璃瓶入水时温差不可超过60℃，否则玻璃瓶会发生破裂。杀菌时罐头应保持在水面以下10～15 cm，杀菌温度应保持不变，经过规定时间以后取出冷却。但要注意水的沸点与海拔高度密切相关。同一产品，在不同海拔地区的杀菌条件应该区别对待。

9　冷却

罐头杀菌完毕后应立即冷却。如果冷却不够或拖延冷却时间，会使内容物的色泽、风味、组织结构受到破坏，促进嗜热微生物生长，加速罐内壁腐蚀。冷却的最终温度一般认为38～43℃为宜，此时罐内压力也已降至正常，罐头尚有一部分余热有利于罐头表面水分的蒸发。否则冷却温度太低，表面水分不易蒸发而使罐头生锈，影响外观。冷却介质有空气和水，由于空气的导热系数很小，冷却速度缓慢，故在罐头生产中很少被采用。冷水冷却速度快，效果好，容易控制，生产上被广泛应用。

冷却方法一般有常压冷却和反压冷却两种。常压杀菌的罐头可采用常压冷却，对金属罐可直接用冷水进行冷却，而玻璃罐则必须分别在80℃、60℃、40℃几种不同温度的水中进行分段冷却，否则会引起罐头破裂。

10　包装运输和贮存

10.1　包装

罐头标签、包装标志按国家的规定执行。外包装纸箱，内加衬垫材料，封箱带按国家的规定执行。包装要求：

(1)马口铁罐头表面需清洁，无锈，封口完整，卷边处无铁舌，不漏气，不胖听，无变形。

(2)罐头标签采用外贴商标纸(或用印铁商标)，商标纸需清洁，完整、牢固而整齐地贴在罐外。

(3)商标纸与罐身内高相等，其公差不得超过 3 mm。

(4)箱内罐头排列整齐不松动。

10.2　运输

运输工具必须清洁干燥，不得与有毒物品混装、混运。长途运输的车船必须遮盖；运输温度在 0～38℃，避免骤然升降温；搬运一般不得在雨天进行，如遇特殊情况，必须用不透水的防雨布严密遮盖；搬运中必须轻拿轻放，不得使用有损纸箱的工具，不得抛摔。

10.3　贮存

贮存仓库应有防潮措施，远离火源，保持清洁；贮存仓库温度以 20℃为宜，避免温度骤然升降。仓库内保持良好通风，相对湿度一般不超 75%，在雨季应做好罐头的防潮、防锈、防霉工作；罐头成品箱不得露天堆放或与潮湿地面直接接触。底层仓库内堆放罐头成品时要用垫板垫起，垫板与地面间距离在 150 mm 以上，箱与墙壁之间距离 500 mm 以上。罐头成品在贮存过程中，不得接触和倚靠潮湿、有腐蚀性或易于发潮的货物，不得与有毒化学药品和有害物质放在一起。

11　水果罐头质量标准

达到合格水果罐头各项指标的质量标准要求。

11.1　感官指标

(1)外观　容器密封完好，无泄漏、胖听现象存在。

(2)色泽　具有该品种罐头应有的色泽。

(3)滋味及气味　有该品种应有的滋味和气味，无异味。

(4)组织形态　具有该品种应有的组织形态。

(5)杂质　不允许外来杂质存在。

11.2　理化指标

净含量由各个不同品种而定，同批产品所抽的样品平均净含量不低于标签标示的净含量；可溶性固形物含量(%，以折光法计)、固形物含量(%)、酸含量(%，以柠檬酸计)、氯化钠含量(%)等指标因各品种不同而异；锡(Sn)≤200 mg/kg；铜(Cu)≤5.0 mg/kg；铅(Pb)≤

1.0 mg/kg;砷(As)≤0.5 mg/kg。

11.3　微生物指标

符合罐头食品商业无菌的要求。

12　保质期

由各具体品种而定,一般常温保质1年。

【案例】

1　糖水梨罐头加工

1.1　工艺流程

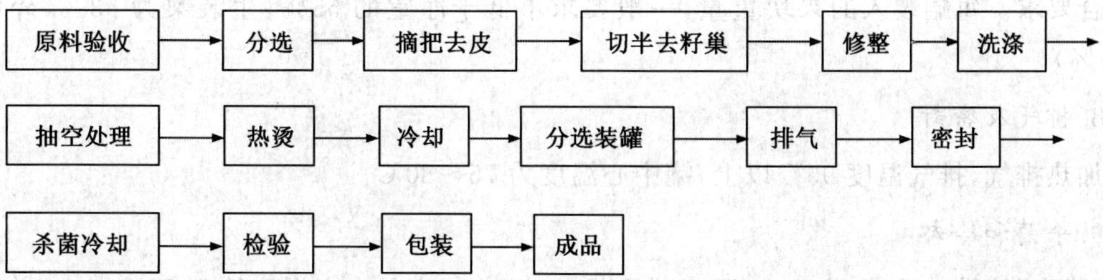

1.2　任务实施

1.原料

原料的好坏直接影响罐头的质量。作为罐头加工用的梨必须果型正、果芯小、石细胞少、香味浓郁、单宁含量低且耐贮藏。

2.去皮

梨的去皮以机械去皮为多,目前也有用水果去皮机去皮的。实验室多用手工去皮。去皮后的梨切半,挖去籽巢和蒂把,要使巢窝光滑而又去尽籽巢。

3.护色

去皮后的梨块不能直接暴露在空气中,应浸入护色液(1%～2%盐水)中。巴梨不经抽空和热烫,直接装罐。

4.抽空

梨一般采用湿抽法。根据原料梨的性质和加工要求确定选用哪一种抽空液。莱阳梨等单宁含量低,加工过程中不易变色的梨可以用盐水抽空,操作简单,抽空速度快;加工过程中容易变色的梨,如长把梨则以药液作抽空液为好,药液的配比:盐2%,柠檬酸0.2%,焦亚硫酸钠0.02%～0.06%。药液的温度以20～30℃为宜,若温度过高会加速酶的生化作用,促使水果变色，同时也会使药液分解产生 SO_2 而腐蚀抽空设备。

5. 热烫

凡用盐水或药液抽空的果肉，抽空后必须经清水热烫。热烫时应沸水下锅，迅速升温。热烫时视果肉块的大小及水果的成熟度而定。含酸量低的如莱阳梨可在热烫水中添加适量的柠檬酸(0.15%)。热烫后急速冷却。

6. 调酸

糖水梨罐头的酸度一般要求在0.1%以上，如果低于这个标准会引起罐头的败坏和风味的不足。一般当原料梨酸度在0.3%～0.4%范围内时，不必再外加酸，但要调节糖酸比，以增进成品风味。

7. 装罐与注液糖水

使用玻璃瓶按大小、成熟度分开装罐，使每一罐中的果块大小、色泽、形态大致均匀，块数符合要求。每罐装入的果块重量，一般要求不低于净重的55%（生装梨为53%，碎块梨为65%）。

8. 排气及密封

加热排气，排气温度95℃以上，罐中心温度为75～80℃。

9. 杀菌和冷却

低温连续转动杀菌，在82℃温度下杀菌12 min，使产品中心温度达到76℃以上，并冷却到表面温度38～40℃即得成品。杀菌时间过长和不迅速彻底冷却，会使果肉软烂，汁液浑浊，色泽、风味恶化。

1.3 产品质量标准

参照中华人民共和国行业标准《梨罐头》(QB/T 1379—2014)。

2 糖水橘子罐头加工

2.1 工艺流程

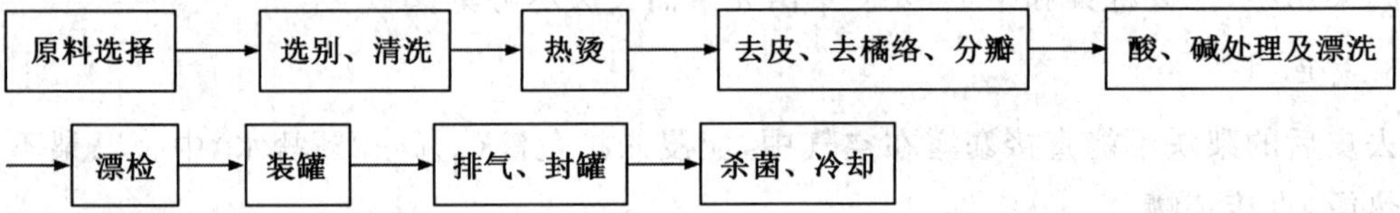

2.2 任务实施

1. 原料选择

宜选择容易剥皮、肉质好、硬度高、果瓣大小较一致、无核或少核的品种，如温州蜜柑、本地早、红橘等。果实完全黄熟时采收。

2. 选别、清洗

剔除腐烂、过青、过小的果实。果实横径在 45 mm 以上。按果实的大小、色泽、成熟度分级。大小分级按果实大、中、小分成 3 级，最大横径每差 10 mm 分为一级。分级后的果实用清水洗净表面尘污。

3. 热烫

热烫是为了使果皮和果肉分离，便于去皮。热烫的温度和时间因品种、果实大小、果皮厚薄、成熟度高低而异。一般在 90～95℃热水中烫 40～60 s。要求皮烫肉不烫，以附着于橘瓣上的橘络能除净为度。热烫时应注意果实要随烫随剥皮，不得积压，不得重烫，不可伤及果肉。另外，热烫水应保持清洁。

4. 去皮、去橘络、分瓣

去皮、分瓣要趁热进行；从果蒂处一分为二，翻转去皮并顺便除去部分橘络，然后分瓣，分瓣时手指不能用力过大，防止剥伤果肉而流汁。同时剔除僵硬、畸形、破碎的橘片，另行加工利用。

5. 酸、碱处理及漂洗

酸、碱处理的目的是去橘瓣囊衣。水解部分果胶物质及橙皮苷，减少苦味物质。酸、碱处理要根据品种、成熟度和产品规格要求而定。酸处理时，一般将橘片投入浓度为 0.16%～0.22%，温度为 30～35℃的稀盐酸溶液中浸泡 20～25 min。浸泡后用清水漂洗 1～2 次。接着将橘片进行碱处理。烧碱溶液的使用浓度一般为 0.2%～0.5%，温度为 35～40℃，浸泡时间 5～12 min。浸碱后应立即用清水洗干净，并用 1%柠檬酸液中和，以去除碱液，改进风味。

6. 漂检

漂洗后的橘肉，放在清水盆中用不锈钢镊子除去残余的囊衣、橘络、橘核等，并将橘瓣按大、中、小 3 级分放。

7. 装罐

空罐先经洗涤消毒，然后按规格要求装罐。橘肉装入量不得低于净重的 55%，装好后，加入一定浓度的糖液(可按开罐浓度为 16%计算糖液配制浓度)，温度要求在 80℃以上，保留顶隙 6 mm 左右。

8. 排气、封罐

一般用排气箱热力排气约 10 min，使罐内中心温度达到 65～70℃为宜，然后立即趁热封口；若用真空封罐机抽气密封，封口时真空度为 30～40 kPa。

9. 杀菌、冷却

按杀菌公式 5～20 min/100℃进行杀菌，然后冷却(或分段冷却)至 38～40℃。

10. 擦罐、入库

擦干罐身，在20℃的库房中存放1周，经敲罐检验合格后，贴上商标即可出厂。

2.3 产品质量标准

参照中华人民共和国行业标准《柑橘罐头》(GB/T 13210—2014)。

【任务评价】

表3-1 学生课堂表现评价表

企业(班级)：　　　　　　　　　　部门：　　　　　　　　　　姓名：

项目名称	评价标准	师傅	徒弟	部门	平均分	备注
水果罐头原料选择	优(100～90分)：正确选择 良(89～80分)：较正确选择 中(79～70分)：基本能选择 及格(69～60分)：能部分选择 不及格(<60分)：不能选择					
掌握水果罐头的工艺、操作要领、关键控制点	优(100～90分)：正确掌握 良(89～80分)：较正确掌握 中(79～70分)：基本能掌握 及格(69～60分)：能部分掌握 不及格(<60分)：不能掌握					
部门合作	优(100～90分)：按分工，积极参与 良(89～80分)：按分工，较积极参与 中(79～70分)：按分工，基本参与 及格(69～60分)：按分工，能部分参与 不及格(<60分)：不参与					
职业素质	优(100～90分)：沟通表达、分析解决问题、团队合作、组织协调、严谨工作等职业素质高 良(89～80分)：职业素质良好 中(79～70分)：职业素质一般 及格(69～60分)：职业素质较差 不及格(<60分)：职业素质差					
总分						
平均分						

【师徒共研】

罐头的败坏降低了产品的食用价值和商品价值,其败坏的原因主要有物理、化学和微生物三种因素的作用;其败坏的现象主要包括胀罐败坏、非胀罐败坏和容器腐蚀穿孔。

1.水果罐头的败坏

二维码 3-3　果蔬罐头加工产品质量问题微课

(1)胀罐败坏　胀罐也称胖听,是指罐头一端或两端向外凸出的现象。这种败坏是罐头食品中常出现的败坏现象之一。

①罐头胀罐类型:胀罐有四种类型,其一是隐胀,即罐头外形正常,振动或施加压力时一端就会凸起,故也称为撞胀。其二是初胀,罐头的一端向外凸出,如果手按凸出的一端,则可恢复正常,而相反的一端则向外凸出,也叫作单面胖听。其三是软胀,罐头两端向外凸起,用手按压两端可恢复,但手离开时又重新凸出,也称假胖听。其四是硬胀,这种胀罐程度最严重,内部压力很大,两端均向外凸出,手按压不能恢复原形,如果内压继续增大,就可导致罐身裂缝处爆裂。

②引起胀罐的原因及预防

● 物理因素

胀罐原因:其一是罐头内果肉装量太多、太紧,以致无顶隙,在杀菌后冷却时罐头收缩不好而胀罐;其二是排气不足,杀菌后降温速度太快,使罐内外压力突然改变,内压大大超过外压,从而造成“突角”。此外,罐头本身排气不足,当外界条件发生变化时,也会引起胀罐。如冷凉地区生产的罐头运至热带地区销售,有可能出现胀罐;又如上海生产的罐头运至西藏高原,气压下降,也可能发生胀罐。

预防措施:物理胀罐可通过控制装罐量,提高装罐和排气温度,注意罐盖膨胀圈的抗压强度及控制适宜的贮藏温度来防止。

● 化学因素

胀罐原因:多发生在酸性食品中。由于内容物的有机酸与金属作用产生氢气,积累至一定量时就会发生胀罐,故也称“氢胀”。如镀锡薄钢板有漏铁点或涂料铁涂布不均匀、孔隙多,都会产生集中腐蚀,放出氢气。

预防措施:只要使用无漏铁点或涂层完好的材料,就能抑制化学性胀罐的发生。

● 微生物因素

胀罐原因:首先是杀菌不充分引起。如杀菌操作不当或杀菌温度和时间不够,以致幸存的腐败菌在条件适宜时再次活动产气。其次是原料在生产过程中大量被微生物污染,杀菌前已经开始变质,因而在同样杀菌条件下,不能将有害微生物全部杀灭。微生物引起的胀罐,使内容物发生败坏,完全失去食用价值,严重者会发生爆裂现象。

预防措施:加强杀菌操作,确保将产毒菌、腐败菌完全杀灭;严格密封、防止泄漏;迅速冷却,冷却水要清洁卫生;采用新鲜原料,在干净卫生条件下操作加工,以免原料和半成品受到严重污染。

(2)非胀罐败坏　罐头外形没有发生任何变化,但罐头内容物已经腐败变质,如变色、变味、酸败等。这类罐头的败坏只有打开后才能发现。

①变色

变色原因:变色是果蔬罐头在加工和贮运销售过程中常见的问题,如糖水梨的褐变或变红,樱桃、紫色葡萄变紫蓝色。造成上述变色的主要原因是酶褐变与非酶褐变。

预防措施:选择成熟度高,氧化酶活性低,花青素及单宁含量低的品种;加工过程中注意工序间的护色,避免原料与铁、铜等金属接触;尽量缩短杀菌时间,使罐头迅速冷却等。

②变味

变味原因:原料在加工处理中,如果车间卫生条件差,或过分拖延时间,促使微生物大量繁殖,造成罐头原料腐败变味;未被钝化的酶类会导致罐头贮藏异味;容器处理不当也会带给罐头松木味、金属味、油味等。

预防措施:采用新鲜原料于清洁卫生的条件下加工,彻底钝化酶的活性,并盛装于干净、无明显气味的容器中,才能使变味得到控制。

③酸败

酸败原因:导致酸败的微生物是产酸菌。对低酸食品来说主要是脂肪芽孢杆菌,对酸性食品来说主要是凝结芽孢杆菌。这类细菌在自然界中分布极广,是一类兼厌氧性嗜温菌,它能分解碳水化合物产酸,但不产生气体。这种败坏的原因可能是因为原料在加工过程中严重污染、卫生条件差以及杀菌不足引起的。从外表上很难判断其败坏与否,但打开罐头后,内容物变酸、汁液混浊,不能食用。

预防措施:采用合适的杀菌条件,杀菌后使产品及时冷却;凡与食品原料接触的加工设备,需经常刷洗和消毒,防止嗜温菌的滋生;原料进厂应及时加工,避免积压和污染。

2.罐壁腐蚀

罐壁的腐蚀主要指的是马口铁罐,可分为罐内壁的腐蚀和罐外壁的锈蚀。罐内壁的腐蚀情况比较复杂,主要可分为均匀腐蚀、集中腐蚀、局部腐蚀、异常脱锡腐蚀、硫化腐蚀等。罐外壁锈蚀主要是由于贮藏环境中湿度过高而引起铁与空气中的水分、氧气发生作用形成黄色锈斑,严重时既会影响商品外观,还会促使罐壁腐蚀穿孔导致食品变质和腐败。

(1)罐壁腐蚀原因

①氧气:氧气是金属的强氧化剂,罐制品内残存氧的含量,对罐藏容器的内壁腐蚀起决定性作用,氧气含量越多,腐蚀越强。

②酸:含酸量越多,腐蚀性越强。

③硫及含硫化合物:当硫及硫化物混入罐制品中时,易引起硫化斑。

④环境相对湿度:贮藏环境相对湿度过大,易造成罐外壁生锈、腐蚀等。

⑤食品原料:含有机酸、低甲氧基果胶、脱氢抗坏血酸、花色素类色素、硝酸盐、硫和硫化

物、食盐等。

(2)预防罐壁腐蚀的措施

①对采前喷过农药的果实,加强清洗及消毒,可用0.1%盐酸浸泡5～6 min,再冲洗,以脱去农药。

②对含空气较多的果实,最好采取抽空处理,尽量减少原料组织中空气(氧)的含量,进而降低罐内氧的浓度。

③加热排气要充分,适当提高罐内真空度。

④对于含酸或含硫高的内容物,容器内壁一定要采用抗酸或抗硫涂料。环境的相对湿度应保持在70%～75%。

⑤要在罐外壁涂防锈漆。

3.玻璃罐头杀菌冷却过程中的跳盖现象

跳盖原因:罐头排气不足,罐头内真空度不够,杀菌时降温、降压速度快;罐头内容物装得太多,顶隙太小;玻璃罐本身的质量差,尤其是耐温性差。

预防措施:罐头排气要充分,保证罐内的真空度;杀菌冷却时,降温、降压速度不要太快,进行常压冷却时,禁止冷水直接喷淋到罐体上;罐头内容物装得不能太多,保证留有一定的空隙;定做玻璃罐时,必须保证玻璃罐具有一定的耐温性;利用回收的玻璃罐时,装罐前必须认真检查罐头容器,剔除所有不合格的玻璃罐。

4.罐内汁液的浑浊与沉淀

混浊与沉淀原因:加工用水中钙、镁等离子含量过高,水的硬度大;原料成熟度过高,热处理过度;贮藏不当造成内容物冻结,解冻后内容物松散、破碎;杀菌不彻底或密封不严,微生物生长繁殖等。

预防措施:加工用水进行软化处理;控制温度不能过低;严格控制加工过程中的杀菌、密封等工艺条件;保证原料适宜的成熟度等。

【知识链接】

18世纪末,法国人尼古拉·阿培尔(Nicolas Appert)经过多年的研究,发明了用玻璃瓶罐藏食品的方法,1809年获得了12 000法郎的巨额奖金。接着1810年英国的杜兰德(Peter Durand)发明了镀锡薄板金属罐,使罐头食品得以投入手工生产。其后1864年法国的巴斯德(Louse Pastrur)发现食品的腐败是由微生物引起的,从而阐明了罐藏的原理,并科学地制订出罐头生产工艺,从此有许多国家兴建起罐头工厂。1920年,C. Olin Ball积累了微生物耐热性及罐藏食品传热性的资料,提出了用数学方法确定罐藏食品的合理杀菌温度和时间的关系,从而使得杀菌有了科学的方法和依据。从1810年至今,通过不断改进与发展,罐头生产已是现代食品工艺中的一大支柱工业,罐头食品已成为各国人民日常生活中的必需品。

罐头食品可以直接食用,它的食味基本上能保持原有的风味和营养,并且有些罐头风味胜过鲜果，如菠萝罐头、板栗罐头等。加工良好的罐头可在常温下保存 1～2 年不坏，是军需、旅游、航空和野外工作的方便食品，且常年供应市场，不受季节影响。同时，罐头食品具有美观大方、无须冷藏、随时供应的优点。

1　罐藏原理

杀菌是罐头生产中的重要环节，是决定罐藏食品保存期限的关键。罐藏食品的原料大多来自农副产品，不可避免地会被许多微生物污染，这些微生物有的能使食品成分分解变质，有的能使人体中毒，故在原料经过预处理、装罐、排气密封后必须进行杀菌。

二维码 3-4　果蔬罐头加工原理微课

罐头的杀菌是杀灭罐藏食品中能引起疾病的致病菌和能在罐内环境中生产而引起食品变质的腐败菌，这种杀菌称之为“商业无菌”。罐头食品在密封容器内与外界隔绝，外界微生物不能进到罐头内，从而保证罐内食品长期保存。罐头在进行热杀菌的同时也破坏了食品中酶的活性，从而保证罐头内食品在规定的贮存期内不变质。此外，罐头的加热处理还具有一定的烹调作用，能够增进风味，软化组织。

1.1　微生物与罐头食品的败坏

在正常的罐藏条件下，霉菌和酵母菌不能耐罐藏的热处理和在密封条件下活动。导致罐头食品败坏的微生物主要是细菌，细菌对氧的需要有很大的差异，在罐头食品中，好氧菌由于罐头的排气密封而受到限制，而厌氧菌仍能存在活动，如果在加热杀菌时没有被杀死，则会造成罐头食品的败坏。

1.2　杀菌的理论依据

生产上总是选择最常见的、耐热性最强并有代表性的腐败菌或引起食品中毒的细菌作为主要的杀菌对象。一般认为，如果热力杀菌足以消灭耐热性最强的腐败菌时，则耐热性较低的腐败菌是很难残留下来的。芽孢的耐热性比营养体强，若有芽孢菌存在时，则应以芽孢菌作为主要的杀菌对象。所以只有了解微生物的耐热性在杀菌时的残留情况以及影响杀菌的因素，然后制订出合理的杀菌条件，才能达到杀菌的目的。

1.2.1　微生物的耐热性

衡量微生物的耐热性常见的参数有：

(1)F 值　在恒定的加热标准温度条件下(121℃或 100℃)，杀灭一定数量的细菌营养体或芽孢所需要的时间(min)，也称杀菌效率值、杀菌致死值或杀菌强度。在制定杀菌规程时，要选择最常见的、耐热性最强、并有代表性的腐败菌或引起食品中毒的细菌作为主要的杀菌对象菌，并测定其耐热性。

(2)D 值　在指定的温度条件下(121℃或 100℃)，杀死 90%原有微生物芽孢或营养体细菌所需要的时间(min)。D 值大小与该微生物的耐热性有关，D 值越大，它的耐热性越强，杀灭90%微生物芽孢所需要的时间则越长。

(3)Z值 表示使加热致死时间变化10倍时所需的温度。Z值越大，说明该微生物的抗热性越强。

1.2.2 影响微生物耐热性的因素

微生物的耐热性随其种类、菌株、数量、所处环境及热处理条件等的不同而异。就罐头的热杀菌而言，微生物的耐热性主要受下列因素的影响。

1. 食品杀菌前的污染情况

(1)污染微生物的种类 食品中污染的微生物种类很多，微生物的种类不同，其耐热性有明显不同。即使同一种细菌，菌株不同，其耐热性也有较大差异。一般情况非芽孢菌、霉菌、酵母菌以及芽孢菌的营养细胞的耐热性较低。营养细胞在70～80℃下加热，很短时间便可杀死。细菌芽孢的耐热性很强，其中又以嗜热菌的芽孢为最强，厌氧菌的芽孢次之，需氧菌芽孢最弱。同一种芽孢的耐热性又因热处理前的菌龄、生产条件等的不同而不同。例如同一菌株芽孢由于加热处理后残存芽孢，再形成的新生芽孢的耐热性就比原芽孢的耐热性强。霉菌中只有少数几种具有较高的耐热性，如纯黄丝衣霉菌能耐80℃、39 min的加热处理，这种霉菌的孢子在糖水水果罐头中经100℃、15 min加热处理仍能生存下来，酵母菌的耐热性比霉菌低。

(2)污染微生物的数量 微生物的耐热性还与微生物的数量密切相关。杀菌前食品中所污染的菌数越多，其耐热性越强，在同温度下所需的致死时间就越长。

2. 食品的pH

食品的酸度对微生物耐热性的影响很大。对于绝大多数微生物来说，在pH中性范围内耐热性最强，pH升高或降低都可以减弱微生物的耐热性。特别是在偏向酸性时，促使微生物耐热性减弱作用更为明显。酸使微生物耐热性减弱的程度随酸的种类而异，一般认为乳酸对微生物的抑制作用最强，苹果酸次之，柠檬酸稍弱。罐头食品中常使用的酸是柠檬酸。

由于食品的酸度对微生物及其芽孢的耐热性的影响十分显著，所以食品酸度与微生物耐热性这一关系，在罐头杀菌的实际应用中具有相当重要的意义。酸度高的食品与酸度低的食品相比杀菌温度可低一些，杀菌时间短一些。所以在罐头生产中常根据食品的pH将其分为酸性食品和低酸性食品两大类，一般以pH 4.6为分界线，pH<4.6的为酸性食品，pH≥4.6的为低酸性食品。低酸性食品一般应采用高温高压杀菌，即杀菌温度高于100℃；酸性食品则可采用常压杀菌，即杀菌温度不超过100℃。部分罐头食品的pH见表3-2，由此可以判断食品的杀菌温度，是否必须安装锅炉，新企业对此非常关心，因为锅炉意味着需要较多资金。

柠檬酸(钠)是食品工厂普遍添加的。酸性食品含量0.2%左右。提高酸度能降低杀菌温度和杀菌时间。

3.食品的化学成分

食品中含有糖、酸、脂肪、蛋白质、盐分等成分,除了上述的酸对微生物耐热性有重大影响外,其他成分对微生物的耐热性也有不同程度的影响。

表 3-2　部分水果罐头食品的 pH

食品名称	pH	食品名称	pH	食品名称	pH
柠檬汁	2.4	菠萝汁	3.5	李甜酸渍品	2.7
葡萄柚汁	3.2	苹果沙司	3.6	苹果	3.4
葡萄汁	3.2	橙汁	3.7	蓝莓	3.4
菠萝汁	3.5	紫褐樱桃	4.0	桃	3.8
黑莓	3.5	巴梨(洋梨)	4.1	李	3.8
红酸樱桃	3.5	无花果	5.0	杏	3.9

(1)食品中的糖　许多学者认为糖有增强微生物耐热性的作用。糖的浓度越高,杀灭微生物芽孢所需的时间越长。糖对微生物芽孢的这一保护作用,一般认为是由于糖吸收了微生物细胞中的水分,导致了细胞内原生质脱水,影响了蛋白质的凝固速度,从而增强了细胞的耐热性。例如,大肠杆菌在 70℃ 加热时,在 10% 的糖液中致死时间比无糖溶液增加 5 min,而浓度提高到 30%时致死时间要增加 30 min。但砂糖的浓度增加到一定程度时,由于造成了高渗透压的环境而又具有了抑制微生物生长的作用。

(2)食品中的脂肪　脂肪能增强微生物的耐热性,这是因为细菌的细胞是一种蛋白质的胶体溶液,此种亲水性的胶体与脂肪接触时,蛋白质与脂肪两相间很快形成一层凝结薄膜,这样蛋白质就被脂肪所包围,妨碍了水分的渗入,造成蛋白质凝固的困难;同时脂肪又是不良的导热体也阻碍热的传导,因此增强了微生物的耐热性。例如,大肠杆菌在水中加热至 60～65℃即可致死,而在油中加热 100℃下经 30 min 才能杀灭,即使在 109℃下也需 10 min 才能致死。含油与不含油的食品在同一温度下杀灭酵母菌所需的时间亦不同,含油的要比不含油的长得多。

(3)食品中的盐类　一般认为低浓度的食盐对微生物的耐热性有保护作用,高浓度的食盐对微生物的耐热性有削弱的作用。这是因为低浓度食盐的渗透作用,吸收了微生物细胞中的部分水分,使蛋白质凝固困难从而增强了微生物的耐热性。高浓度食盐的高渗透压,造成微生物细胞中蛋白质大量脱水变性,导致微生物死亡;食盐中的 Na^+、K^+、Ca^{2+} 和 Mg^{2+} 等金属离子对微生物有致毒作用;食盐还能降低食品中的水分活度(A_w),使微生物可利用的水减少,新陈代谢减弱。因此,高浓度的食盐有削弱微生物耐热性的作用。通常认为食盐浓度在 4%以下时能增强微生物的耐热性,浓度为 4%时对微生物耐热性的影响甚微,当浓度高于 10%时,微生物的耐热性则随着盐浓度的增加而明显降低。10%以上减弱耐热性,

15%就具有明显的保藏效果。

(4)蛋白质　食品中的蛋白质在一定的低含量范围内，对微生物的耐热性有保护作用。例如，有的细菌芽孢在2%的明胶介质中加热，其耐热性比不加明胶时增强2倍。高浓度的蛋白质对微生物的耐热性影响极小。

(5)食品中的植物杀菌素　某些植物的汁液和它所分泌出的挥发性物质对微生物具有抑制和杀灭的作用，这种具有抑制和杀菌作用的物质被称之为植物杀菌素。植物杀菌素的抑菌和杀菌作用因植物的种类、生长期及器官部位等而不同。

4. 罐头的杀菌温度

罐头的杀菌温度与微生物的致死时间有着密切的关系，因为对于某一浓度的微生物来说，它们的致死条件是由温度和时间决定的。试验证明，微生物的热致死时间随杀菌温度的提高而呈指数关系缩短。

1.2.3　影响罐头传热的因素

在罐头的加热杀菌过程中，热量传递的速度受食品的物理性质、罐头包装容器的种类、食品的初温和终温以及杀菌温度、杀菌锅的形式等因素的影响。

二维码 3-5　罐头食品传热原理微课

1. 罐内食品的物理性质

与传热有关的食品物理特性主要有形状、大小、浓度、黏度、密度等，食品的这些性质不同，传热的方式就不同，传热速度自然也不同。

热的传递方式有传导、对流和辐射三种，罐头加热时的传热方式主要是传导和对流两种。传热的方式不同，罐内热交换速度最慢一点(常称其为冷点)的位置就不同。传导传热的罐头的冷点在罐头的几何中心，对流传热的罐头的冷点在罐头中心轴上离罐底20～40 mm处。对流传热的速度比传导传热快，冷点温度的变化也较快，因此加热杀菌需要的时间较短；传导传热速度较慢，冷点温度的变化也慢，故需要较长的热杀菌时间。

(1)流体食品　这类食品的黏度和浓度不大，如果汁、肉汤、清汤类罐头等。加热杀菌时产生对流，传热速度较快。罐头中心温度(在实际罐头生产中，常把冷点温度通称为罐头中心温度)很快地上升达到杀菌温度。

(2)半流体食品　这类食品(如果酱等罐头)虽非固体，但由于浓度大、黏度高，流动性很差，在杀菌时很难产生对流或对流很小，主要靠传导传热，这类罐头中心温度上升较慢。

(3)固体食品　这类食品呈固态或高黏度状态，如果酱类罐头等，加热杀菌时不可能形成对流，主要靠传导传热，传热速度很慢，罐头中心温度上升很慢。

(4)流体和固体混装食品　这类罐头食品中既有流体又有固体，传热情况较为复杂，如糖水水果罐头等。这类罐头加热杀菌时传导和对流同时存在。一般来说，颗粒、条形、小块形食品在杀菌时罐内液体容易流动，以对流为主，传热速度比大粒、大块形的快。层片装食品(如蘑菇片罐头)的传热比竖条装食品(如芦笋罐头)的慢。

2. 罐藏容器的物理性质

(1)容器材料的物理性质和厚度　罐头加热杀菌时，热量从罐外向罐内食品传递，罐藏容器的热阻自然要影响传热速度。容器的热阻 σ 取决于罐壁的厚度 δ 和热导率 λ，它们的关系式为 $\sigma=\delta/\lambda$，可见罐壁厚度的增加和热导率的减小都将使热阻增大。罐头生产常用的镀锡薄板罐和玻璃罐的罐壁厚度、热导率及其热阻见表 3-3。

表中数据表明，玻璃罐罐壁厚度较铁罐大，热导率较铁罐小，热阻较铁罐大得多，所以镀锡薄板罐的传热速度要比玻璃罐大得多。铝罐的罐壁厚度与镀锡薄板罐相近，但它的热导率约为 203.53 W/(m·K)，所以铝罐的热阻比镀锡薄板罐还小。

表 3-3　镀锡薄板罐和玻璃罐的热阻

容器	厚度/mm	热导率 λ/[W/(m·K)]	热阻 σ/(W/K)
镀锡罐	$(0.24\sim0.36)\times10^{-3}$	602.5～677.8	$(3.98\sim5.98)\times10^{-7}$
玻璃罐	$(2\sim6)\times10^{-3}$	7.53～12.05	$(2.66\sim7.97)\times10^{-7}$

需要指出的是，容器的热阻对整个杀菌效果的影响，还与罐内食品的传热方式有关。加热杀菌时，热量的传递是加热介质首先把热量传递给罐壁，然后以导热方式通过罐壁再向罐内传递。在对流传热型食品罐头内，热量以对流方式从罐壁传递到内部，传热速度快。在这种情况下，由于食品传热的速度大于罐壁传热的速度，所以罐壁的传热速度是决定加热杀菌时间长短的主要因素。在传导型食品罐头内，热量以传导方式从罐壁传递到罐的几何中心，罐壁传热速度比食品的传热速度大好几倍，此时加热杀菌所需时间的长短取决于食品的导热性，容器传热的快慢对杀菌时间的影响相对就小，已成为次要因素。

(2)容器的几何尺寸和容积大小　容器的大小对传热速度和加热时间也有影响，其影响取决于罐头单位容积所占有的罐外表面积(S/V 值)及罐壁至罐中心的距离。罐型大，其单位容积所占有的罐外表面积小，即 S/V 值小，单位容积的受热面积小，单位时间单位容积所接受的热量就少，升温就慢；同时，大型罐的罐表面至罐中心的距离大，热由罐壁传递至罐中心所需的时间就要长。而小罐型则相反。

3. 罐内食品的初温

罐内食品的初温是指杀菌开始时，即杀菌锅开始加热升温时罐内食品的温度。根据 FDA 的要求，加热开始时，每一锅杀菌的罐头其初温以其中第一个密封完的罐头的温度为计算标准。一般来说，初温越高，初温与杀菌温度之间的温差越小，罐中心加热到杀菌温度所需要的时间越短，这对于传导传热型的罐头来说尤其重要。从理论计算的结果得知，冷装食品比热装食品加热时间要增加 20%左右。因此，保证初温对于增强传导型传热罐头的杀菌效果极为重要，而对对流传热型的影响小。

4. 杀菌锅的形式和罐头在杀菌锅中的位置

目前，我国罐头工厂多采用静止式杀菌锅，即罐头在杀菌时静止置于锅内。静止式杀菌锅又分为立式和卧式两类。传热介质在锅内的流动情况不同,立式杀菌锅传热介质流动较卧式杀菌锅相对均匀。杀菌锅内各部位的罐头由于传热介质的流动情况不同而传热效果相差较大,尤其是远离蒸汽进口的罐头,传热较慢。如果杀菌锅内的空气没有排除净,存在空气袋,那么处于空气袋内的罐头,传热效果就更差。所以,静止式杀菌必须充分排净杀菌锅内的空气,使锅内温度分布均匀,以保证各位置上罐头的杀菌效果。

罐头工厂除使用静止式杀菌锅外,还使用回转式或旋转式杀菌锅。这类杀菌锅由于罐头在杀菌过程中处于不断的转动状态,罐内食品易形成搅拌和对流,故传热效果较静止式杀菌要好得多。回转式杀菌的杀菌效果对于导热-对流结合型的食品及流动性差的食品,如糖水水果罐头等更为明显。回转杀菌时,杀菌锅回转的速度也将影响传热的效果。对于黏稠食品来说,回转时的搅拌作用是由于罐内顶隙空间在罐头中发生位移而实现的。只有转速适当时,才能起到搅拌作用。如果转速太慢,不论罐头转到什么位置,罐头顶隙始终处在最上端,这样就起不到搅拌作用;如果转速太快,则产生离心力,这样罐头顶隙始终处在最里边一端,同样也起不到搅拌作用。因此转速过慢或过快都起不到促进传热的作用。

对于块状、颗粒状食品来说,回转时能使罐内食品颗粒或块在液体中移动,而起到搅拌作用。一般来说,水果罐头以采用 11 r/min 的转速为宜;但大块食品的转速宜慢,利用大块食品自身的重力在液体中起落,促进对流。小颗粒食品,则采用高转速为宜,转速快使颗粒能较快地移动,从而提高传热速度。选用回转转速时,不仅要考虑传热速度,还应注意食品的特性,以保证食品品质。对较嫩食品,转速不宜太快,否则容易破坏食品原有的形状。

5. 罐头的杀菌温度

杀菌温度是指杀菌时规定杀菌锅应达到并保持的温度。杀菌温度越高,杀菌温度与罐内食品温度之差越小,热的穿透作用越强,食品温度上升越快。

1.3 罐头(热)杀菌

罐头加热杀菌的方法很多,根据其原料品种的不同,包装容器的不同等采用不同的杀菌方法。罐头的杀菌可以在装罐前进行,也可以在装罐密封后进行。装罐前进行杀菌,即所谓的无菌装罐,需先将待装罐的食品和容器均进行杀菌处理,然后在无菌的环境下装罐、密封。

我国各罐头厂普遍采用的是装罐密封后杀菌。罐头的杀菌根据各种食品对温度的要求分为常压杀菌(杀菌温度不超过 100℃)、高温高压杀菌(杀菌温度高于 100℃而低于 125℃)和超高温杀菌(杀菌温度在 125℃以上)三大类,依具体条件确定杀菌工艺,选用杀菌设备。

1.3.1 静止间歇式杀菌

静止间歇式杀菌技术因杀菌压力的不同而分为静止高压杀菌和静止常压杀菌两种。

1. 静止高压杀菌

静止高压杀菌是部分蔬菜等低酸性罐头食品所采用的杀菌方法,根据其热源的不同又分为高压蒸汽杀菌和高压水浴杀菌。

(1)高压蒸汽杀菌　大多数低酸性金属罐头常采用高压蒸汽杀菌。其主要杀菌设备为静止高压杀菌锅,通常是批量式操作,并以不搅动的立式或卧式密闭高压容器进行。这种高压容器一般用厚度为6.5 mm以上的钢板制成,其耐压程度至少能达到0.196 MPa。

合理的杀菌装置是保证杀菌操作完善的必要条件。对于高压蒸汽杀菌来说,蒸汽供应量应足以使杀菌锅在一定的时间内加热到杀菌温度,并使锅内热分布均匀;空气的排放量应该保证在杀菌锅加热到杀菌温度时,能将锅内的空气全部排放干净;在杀菌锅内冷却罐头时,冷却水的供应量应足以使罐头在一定时间内,获得均匀而又充分的冷却。图3-1、图3-2和图3-3为常用的立式和卧式高压蒸汽杀菌锅的装置图。

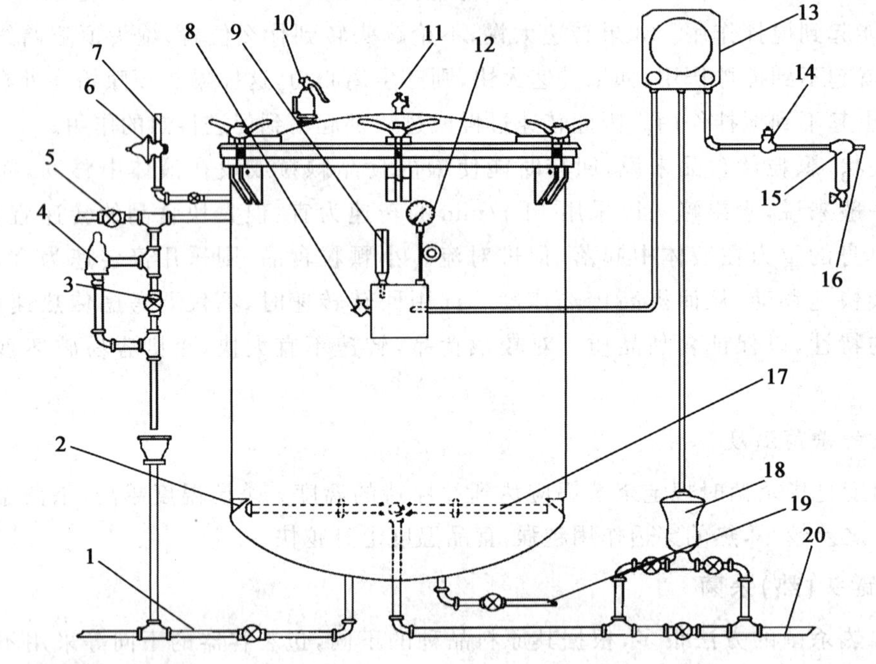

1.排水阀　2.杀菌篮支架　3.溢流阀　4.压力释放阀　5.排气阀　6.压力控制阀　7.压缩空气管　8,11.泄气阀　9.温度计　10.安全阀　12.压力表　13.控制器　14.空气减压阀　15.空气过滤器　16.控制用压缩空气管　17.蒸汽分配管　18.蒸汽调节阀　19.进水管　20.蒸汽进入管

图3-1　立式杀菌锅管路连接图

(2)高压水浴杀菌　高压水浴杀菌就是将罐头投入水中进行加压杀菌。一般低酸性大直径罐、扁形罐和玻璃罐常采用此法杀菌,因为用此法较易平衡罐内外压力。可防止罐头的变形、跳盖,从而保证产品质量。高压水浴杀菌的主要设备也是高压杀菌锅,其形式虽相似,但它们的装置、方法和操作却有所不同。

2.静止常压杀菌

静止常压杀菌常用于水果等酸性罐头食品的杀菌。最简单最常用的是常压沸水浴杀

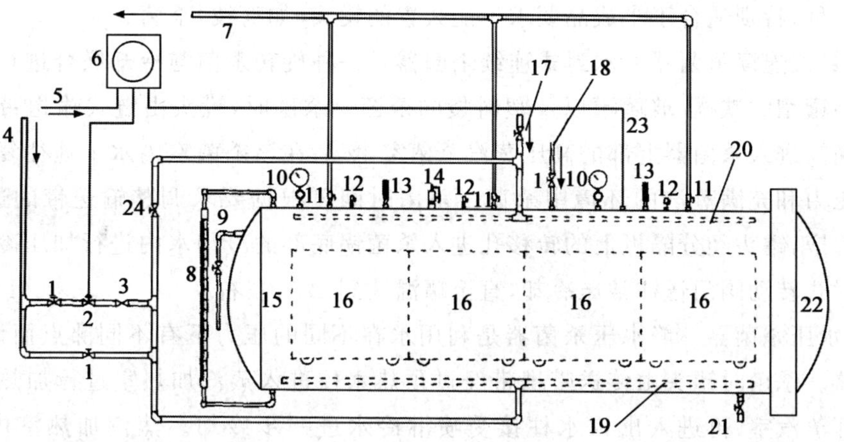

图 3-2　卧式杀菌锅管路连接图

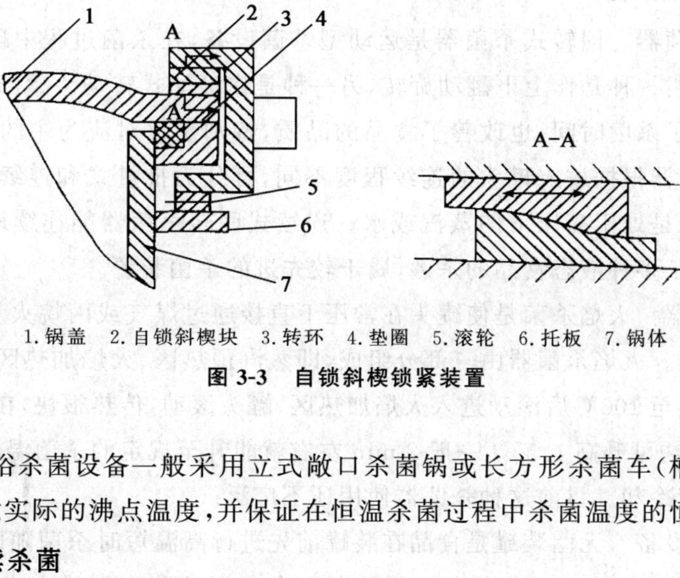

图 3-3　自锁斜楔锁紧装置

菌。批量式沸水浴杀菌设备一般采用立式敞口杀菌锅或长方形杀菌车(槽),杀菌操作较为简单,但必须注意实际的沸点温度,并保证在恒温杀菌过程中杀菌温度的恒定。

1.3.2　连续杀菌

连续杀菌同样有高压和常压之分,必须配以相应的杀菌设备。常用的连续杀菌设备主要有:

(1)常压连续杀菌器　罐头一端进、另一端出。常压连续杀菌器常以水为加热介质,多采用沸水,在常压下进行连续杀菌。杀菌时,罐头由输送带传入连续作用的杀菌器内进行杀菌,杀菌时间通过调节输运带的速度来控制,按杀菌工艺要求达到时间后,罐头由输送带送入冷却水区进行冷却,整个杀菌过程连续进行。我国现有的常压连续沸水杀菌器有单层、三层和五层几种，特别适合于半成品要求不能久置的罐头(如荔枝)杀菌。

(2)水封式连续杀菌器　水封式连续杀菌器是一种旋转杀菌与冷却联合进行的装置，可以用于各种罐型的铁罐、玻璃罐以及塑料袋的杀菌。杀菌时，罐头由链式输送带送入，经水封式转动阀门进入杀菌器上部的高压蒸汽杀菌室，然后在该杀菌室内水平地往复运动，在保持稳定的压力和充满蒸汽的环境中杀菌。杀菌时间可根据要求调整输送带的速度进行控制。杀菌完毕，罐头经分隔板上的转移孔进入杀菌锅底部的冷却水内进行加压冷却，然后再次通过水封式转动阀门送往常压冷却，直至罐温达到40℃左右。

(3)静水压杀菌器　静水压杀菌器是利用水在不同的压力下有不同沸点而设计的连续高压杀菌器。杀菌时罐头由传送带携带经过预热水柱进入蒸汽加热室进行加热杀菌，经冷却水柱离开蒸汽室，再进入出口水柱接受喷淋冷水进一步冷却。蒸汽加热室内的蒸汽压力和杀菌温度通过预热水柱和冷却水柱的高度来调节。如果水柱高度为15 m，蒸汽加热室内的压力可高达0.147 MPa，温度相当于126.7℃。杀菌时间根据工艺要求，可通过调整传送带的传送速度来调节。静水压杀菌器具有加热温度调节简单、省汽、省水等优点，但存在外形尺寸大、设备投资费用高等不足，故对大量生产热处理条件相同的产品的工厂最为适用。

1.3.3　其他热杀菌

(1)回转式杀菌器　回转式杀菌器是运动型杀菌设备，在杀菌过程中罐头不断地转动，转动的方式有两种：一种是作上下翻动旋转，另一种是作滚动式转动。罐内食品的转动加速了热的传递，缩短了杀菌时间，也改善了食品的品质，特别是以对流为主的罐头食品效果更显著。回转式杀菌器根据放入罐头的连续程度不同，可分为批量式和连续式两种。批量式回转杀菌器的热源是处于高压下的蒸汽或水。连续式回转杀菌器能连续地传递罐头，同时使罐头旋转，适合于多种液态食品的杀菌，属于较先进的杀菌装置。

(2)火焰杀菌器　火焰杀菌是使罐头在常压下直接通过煤气或丙烷火焰而杀菌，适用于以对流为主的罐头。火焰杀菌器由三部分组成，即蒸汽预热区、火焰加热区和保温区。罐头在蒸汽预热区加热至100℃后滚动进入火焰加热区，罐头滚动，传热很快，在直接火灼加热下罐头的温度每3 s约可升高1.5℃，一般2 min左右就能升至规定的杀菌温度，进入保温区保温一定时间后进行冷却。目前这种杀菌器使用还不广泛。

(3)无菌装罐设备　无菌装罐是食品在装罐前先进行高温短时杀菌随即冷却，在无菌条件下装入无菌容器后密封。整个操作必须是在一个密闭的蒸汽加热室中于无菌条件下完成。它适用于对热较敏感，加热时间不宜过长的食品。目前在果汁等均一性食品中使用非常广泛。

(4)"闪光18"杀菌法　"闪光18"杀菌法需用"闪光18"设备来完成，它也属于无菌灌装设备。这种设备有个圆柱形的加压室供装罐和封口用，两端有加压和减压气阀，食品和空罐的入口都有气闸装置。操作时将食品高温短时杀菌后直接送入加压室，加压室内的压力控制在液体不致沸腾的水平下，在此气压下装罐和密封，然后在装罐温度下维持4～15 min，使食品在冷却前充分杀菌煮熟。加压室内可采用常规的装罐、密封和其他设备。此外，由于此法密封是在高温下完成的，因此空罐不必预先杀菌，装罐、密封也无须采用无菌条件。

此外，还有蒸汽杀菌、容器杀菌、强光脉冲、超临界法等许多新兴的罐头食品杀菌技术。而且还有更多未知的技术有待我们去开发。

2 水果罐藏容器

食品罐藏的目的是使食品能经久保存，并且保持一定的色、香、味，具有较高的营养价值。罐藏容器对于罐头食品的长期保存起很重要的作用，而容器的材料又是很关键的。目前国内、外普遍采用的罐藏容器有马口铁、玻璃罐、铝合金及软包装等。

2.1 罐藏容器具备的条件

(1)对人体无毒害，安全卫生。

(2)具有良好的密封性能，保证罐内食品与外界隔绝，防止微生物污染，从而保证食品能长期贮存而不会腐败变质。

(3)具有良好的防腐蚀性能、化学性质稳定。

(4)适合工业化生产。

(5)具有良好的耐热性及抗压性。

(6)具有方便性和美观性。

另外，还要求容器在生产过程中能承受必要的机械加工，能适合工厂机械化、自动化生产要求。有一定的机械强度，能保持原来的形状和结构，在贮藏运输过程中不受损坏，同时要求容器体积小，质量轻，开启容易。

2.2 罐头容器种类

2.2.1 马口铁罐

马口铁罐是指两面镀锡的低碳薄钢板，由钢基层、锡合金层、锡层、氧化膜和油膜五部分组成。

镀锡板有光亮的外观，良好的耐腐蚀性能，易于焊接，适于涂料和印铁商标。其外层的镀锡层呈银白色，在常温下有良好的延展性，在大气中不变色，能形成良好的氧化锡膜层，化学性质稳定，因此一直是罐藏容器的主要材料。

罐内壁涂料多是由高分子树脂和溶剂，以及少量添加物按一定比例制成的有机化合物，品种很多，但目前还没有一种万能的涂料能满足各种特殊要求。各种涂料具有其各自的组成、特殊性和适用性，因此需要根据不同种类食品的不同要求来选择相应的涂料。水果罐头常用抗硫抗酸两用涂料。

马口铁罐的优点是安全无毒，具有良好的抗腐蚀性，耐高温高压，加工方便，适合工业化生产，一般作外销产品时使用。其缺点是封罐后看不到内容物，重复利用性差。

2.2.2 玻璃罐

玻璃罐在罐头工业中应用也较广，它是石英砂、纯碱和石灰石等原料按一定比例配合后在 1 000℃以上的高温熔融，再缓慢冷却成型铸成的。

质量较好的玻璃罐应该是透明无色或者略带有青色，具有良好的化学稳定性、热稳定性、瓶身端正光滑、厚薄均匀、瓶口圆而平整，底端平坦，瓶身无严重的气泡、裂纹、石屑及条痕等缺陷，否则玻璃罐生产时容易破碎。

玻璃罐的优点：能够重复使用，成本低，透明，便于消费者选择；化学性质稳定，不与食品起化学反应。其缺点：玻璃抗冷、热变化差，抗机械冲击力差，质量大，运输困难。

玻璃罐形式较多，根据密封形式及其相应的瓶盖结构的不同主要分为卷封式、旋转式和压入式。

2.2.3 铝合金罐

铝合金罐质量轻，携带方便，容易开启，也是目前罐藏制品普遍采用的罐型之一。但是铝合金本身质软，抗压力弱，不宜做大型罐，在真空度高或搬运过程中容易变形。

2.2.4 软包装

软包装也称为蒸煮袋，是由一种能耐高温杀菌的复合塑料薄膜制成的袋状的罐藏包装容器，俗称软罐头。它的结构、机械适应性及物理性能等随种类而异。目前将蒸煮袋分为透明普通型、透明隔绝型、铝箔隔绝型和高温杀菌袋四种类型。软包装具有质量轻，体积小，携带方便，取食容易，密封简便牢固，传热快，耐高温，化学稳定性好，耐贮存等特点。并且软包装不透气、水、光，内容物几乎不可能发生化学变化，能较好地保持食品的色、香、味，可在常温下贮藏，质量稳定。能印刷各种图案及文字说明，外形美观等优点。缺点是包装材料不易腐烂和销毁，容易造成环境污染。

蒸煮袋包装材料一般采用聚酯、铝箔、尼龙、聚烯烃等薄膜借助胶黏剂复合而成。外层是 12 μm 的聚酯，起加固及耐高温作用，如果强度不够则可用尼龙 66 或尼龙 6；中层为 9 μm 的铝箔，具有良好的避光性，防透气，防透水；内层为 70 μm 的聚烯烃（早期用聚乙烯，目前大量用聚丙烯），有良好的热封性能和耐化学性能，能耐 121℃高温，又符合食品卫生要求。

任务二 蔬菜罐头制品的加工

【任务要求】

蔬菜制品生产加工的原辅料必须符合相应的国家标准、行业标准及相关规定、不得使用非食用性原料。蔬菜罐头制品所选用的原料应无异味、无腐烂现象，农药残留及污染物限量应符合相应国家标准、行业标准的规定。如使用的原辅材料为实施生产许可证管理的产品，则必须选用获生产许可证企业生产的合格产品。

【工艺流程】

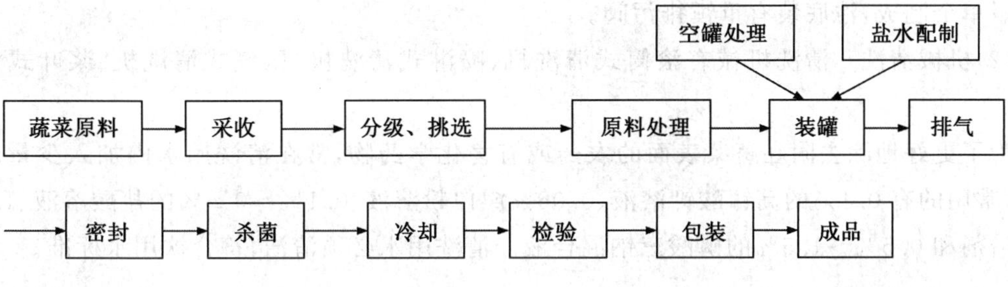

【任务实施】

1 原料选择

蔬菜罐藏原料要求色泽鲜明，成熟度一致，肉质丰富，质地柔嫩细致，纤维组织少，无不良气味，能耐高温处理。

罐藏用蔬菜原料均要求有特定的成熟度，这种成熟度即称罐藏成熟度或工艺成熟度。不同的蔬菜品种要求有不同的罐藏成熟度，选择不当，不但会影响加工品的质量，而且会给加工处理带来困难，使产品质量下降。如青刀豆、甜玉米、黄秋葵等要求幼嫩、纤维少；番茄、马铃薯等则要求充分成熟。

罐藏用蔬菜原料越新鲜，加工品的质量越好，因此，从采收到加工，间隔时间越短越好，一般不超过 24 h。有些蔬菜如甜玉米、豌豆、蘑菇、石刁柏等应在 2～6 h 内加工。

2 原料前处理

包括挑选、分级、洗涤、去皮、切分、去核(心)、抽空以及热烫。

2.1 蔬菜原料的挑选、分级

蔬菜原料在投产前需先进行选择，剔除不合格的和虫害、腐烂、霉变的原料，再按原料的大小、色泽和成熟度进行分级。

2.2 蔬菜原料洗涤

洗涤的目的是除去其表面附着的尘土、泥沙、部分微生物及可能残留的农药等。洗涤蔬菜方法有手工清洗和机械清洗。

名句赏析

“炮制虽繁必不敢省人工，品味虽贵必不敢减物力。”

——北京同仁堂

(1)手工清洗　手工清洗是最简单的方法。所需设备只要清洗池、洗刷和搅动工具即可。在池上安装水龙头和喷淋设备，池底开有排水孔，以便排除污水。有条件时，在池靠底部装上可活动的滤水板，清洗时，泥沙等杂质可随时沉入底部，使上部水较清洁。大小可按需要建造，可建成方形、长形或圆形，池底可用砖砌成，再铺磨石和混凝土或瓷砖，也可用不锈钢板单个制成，池底装有重锤排污阀。

(2)机械清洗　清洗机械有滚筒式清洗机、喷淋式清洗机、压气式清洗机、桨叶式清洗机等。

为了更好地除去附在蔬菜表面的农药或有害化学药物，常在清洗用水内加入少量的洗涤剂，常用的有0.1%的高锰酸钾溶液、0.06%漂白粉溶液、0.1%～0.5%的盐酸溶液、1.5%的洗洁剂和0.5%～1.5%的磷酸三钠混合液。清洗用水必须清洁，符合饮用水标准。

2.3　去皮、切分及整理

果蔬的种类繁多，其表皮状况不同，有的表皮粗厚、坚硬，不能食用；有的具有不良风味或在加工中容易引起不良后果，这样的蔬菜必须去除表皮。

手工去皮常用于石刁柏、莴苣、整番茄、甜玉米、荸荠等产品；机械去皮常用于马铃薯、甘薯的擦皮，石刁柏的削皮，豌豆和青豆的剥皮等；热力去皮常与手工和机械去皮法联用。经碱液处理的原料，应立即投入冷水中清洗搓擦，以除去外皮和黏附的碱液。此外，也可以用0.25%～0.5%的柠檬酸或盐酸来中和，然后用水漂洗。

切分的目的在于使制品有一定的形状或统一规格。如胡萝卜等需切片，荸荠、蘑菇也可以切片。甘蓝常切成细条状，黄瓜可切丁。

很多果蔬在去皮、切分后需进行整理，以保持一定的外观。

3　装罐和预封

3.1　装罐容器的选择

3.1.1　对罐藏容器的要求

罐藏容器是盛装食品的重要器具，对罐头食品能否长期保存具有非常重要的作用，通常作为罐头食品的容器要求满足以下5个条件。

(1)对人体无害，不能与食品发生化学反应。

(2)抗腐蚀性好。

(3)密封性能好。

(4)耐冲压，携带和食用方便。

(5)便于工业化大生产。

3.1.2　罐装容器的设计

罐头容器除上述5项要求外，需要综合罐头加热杀菌时热量从罐外向罐内食品传递的速率，考虑盛装的内容物种类，容器材质、厚度，单位容积所占的罐外面积(S/V 值)。

3.1.3 常见罐头容器的特性

常用罐头容器的特性见表 3-4。罐头食品生产时,根据原料特点、罐头容器特性以及加工工艺选择不同的罐头容器。

表 3-4 罐头容器的特性

项目	马口铁罐	铝罐	玻璃罐	软包装
材料	镀锡(铬)薄钢板	铝或铝合金	玻璃	复合铝箔
罐型或结构	两片罐、三片罐,罐内壁有涂料	两片罐,罐内壁有涂料	螺旋式、卷封式、旋转式、爪式	外层:聚酯膜 中层:铝箔 内层:聚烯烃膜
特性	质轻、传热快,避光,抗机械损伤	质轻、传热快、避光、易成形,易变形,不适于焊接,阻气。成本高,寿命短	透光、可见内容物,易破损,耐腐蚀,成本高,可重复利用、传热慢	质软而轻,传热快,避光、阻气,密封性能好,包装、携带、食用方便

3.2 装罐前容器的处理

装罐前首先根据食品的种类、特性、产品的规格要求以及有关规定选定合适的容器,然后按规范要求进行清洗、消毒、罐盖打印等处理。

1. 容器的卫生条件

罐藏容器直接接触罐内食品,应充分保证卫生。而罐藏容器在加工、运输和贮存过程中不可避免地被微生物污染,附着尘埃、污渍,还可能残留一定的焊药水等,罐藏容器在装罐前必须进行清洗和消毒,充分保证罐装容器的清洁卫生。

2. 容器的清洗

罐藏容器清洗的方法有人工清洗和机械清洗两种。金属罐的清洗在大中型现代企业多采用洗罐机进行清洗,小型企业多采用人工清洗消毒。罐头生产企业应尽可能创造条件应用洗罐机进行清洗消毒。

玻璃瓶机械清洗的机械设备常用的有喷洗式洗瓶机、浸喷组合式洗瓶机等。喷洗式洗瓶机工作时先用高压热水进行喷射冲洗,然后再用蒸汽进行消毒。

3. 罐盖

金属罐和玻璃罐所使用的罐盖在使用前均需按规范要求打印代号,软罐头则以喷码方式喷上相应代码,以便罐头保质期的确认和追踪管理。

无论何种罐藏容器在清洗消毒前和罐装前均要求做好空罐的检查,剔除破损、歪罐和代码不明确的空罐。

3.3 装罐的基本要求

食品原料在经加工处理后一般要求按规格标准及时装罐,以保证罐头成品的质量。

1. 含量

罐头食品的含量分为净含量和固形物含量。净含量是指罐头的重量减去空罐的重量，即罐内的所有内容物，包括液态部分和固形物部分。固形物重量是指罐内固态食品的重量。

2. 质量

罐藏食品要求在同一罐内的内容物，其大小、色泽和成熟度等基本一致，但即便是同一批次的食品原料，其质量差异亦很大，可在尽量满足大小、色泽、成熟度等基本一致的情况下，进行合理搭配，在保证产品质量的同时，提高原料的利用率，降低生产成本。

3. 顶隙

顶隙是指罐内食品的表面与罐盖内表面之间的空隙。通常罐头食品的顶隙为6～8 mm。顶隙是罐头罐装时的重要指标，罐头内的真空度大小、罐头卷边密封的良好程度、罐头是否发生假胀罐(假胖听)或瘪罐、金属罐内壁是否被腐蚀以及罐头内食品是否变色、变质等，均与顶隙的大小有关。

4. 装罐时间控制

罐头原材料经加工处理合格的半成品要及时装罐，不能积压，以防加工处理合格的半成品被微生物感染变质，影响后期罐头的杀菌效果，影响罐头产品的质量。

5. 严格防止各类杂物混入罐内

装罐时尤要注重清洁卫生，严防头发、手指套、抹布、绳子、小工具等杂物混入罐内。

3.4 装罐方法

装罐方法分为人工装罐和机械装罐两种。根据产品的性质、形状和要求等的不同选用不同的装罐方法。对于块状体的罐头食品，人工装罐较机械装罐更能做到大小、色泽、形态、成熟度等均匀一致和按要求排列装罐，提高原料的利用率，降低成本。机械装罐适用于浆状体的罐头食品，罐装均匀，而且速度快。机械罐装设备主要有柱塞式浓浆罐装机、单管半自动充填机、全自动罐装生产线等。

3.5 填充液的制备

除了流体食品、糊状、糜状及干制食品外，大多数罐头食品在装罐后都要向罐内加注填充液即汤汁。向罐内加注汤汁不仅能增进食品的风味，提高罐内食品的初温，促进对流传热，提高杀菌效果，而且能排除罐内部分空气，降低加热杀菌时罐内压力，减轻罐内食品对罐体内壁的腐蚀，减少罐头食品内容物的氧化变色和变质。根据添加汤汁的主要成分的不同可分为糖液、清渍液和调味液等，而且对主要成分有相应要求。

1. 汤汁用盐

配制汤汁用的盐中所含微量的铜、铁等可使蔬菜中的单宁、花青素、叶绿素等发生变化；铁的存在还将使部分蔬菜罐头中形成硫化铁。因此，配制汤汁用盐要求纯度高，不允许含有微量的重金属和杂质。要求盐的氯化钠含量不低于99%，钙、镁含量以钙计不得超过0.1 g/

kg,铁不得超过 0.001 5 g/kg,铜不得超过 0.001 g/kg。

2.汤汁用水

配制汤汁用的水在符合国家饮用水标准的同时,必须符合蔬菜制罐用水的特殊要求,采用不含铁和硫化物的软质水。硬水中的钙、镁离子存在于汤汁中将会使蔬菜罐头内容物变硬,故不能使用硬水。

3.汤汁用糖

配制汤汁用的糖要清洁,不含杂物和有色物质(如含有 SO_2,会在罐中形成 H_2S,引起罐壁腐蚀)。

4.汤汁制备

(1)糖液制备　首先在夹层锅中加入一定比例的水,加热至 40℃左右,再按比例加入白砂糖,配制糖浆浓度 60～65 Brix,撇去糖浆液面漂浮的杂质,过滤稀释至要求的糖度,通常用 0.15%～0.2%的柠檬酸将糖液调整为需要的酸度。

(2)清渍液的制备　清渍液是指向清渍类蔬菜罐头内添加的汤汁,可能是稀盐水;可能是盐和糖的混合液;可能是沸水或蔬菜汁。清渍类蔬菜罐使用最多的是 1%～2%浓度的盐水。

(3)调味液的制备　根据不同的罐头品种配制不同的调味液,配制方法主要有两种:一种是将用香辛料熬煮制成的香料水与其他调味料按一定比例配制成调味液;另一种是将各种调味料、香辛料用布袋包裹熬煮制成的调味液。

5.汤汁制备设备

汤汁的制备主要有立式夹层锅、全自动搅拌锅和全自动真空搅拌锅,也是高黏度食品物料预煮、配制、浓缩等的设备。这两类设备都具有球形锅体、夹套加热、刮边搅拌、无死角的特点。

3.6　预封

罐盖和罐身分离的罐头在排气前要先进行预封,即用封口机将罐盖与罐身勾连,松紧程度以能使罐盖沿罐身旋转而又不会脱落为度。预封可初步将罐内食品与外界环境隔离。

4　排气

罐头食品在装罐后密封前均应将罐内顶隙、食品原料组织细胞内的气体尽可能地排除,排除这类气体的操作过程就叫排气。罐头食品排气封罐后,使罐外大气压与罐头内残留气体之间形成一定的压力差,即罐头食品的真空度。常用真空计检测罐头食品的真空度。罐头食品罐内的真空度可有效抑制好气性微生物的生长与繁殖,延长罐头产品的保质期。

4.1　排气的作用

(1)阻止需氧细菌及霉菌的生长与繁殖。

(2)防止或减轻因加热杀菌时空气膨胀而使容器变形或破损，特别是卷边受到压力后，影响其密封性。

(3)控制或减轻罐藏食品贮藏中内容物对罐内壁的腐蚀。

(4)避免或减轻罐藏食品内容物色、香、味的变化，有利于食品色、香、味的保持。

(5)减少罐藏食品维生素和其他营养素的破坏。

(6)有助于避免将假胀罐误认为腐败变质性胀罐。

4.2 排气的方法

常用的排气方法分为加热排气法、真空密封排气法和蒸汽密封排气法三种。

1. 加热排气采用热膨胀原理

有热装罐排气和加热排气，热装罐排气适用于流体、半流体或组织形态不会因加热搅拌而受到破坏的食品，一般将罐内食品或汤汁加热 70～75℃（有的要求达到 85℃），然后立即装罐密封。加热排气是将装罐后的食品送入排气箱，在具有一定温度的排气箱内经一定时间的排气，使罐头的中心温度达到要求温度（一般在 80℃左右）。加热排气的设备有链带式排气箱和齿盘式排气箱。

2. 真空密封排气

它是借助于真空封罐机将罐头置于真空封罐机的真空仓内，在抽气的同时进行密封的排气方法。此法排气，真空度可到 33.3～40 kPa。

3. 蒸汽密封排气

它是一种蒸汽喷射排气方法，其在罐头密封前的瞬间，向罐内顶隙部位喷射蒸汽，由蒸汽将顶隙内的空气排除，并立即密封，目前尚未普及。

目前使用最广泛的排气方法是真空密封排气法。加热排气法使用最早，现在使用较少，排气条件简单。蒸汽密封排气法是一种较新的排气方法。软罐头的排气常采用抽气管法、加压式排气法和蒸汽喷射法。

5 密封

罐头食品的密封是借助于封罐机将罐身和罐盖紧密封合，使罐内食品与外界完全隔绝而不再受外界环境和微生物的污染，以使罐头食品能长期保存而不变质，是罐头食品生产加工的一道重要工序。根据罐头食品密封容器的不同，有不同的密封要求和方法。

5.1 金属罐的密封

金属罐的密封是指罐身的翻边和罐盖的圆边在封口机中进行卷封，使罐身和罐盖相卷合，压紧而形成紧密重叠的卷边的过程。金属罐密封形成的卷边多为二重卷边，部分金属罐头密封形成三重卷边。金属罐的密封设备有半自动封罐机、全自动封罐机和手扳式封罐机。手扳式封罐机不配备抽空装置，加热排气后便进行密封。

5.2　玻璃罐的密封

玻璃罐罐身是玻璃，罐盖是镀锡薄钢板，玻璃罐的密封靠镀锡薄钢板和密封圈紧压在玻璃瓶口而形成密封。玻璃罐瓶口边缘的造型多种多样，镀锡薄钢板罐盖与玻璃罐瓶口的紧压方式与密封的方法随之而不同，通常根据不同的紧压方式和密封方法对玻璃罐进行分类，有采用卷边密封法进行密封的卷封式玻璃罐、有采用旋转式密封法进行密封的旋转式玻璃罐和采用揿压式密封法进行密封的揿压式玻璃罐。玻璃罐瓶口边缘的造型多样，与之相应玻璃罐的密封设备也有卷封式玻璃罐封罐机、旋转式玻璃罐封罐机和揿压式玻璃罐封罐机之分。

5.3　软罐头的密封

软罐头密封常采用脉冲热合法。即在低压条件下，极细的电阻丝瞬间通过高密度的电流，加热板温度瞬间上升到需要的高温，使封边内的两膜层因受热而相互黏合。

6　杀菌

杀菌是罐头生产中至关重要的一环，是决定罐藏食品保存期限的关键因素。

6.1　杀菌的目的

杀菌的目的是在加热的条件下，杀灭绝大多数对罐内食品起腐败作用和产毒致病作用的微生物，使罐头食品在保质期内具有良好的品质和食用的安全性。

6.2　杀菌的方法

6.2.1　常压杀菌法

常压杀菌一般用沸水或蒸汽为加热介质，杀菌温度一般为 100℃或 100℃以下，通常称为巴氏杀菌。在加热介质达到所需要的温度后，才开始计算杀菌时间。pH 在 4.5 以下的酸性罐头都可采用常压杀菌，此法对铁皮罐、玻璃罐和软罐头均适用，适用于蔬菜类、果蔬汁类罐头。

6.2.2　加压杀菌法

加压杀菌法又称高温杀菌，杀菌温度一般控制在 105～121℃，主要杀死罐内食品中的嗜热性微生物，杀菌压力愈大，杀菌锅温度就愈高。适用于 pH 在 4.5 以上的低酸性蔬菜罐头食品的杀菌。

加压杀菌是在完全密封的杀菌锅中进行的，高压杀菌锅有静止立式和静止卧式两种，立式安置在工作地面下，用吊车装卸杀菌罐头；卧式安置在地面上，用推车装卸杀菌罐头。杀菌锅上配备有各种仪表和控制器，便于工作人员操作。加压杀菌的杀菌过程包括排气升温、稳定杀菌和消压降温三个阶段。排气升温阶段是杀菌的初始阶段，即排尽锅内冷空气，将温度升至杀菌温度。稳定杀菌阶段主要是维持杀菌温度达到要求的杀菌时间。达到杀菌温度和杀菌时间后即进入消压降温阶段，标志杀菌的结束，通入冷水迅速降低温度，通入压缩空气以补充压力，使罐内外压力达到基本平衡，防止罐盖跳脱或玻璃罐破碎。

6.2.3 高温短时杀菌法

高温短时杀菌常与无菌装罐操作相结合。无菌装罐系统都是在密闭的条件下进行的。加工好的罐头物料经过热交换器杀菌和冷却后传送到装罐器，消过毒的空罐也传送到装罐器，向空罐中装入定量的加工好的罐头物料，再传送到封罐机，消过毒的罐盖落在封罐口上密封后，送出密闭系统，至此在无菌装罐操作系统中完成高温短时杀菌和密封两项操作。高温短时杀菌与无菌装罐操作系统相结合既保证产品质量，又提高生产效率，是一种很好的杀菌方法，适用于大多数果蔬汁罐头的杀菌。

6.2.4 先进的罐头杀菌技术

由于罐头食品产业的不断发展，已有许多成熟的先进的罐头杀菌技术应用于生产，下面介绍几种先进的罐头杀菌技术。

(1)静水压杀菌　利用水在不同压力下沸点不同的原理进行杀菌。静水压杀菌机由升温柱、蒸汽柱和冷却柱组成。工作原理是利用水柱的高低来调节蒸汽的压力，从而调节控制杀菌温度，杀菌时间则由调整进罐链条速度来控制，是连续式的杀菌系统。

(2)回转式杀菌　罐头在杀菌过程中作回转运动，罐内食品易形成搅拌和机械对流，传热效果较静止式杀菌效果好，提高杀菌效果，缩短杀菌时间。适用于传热方式为传导与对流结合型的食品，适用于流动性较差的食品，如番茄酱罐头等。

(3)螺旋泵杀菌　罐头物料从螺旋泵开口处进入，在螺旋式盘管中回转运动。在螺旋式盘管中经过升温、杀菌和冷却三个阶段，从螺旋泵的出口处输出，完成杀菌。螺旋泵杀菌机结构紧凑，操作方便，适用于小型罐的杀菌。

(4)火焰杀菌　常压下罐头急速旋转，直接经过煤气或丙烷火焰进行杀菌。适用于传热方式以对流传热为主的罐头食品的杀菌，如青豆、蘑菇等罐头，杀菌时罐头食品的真空度要高，以免罐头的卷边或接缝因罐内的压力增加而爆裂。

(5)流化床杀菌　罐头经过以砂粒为介质的气体流化床进行杀菌，再经过两个气体流化床进行冷却。流化床杀菌法可避免冷却水污染，罐头外壁没有擦伤。

(6)水封式杀菌　杀菌时罐头自动化地由鼓形阀送入杀菌机的上部，在水封式杀菌机蒸汽室中来回折返数次，随即下降进入水封式杀菌机冷却水中冷却。适用于各种罐型罐头的杀菌。

(7)无菌装罐杀菌　加工处理好的食品物料用泵泵至杀菌器中，3～5 s 内加热至 130～160℃，保持 3～15 s，冷却至 30～40℃，在无菌系统中装入已杀菌的空罐，用已杀菌的罐盖密封。无菌装罐杀菌是在密闭系统中完成杀菌、无菌罐装和密封。杀菌温度高、时间短，能保持食品原有的色、香、味及各种维生素，能够连续化生产是无菌装罐杀菌的特点。

6.2.5 杀菌设备

食品加工杀菌设备种类繁多，生产厂家也不少，适用于不同层次、不同条件的食品加工厂家选择，下面介绍几种使用较多的食品加工杀菌设备。

(1)全自动卧式杀菌锅　适用于对食品行业的饮料罐头进行杀菌。设备对杀菌、冷却、保压、排水等过程全部采用PLC电脑自动控制。

(2)卧式及立式杀菌锅 适用于对罐头进行杀菌,也适用于蜜饯加工中的加压蒸煮。

(3)回转式杀菌锅 适用于罐装食品的蒸煮、杀菌和冷却一次性完成,尤其适用于八宝粥、花生牛奶等固体物比例大、各种浓度不同的黏性罐头食品,有益于在保质期内罐头食品的不分层和不沉淀。

(4)喷淋式双锅杀菌机 区别于蒸汽型杀菌机或热水型杀菌机,杀菌时将罐头放入篮内,罐头和篮一起放入压力式杀菌机中密封,通过杀菌机中热水循环喷淋杀菌,杀菌机的杀菌介质是蒸汽、水、压缩空气三者的结合,杀菌过程温度可以自动调节,具有杀菌锅内热量分布均匀,传热效果好,杀菌的升温和降温时间短,节约能源的特点。适用于蔬菜、饮料等罐头的高温杀菌与冷却,适用于铝罐、软包装等各种包装材料包装的罐头食品杀菌。

7 冷却

7.1 冷却的目的

长时间受热会造成罐内食品色泽、风味、质地及形态等的变化,使食品品质下降,并加速罐内壁的腐蚀作用。必须对热杀菌结束后的罐内食品进行迅速降温。

7.2 冷却的方法

(1)加压冷却 加压冷却也就是反压冷却。对于高温高压杀菌,尤其高压蒸汽杀菌,在杀菌结束后的罐头须在杀菌机内维持一定压力的情况下进行冷却,以避免因降压冷却而造成罐头容器的变形或破损,影响罐头的成品率和质量。

(2)常压冷却 常压冷却主要应用于对常压杀菌的罐头和部分高压杀菌的罐头的冷却。

7.3 冷却时应注意的问题

罐头冷却所需要的时间随罐头食品的种类,罐头大小、形状,热杀菌温度,冷却水温等因素而不同。一般罐头食品要求冷却到38～40℃,擦除罐体表面的水分和污垢,进行保温贮藏检查,利用罐头余热蒸发罐头表面的水膜,防止罐头生锈。冷却用水要求清洁卫生,防止对罐头污染和侵蚀。玻璃瓶罐头应采用分段冷却,并严格控制每段的温差,防止玻璃罐炸裂。

8 保温检查与贴标签

将杀菌冷却后的罐头擦除罐体表面的水分和污垢送入保温室内进行保温贮藏检查,检查项目有感官指标和理化指标,擦除过程也是对罐体进行初步感官检查的方法之一,对中性或低酸性罐头食品可在37℃下保温贮藏1周,对酸性罐头食品可在25℃下保温贮藏7～10 d。如若未发现胀罐、漏罐或其他腐败现象,即罐头检验合格,可贴标装箱,外运市场销售。罐头标签要求贴得紧实、端正、无皱折;同时注意对每一罐进行感官检验。

【案例】

1　蘑菇罐头的加工

1.1　工艺流程

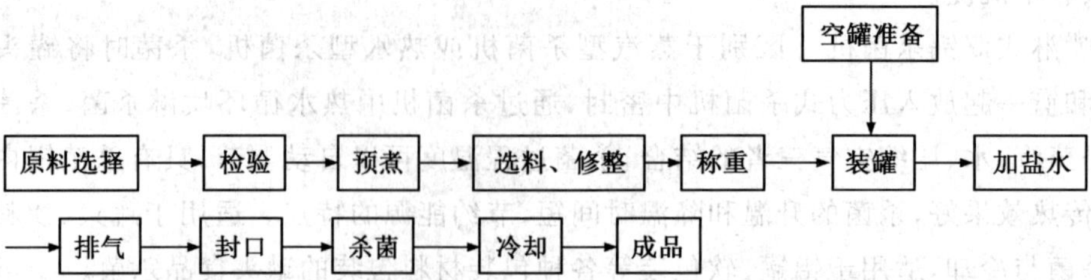

1.2　任务实施

1. 原料

选用菌盖良好、菇色正常、无损伤、无病虫害、菌盖直径为20～40 mm的蘑菇。

2. 清洗

先在清水中浸泡15 min，切忌揉搓或上下搅动。

3. 预煮

用0.1%的柠檬酸液进行预煮。菇水比为1∶(1～2)。先在夹层锅内煮沸烫漂2～3 min，捞出后立即用清水冷却。

4. 拣选、修整

去除杂质及碎屑，并按大小进行分级，修整菇柄，使其长度小于8 mm。

5. 配盐水

预煮菇汤中加入2.5%的盐、0.05%～0.06%的柠檬酸和0.01%～0.015%的EDTA，加热溶化后过滤。

6. 空罐准备

四旋瓶用清水洗净，再以沸水消毒30～60 s后倒置备用。

7. 装罐

将整朵菇与块菇分别装罐，使每罐内容物形状、大小基本一致，装填量应达净重55%，然后装盐水，保持适当顶隙度(3～5 mm)。

8. 排气

采用加热排气法，使罐内中心温度达75～90℃，然后立即封罐。

9. 杀菌

10～30 min/110℃。

10. 冷却

杀菌后迅速分段冷却至37℃。

1.3　成品评价

(1)感官指标　色泽呈淡黄色，汤汁清晰；具有鲜蘑菇加工的蘑菇罐头应有的滋味和气味，无异味；组织柔软而有弹性，菌径18～35 mm，同一罐内菌径大小均匀，菌盖形态完整，无畸形菇和开伞菇，菌柄长度不超过8 mm，同一罐内菌柄长度基本一致。

(2)理化指标　固形物含量≥53.0%，氯化钠含量0.6%～1.3%，pH 5.2～6.4。

(3)评价方法　按照中华人民共和国国家标准《蘑菇罐头》(GB/T 14151—2006)操作。

2　青豆罐头的加工

2.1　工艺流程

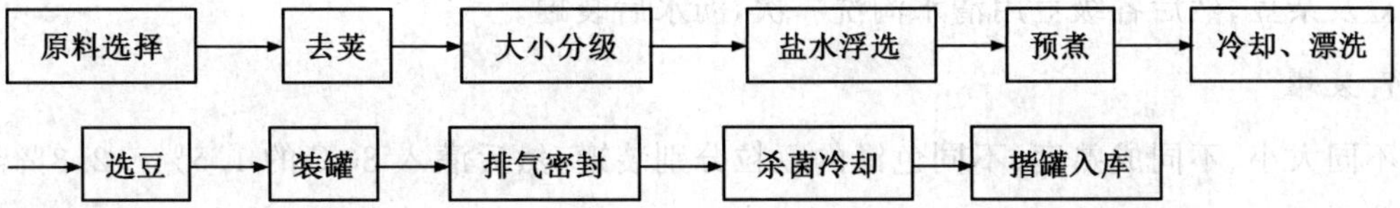

2.2　任务实施

1. 原料选择

加工用的青豆要求是白花豆种，能抗机械加工而不易破碎，糖分和维生素C含量高，风味好，组织柔嫩，色绿而表面具有光泽。罐藏品种主要有大青荚、小青荚、羊角尖和宁科百号等。

2. 去荚

青豆去荚一般在脱粒机上进行。青豆的出豆率一般达40%～50%。实验室可手工进行去荚。

3. 大小分级

根据豆粒大小分级。一般采用滚筒式分级机，将豆粒分为5级，分级情况见表3-5。

表3-5　豆粒直径的大小分级

级别	一级	二级	三级	四级	五级
直径/mm	5～7	7～8	8～9	9～10	10以上

分级后的豆粒不得带有碎壳及杂质，并及时将豆粒送入下道工序，否则豆粒容易老化。

4. 盐水浮选分级

根据青豆的成熟度进行盐水浮选分级。操作时需配制4%、10%、13%和16% 4种不同浓度的盐水，分别置于4种浮选池中，盐水占水池容积的2/3。加入的豆量为盐水的1/2。然后将青豆首先倒入4%浮选池中，上浮的豆为太嫩不合格的次品，将下沉的豆粒移入10%的盐水池中再进行浮选，上浮的豆为一级豆，下沉的移入13%的盐水池中，用同样的方法进行其他浓度的浮选。豆粒在盐水中时间不宜过长，一般不超过3 min。捞出的豆立即放入清水中漂洗，以及时除去盐分。

5. 预煮

在夹层锅中用沸水预煮或用连续式预煮器预煮，温度为100℃，预煮时间在6～9 min。粒大、成熟度较高的豆，预煮时间应长些，防止预煮不足，杀菌时豆皮破裂而引起汤汁浑浊。预煮后的豆应立即投入流动水中进行漂洗。

6. 选豆

漂洗后的豆粒用人工再进行一次复检，剔除黄色豆、红花豆，剔除斑点、虫蛀、破裂等不合格豆及杂豆，然后各级豆用清水淘洗一次，沥水后装罐。

7. 装罐

不同大小、不同成熟度、不同色泽的豆粒分别装罐，然后灌入80℃的1.5%～2.3%热盐水。装罐量见表3-6。

表3-6　青豆罐头的装罐量 g

罐型	净重量	青豆重量	汤汁重量
6101	248	145～160	124～139
7103	397	235～210	162～187
7114	425	235～255	170～190
9116或9121	822	450～470	352～372

8. 排气密封、杀菌冷却

装罐后的罐头立即进行排气密封，排气杀菌条件见表3-7。杀菌以后的罐头急速冷却至40℃左右。

表3-7　青豆罐头的排气杀菌条件

罐型	净重量/g	热排气	抽空排气	热杀菌条件
6101	248	罐中心温度60℃	真空度46 kPa	10′—30′—10′/118℃
7103	397			10′—35′—10′/118℃
7114	425			10′—35′—10′/118℃
9116或9121	822			10′—45′/118℃，反压冷却

2.3 质量标准

(1)感官指标 豆粒呈青绿色,表面有光泽,色泽一致;外观完整,颗粒完整,细嫩绵滑,汤汁较清晰,允许有少量沉淀物,不允许有外来杂质;具有青豆特殊风味,咸淡适口,无异味。

(2)理化指标 固形物不低于净重的55%;氯化钠含量4.5%~6.0%;重金属含量锡≤200 mg/kg,铜≤10 mg/kg,铅≤2 mg/kg。

(3)微生物指标 符合GB 7098—2015的规定。

【任务评价】

表 3-8 学生课堂表现评价表

企业(班级): 部门: 姓名:

项目名称	评价标准	师傅	徒弟	部门	平均分	备注
蔬菜罐头原料选择	优(100~90分):正确选择 良(89~80分):较正确选择 中(79~70分):基本能选择 及格(69~60分):能部分选择 不及格(<60分):不能选择					
掌握蔬菜罐头的工艺、操作要领、关键控制点	优(100~90分):正确掌握 良(89~80分):较正确掌握 中(79~70分):基本能掌握 及格(69~60分):能部分掌握 不及格(<60分):不能掌握					
部门合作	优(100~90分):按分工,积极参与 良(89~80分):按分工,较积极参与 中(79~70分):按分工,基本参与 及格(69~60分):按分工,能部分参与 不及格(<60分):不参与					
职业素质	优(100~90分):沟通表达、分析解决问题、团队合作、组织协调、严谨工作等职业素质高 良(89~80分):职业素质良好 中(79~70分):职业素质一般 及格(69~60分):职业素质较差 不及格(<60分):职业素质差					
总分						
平均分						

【师徒共研】

蔬菜罐头的质量要求

蔬菜罐头食品的质量要求，首先是罐体完好无损，即罐头容器不变形、不漏水、不透气、罐壁无腐蚀现象及罐盖不膨胀(胖听)。其次，罐头内容物具有正常的色、香、味、形和重量，无异常、无杂质。第三，卫生指标符合国家有关标准，罐内食品中不能检出致病菌或腐败变质。重金属含量、农药残留量和防腐剂成分均应符合规定标准。

【知识链接】

1.蔬菜罐头的质量检验

1.1 感官检验

1.1.1 罐器的检验

(1)观察瓶与盖结合是否紧密牢固，胶圈有无起皱，罐盖的凹凸变化情况，罐盖打号是否合乎规定要求，罐体是否清洁及锈蚀等。

(2)对于罐盖外凸的(胖听罐)，可用手指按压法，鉴别胖听的性质。手指按下罐盖稍下降的罐头为正常罐；若用力压才下陷的，内容物可能开始变质；若用大力压不下去或强行压下而又鼓起，说明是胖听罐头。

(3)用打检法敲击罐盖，以声音判定罐内的真空度，进而判断罐内食品的质量状况。一般规律是凡是声音发实、清脆、悦耳的，说明罐内气体少，真空度大，食品质量没有什么变化，一般是好罐。若敲击声发空、浑浊、噪耳，说明罐内气体较多，真空度小，罐内食品已在分解、变质。

打检棒一般采用金属制成，重约 50 g，长 20～25 cm，头部呈圆球形，圆球直径 0.9～2.0 cm。

1.1.2 罐头内容物质量检验

主要是对内容物的色泽、风味、组织形态、汁液透明度、杂质等进行检验。开罐后，观察内容物的色泽是否保持本品种应有的正常颜色，有无变色现象，气味是否正常，有无异味。根据要求，果实是否去皮、除籽巢，果块软硬程度，块形是否完整，同一罐内果块大小是否均匀一致，有无病虫、斑点等。汁液的浓度、色泽、透明度、沉淀物和夹杂物是否合乎规定要求。品评风味是否正常，有无异味或腐臭味。

1.2 理化检验

包括罐头的总重、净重、固形物的含量、糖水浓度、罐内真空度及有害物质等。

1.2.1 真空度的测定

正常的罐头，真空度应为 2 937～5 065 Pa。测定方法：

(1)打检法,但不够精确。

(2)采用真空测定表,但需注意,一般真空表测出的数值,要比罐内实际真空度低 666～933 Pa,这是因为真空表内有一段空隙,接头部一般含有空气所致。

1.2.2　净重和固形物比例的测定

(1)净重　罐头的毛重减去空罐的重量即为净重。净重的公差每罐允许±3%。但每批罐头平均值不应低于净重。

(2)固形物占净重的比例　一般用筛滤去汁液后,称取固形物质量,按百分比计算。

1.2.3　可溶性固形物(泛指糖水浓度)的测定

最简单的测定方法是用折光仪(手持糖量计)测定。大厂可用阿贝折光计测定。测定时,应注意测定时的温度,一般在室温 20℃下进行,否则,应记录测定时的室温,再根据温度校正。

1.2.4　有害物质的检验

包括罐内重金属含量、防腐剂及农药残留量的测定。要求 1 000 g 内容物中,锡不超过 200 mg,铜不超过 10 mg,铅不超过 2 mg。原则上,罐内食品不应有防腐剂。农药残留量,2 500 g 内容物中"六六六"不得超过 0.2 mg,DDT 不得超过 0.1 mg。

1.3　微生物检验

将罐头堆放在保温箱中,维持一定的温度和时间,如果罐头食品杀菌不彻底,微生物便会繁殖使罐头变质。为了获得可靠数据,取样要有代表性。通常每批产品至少取 12 罐。抽样的罐头要在适温下培养,促使活着的细菌生长繁殖。中性和低酸性食品以在 37℃下至少 1 周为宜。酸性食品在 25℃下保温 7～10 d。在保温培养期间,每日进行检查,若发现有败坏现象的罐头,应立即取出,开罐接种培养,但要注意环境条件洁净,防止污染。经过镜检,确定细菌种类和数量,查找带菌原因及防治措施。

2　蔬菜罐头常见的败坏现象及预防

蔬菜罐头在生产过程中由于原料处理不当,或加工工艺不够合理,或操作不谨慎,或成品贮藏条件不适宜等,往往能使罐头发生败坏。败坏的原因可归纳为两类,即理化性和微生物的败坏。现将常见的败坏分以下几类作简单介绍。

2.1　理化性败坏

由物理的或化学的因素引起罐头内容物的败坏。包括内容物的变色、变味、浑浊沉淀和罐头铁皮的腐蚀等。

1. 硫化斑

在罐头内壁产生褐色的斑块和易于擦落的点状、条状的黑色物质。原因是硫化氢与马口铁作用所致。因此,含蛋白质较多的蔬菜、原料用亚硫酸保存或蔗糖中 SO_2 含量超标及马口铁擦伤的容器等均易发生此种现象。轻度的产生硫化斑,严重的产生硫化铁,虽无损于人体健康,但硫化铁能污染内容物,故不允许存在。而硫化斑允许少量存在,但色泽较深而面积布满罐壁者也不允许存在。与硫化铁相似的硫化铜,呈绿黑色,原因是蔬菜食品受铜制设备的污染,进而与硫化氢作用所致。硫化铜有毒,故不允许存在。解决硫化斑的措施是采用抗硫涂料。

2.氧化圈

罐头内壁液面处发生的暗灰色腐蚀圈。这是由于罐内顶隙中残存的氧气与马口铁皮作用的结果。允许轻度存在,但应尽量防止,如可通过杀菌前后罐头倒置等方法解决。

3.变色

由于化学成分之间或与罐内残留的氧气、包装的金属容器等相互作用而造成的内容物变色现象。如绿色蔬菜的叶绿素变色以及蔬菜罐头中普遍存在的非酶褐变引起的变色等。这些情况都会影响产品的质量指标,虽然一般无毒,但直接影响到外观色泽,故应尽量加以防止。

4.变味

变味情况较多。微生物的生长繁殖可以引起变味,导致不能食用;加工过程中的热处理过度常会使内容物产生煮熟味;金属罐壁的腐蚀又会产生金属味(铁腥味)。对于这一类的变味应分别从各种原因上去针对性地采取措施加以解决,如严格的卫生制度、掌握热处理的条件和选择合适的罐装原料等。

5.涂料脱落

发生在采用涂料罐的产品中。罐头内壁马口铁上的涂料呈片状脱落或涂料与马口铁已局部分离但尚未脱落,允许少量发生,严重时不允许。原因是涂料有擦伤。从提高空罐制造的光洁度来解决。

6.沉淀

内容物由于保藏过程中物理的或化学的影响而发生沉淀,如清渍笋罐头的白色沉淀,一些果汁和蔬菜汁罐头的絮状沉淀或分层等。这种情况如不严重影响产品外观品质,则允许存在。一般是工艺条件掌握不好造成的。

7.氢膨胀

它是罐头内容物与金属包装容器相互作用的结果,引起马口铁罐内壁腐蚀而产生氢气,造成两端突起的现象。因其不是腐败菌引起,轻度时亦无异味,严重时能使制品产生金属味,致使重金属含量超标。高酸性的蔬菜罐头常易出现此类败坏。一般要求使用抗酸涂料罐。

2.2 微生物败坏

蔬菜罐头因微生物造成的败坏,其后果都是很严重的,不仅在经济上造成很大的损失,有的甚至危及人体安全,必须认真对待。

1. 杀菌上的缺陷

杀菌不完全是造成微生物败坏的主要原因，使某些耐热性微生物得以幸存，在适宜的条件下活动，产生气体而形成胀罐，这种情况还容易被发现。而某些嗜热性微生物存在时，它不产生气体只生成酸，这在罐头外形上无法区别，但内容物味道已变酸，其 pH 常降至 2.0 以下，这种酸败现象称为"不产气酸败"(俗称"平酸败坏")，主要是杀菌条件不足，没有将嗜热性腐败菌(如嗜热脂肪芽孢杆菌、嗜热酸芽孢杆菌等)杀死所致，这种不产气酸败常在蔬菜罐头中出现。

2. 密封方面的缺陷

由于封罐机调节不当或没有及时检查调整，致使罐头密封不严，卷边松弛泄漏，造成微生物污染而引起的败坏。这类败坏常造成漏罐或胀罐。

3. 杀菌前的败坏

主要是原料在运输和加工过程中拖延时间过长，造成微生物的大量繁殖，有的甚至产生毒素，若拿这种原料加工，势必使罐头已经败坏，如近几年发生的"肠毒素"事件就是很明显的例子，这说明原料处理不当，必须引起充分重视。

2.3　罐藏容器的损坏和腐蚀

主要是马口铁罐外形的不正常现象和马口铁罐内外壁的各种腐蚀这两种情况。

2.3.1　罐藏容器的损坏

这类损坏现象常造成罐形的异常情况，一般用肉眼就能鉴别。

(1)胀罐俗称"胖听"　所谓胀罐是指罐头的一端或两端(底和盖)向外凸出的现象。根据凸的程度，可将其分为隐胀、软胀和硬胀三种。隐胀是罐头一端稍外突，用手揿压可使其恢复正常，但一松手又恢复原来凸出的状态；软胀是罐头两端凸出，如施加压力可以使其正常，但一除去压力立即恢复外突状态；硬胀即使施加压力也不能使其正常。胀罐的主要原因是微生物生长繁殖所致，尤其是产气微生物的生长，产生大量的气体而使罐头内部压力超过外界气压之故。这种胀罐除产生气体外，还常伴有恶臭味和毒素，已完全失去食用价值，应予废弃。低 pH 的酸性蔬菜罐头也会形成胀罐(俗称"氢胀")。

(2)漏罐　是由于罐头内容物泄漏到罐外，在罐头外壁引起腐蚀和积垢的现象。这是因为卷边密封不严(尤其是接缝处的卷边)或铁皮腐蚀生锈穿孔或腐败微生物产气引起过大的内压而损坏卷边的密封等原因造成。

(3)瘪罐　罐头外形明显瘪陷。这是由于罐内真空度过高，或过分的外力(如碰撞、摔跌、冷却时反压过大等)所造成。此类损坏不影响内部品质，但已不能作为正常产品，应作次品处理。轻微的瘪陷若外贴商标后不影响外观者可不作瘪听论。

2.3.2　罐藏容器的腐蚀

主要是指马口铁罐，可分为罐头外壁的锈蚀和罐头内壁腐蚀两种情况。罐头外壁的锈蚀主要是由于贮藏环境中湿度过高而引起马口铁与空气中水汽、氧气作用，形成黄色锈斑，严重时不但影响商品外观，还会促进罐壁腐蚀穿孔而导致果蔬罐头的变质和腐败。因此，贮存罐头的仓库以保持20℃左右为宜，并避免库温的骤然升降，库内通风良好，相对湿度不高于80%，在雨季应做好防潮、防锈和防霉工作；罐头成品不得在露天堆放或与地面直接接触，与墙壁之间应相距20 cm以上；不得接触和靠近潮湿、有腐蚀性物质的场所等。罐头内壁的腐蚀情况较为复杂，现分述如下：

(1)均匀腐蚀　马口铁罐内壁在酸性食品的腐蚀下，常会全面地、均匀地出现溶锡现象，致使壁内锡层晶粒体全面外露，在表面呈现出鱼鳞斑纹或羽毛状斑纹，这种现象就是均匀腐蚀的表现。随着时间的延长，腐蚀继续发展，会造成罐内壁锡层大片剥落，罐内溶锡量增加，产品出现明显的金属味。同时，铁皮表面腐蚀时，会形成大量氢气造成膨胀。

(2)集中腐蚀　在罐头内壁上出现有限面积内金属(锡或铁)的溶解现象，称为集中腐蚀。表现出麻点、触孔、蚀斑，严重时能导致罐壁穿孔。溶铁常是集中腐蚀的主要现象。虽然食品中的含锡量不会像均匀腐蚀时那样高，但其腐蚀速度快，造成的损失常比均匀腐蚀大得多。涂料擦伤和氧化膜分布不均的马口铁罐极易出现集中腐蚀现象。

(3)其他腐蚀现象　除上所述外，氧化圈、硫化斑和硫化铁等也是罐内壁腐蚀的表现，已在前面提及。另外，还受其他因素的影响，如果蔬种类不同，腐蚀性不同。如酸黄瓜等具有较强的腐蚀性，而竹笋等腐蚀性就较弱。又如，在罐头中添加盐水、酱油、醋和各种香料等调味料，会使罐内壁的腐蚀进一步复杂化。另外，罐内硝酸根离子、亚硝酸根离子或铜离子含量较高时，易促进罐内壁的腐蚀。

2.3.3　罐头内壁腐蚀的原理及过程

用马口铁制成的罐藏容器装食品时，和食品接触的主要是镀锡面。假如镀锡面十分完整、均匀一致，则接触的部分仅是铁皮表面锡层，由于锡本身的活泼性很低，具有保护作用，相对来说造成腐蚀的作用就很小。但有时因为镀锡层不完整，必然会有一些露铁点存在，再加上在制空罐过程中的机械冲击和擦伤，在铁皮表面某些部位会造成一些锡层损伤，露出钢基，由于铁和锡同时暴露在外，又与罐内食品直接接触，而果蔬罐头多呈酸性，就会发生化学变化和电化学反应形成短路电池，铁和锡作为原电池的两端，由铁皮本身连成电路，此种电偶的形成对罐头内壁的腐蚀是很严重的。当锡为阳极时，在铁皮上可以看到锡层的剥落，露铁点逐渐扩大而露出铁皮的钢基；当铁为阳极时，则表面的锡层较完整，而在露铁点的钢基被腐蚀，严重时可使罐头穿孔，造成漏罐，同时产生氢气，发生氢胀罐现象。这种由铁皮和食品作用引起罐头内壁变化的现象称为罐头内部的腐蚀。

罐头内壁的腐蚀，事实上就是内壁锡层和钢基与装入罐内的食品接触后，天长日久发生化学变化和电化学反应的结果。腐蚀过程大致可分3个阶段：

第一阶段，是马口铁溶锡而钢基面上始终维持较完整的锡层覆盖的阶段。随着锡层的不断溶解，逐渐扩大到钢基外露。在本阶段，露铁点上的钢基因牺牲锡(或溶锡)而受到保护，果蔬罐头的耐藏期主要依靠延长这一阶段来保证。

第二阶段，马口铁上的露铁面积扩大到相当大的阶段，这一阶段中锡迅速溶解，因钢基外露面积已扩展到相当大的程度，因而也是锡、铁同时进行腐蚀的过程，并伴有大量氢气产生而产生氢胀罐。

第三阶段，马口铁上的锡层全部溶解完毕的阶段，整个罐内锡层几乎全部溶解，罐内聚集大量氢气，甚至还会有穿孔现象出现。

这些腐蚀过程完全是以溶锡来保护钢基为前提进行的，事实上，这是大多数罐头腐蚀过程中常见的现象。一般在第二阶段结束时就积累了大量氢气，并形成相当的压力，从而促使底盖外凸，罐头已属废品。

3 蔬菜罐头的种类

3.1 清渍类蔬菜罐头

选用新鲜或冷藏良好的蔬菜原料，经过加工处理、预煮漂洗（或不预煮），分选装罐后加入稀盐水或糖盐混合液而制成的罐头产品。如青刀豆、清水笋、清水荸荠、蘑菇等罐头。

3.2 醋渍类蔬菜罐头

选用鲜嫩或盐腌蔬菜原料，经加工修整、切块装罐，再加入香辛配料及醋酸、食盐混合液而制成的罐头产品。如酸黄瓜、甜酸藠头等罐头。

3.3 盐渍(酱渍)类蔬菜罐头

选用新鲜蔬菜，经切块（片）或腌制后装罐，再加入砂糖、食盐、味精等汤汁（或酱）而制成的罐头产品。如雪菜、香菜心等罐头。

3.4 调味类蔬菜罐头

选用新鲜蔬菜及其他小配料，经切片（块）、加工烹调（油炸或不油炸）后装罐而制成的罐头产品。如油焖笋、八宝斋等罐头。

3.5 蔬菜汁(酱)类罐头

将一种或几种符合要求的新鲜蔬菜榨成汁（或制酱），并经调配、装罐等工序制成的罐头产品。如番茄汁、番茄酱、胡萝卜汁等罐头。

4 蔬菜罐制品的加工原理

罐头食品之所以能长期保藏主要是通过在加工过程中杀灭了罐内能引起败坏、产毒、致病的微生物，破坏原料组织中自身的酶活性，并保持密封状态使罐头不再受外界微生物的污染来实现的。

4.1 引起罐藏食品变质的主要微生物类型

(1)需氧性芽孢杆菌　包括兼性厌氧芽孢杆菌。主要有嗜热性芽孢杆菌和嗜温性芽孢杆菌，都能在缺氧的条件下产生芽孢，对热的抵抗力特别大，前者的代表菌种有脂肪芽孢杆菌和凝结芽孢杆菌，可在 pH 低于 4.5 的酸性食品中生长；后者代表菌种有枯草芽孢杆菌、巨大芽孢杆菌和蜡状芽孢杆菌，存在于低酸性罐头食品中。它们引起的败坏属于平酸败坏。

(2)厌氧性芽孢杆菌　包括嗜热性解糖状芽孢杆菌，致黑梭状芽孢杆菌。它们都能分解糖、蛋白质，产酸并产生大量气体(如 CO_2、H_2、H_2S 等)，可引起 pH 在 4.5 以上的罐头食品的败坏，属于胖听型罐头食品败坏。产生的 H_2S 气体还可以与罐头中的铁及其化合物作用，使食品变成黑色并产生臭味。嗜温性梭状芽孢杆菌，如肉毒梭状芽孢杆菌，能分解糖和蛋白质并产生毒素，可引起人食物中毒甚至死亡。

(3)非芽孢细菌　如大肠杆菌、液化链球菌、嗜热链球菌等。种类多，污染食品机会多。

(4)酵母菌　在介质 pH 低于 4.5 时起作用。会引起果蔬汁饮料的败坏，产生的 CO_2 能造成胀罐现象。食糖是酵母菌的一个重要来源。

(5)霉菌　霉菌可以使 pH 低于 4.5 的罐头食品败坏。

4.2　微生物对环境条件的要求

1.微生物对营养物质的要求

营养物质要充足。食物原料中含有微生物活动所需要的各种营养物质，如糖、淀粉、蛋白质、各种必需的盐类和微量元素，为微生物的生长发育提供了物质基础。微生物的大量存在是罐头食品败坏的重要原因，食品加工厂要重视卫生工作。

2.微生物对水分的要求

微生物对营养物质的摄取是靠在液体状态下通过渗透作用穿过细胞壁和膜而进入细胞内部的。因此，只有在充足的水存在的条件下，新陈代谢才能正常进行。我们可以人为地通过降低物料中的水分含量来抑制微生物的活动，以达到长期保存食品的目的。

3.微生物对氧气的要求

不同的微生物对氧气的要求不尽相同，由此，可将微生物分为嗜氧微生物、厌氧微生物和兼性厌氧微生物。在储藏方面，嗜氧微生物易受抑制，但厌氧微生物则不易控制，如果这些微生物在热处理时没有被杀死，则会引起罐藏食品的败坏。

4.微生物对酸度的要求

不同微生物具有各自不同的生活最适的 pH 范围。产品的 pH 对微生物起着至关重要的作用，pH 愈低即酸的强度愈高，杀菌的效果愈好。

各细菌适宜的 pH 范围不同，因而通过调节食品的 pH 就可以达到抑菌的目的。绝大多数罐头食品的 pH 都低于 7.0，属于酸性。根据食品酸性强弱，可将食品分成：

(1)低酸性食品　pH 在 5.3 以上，如蔬菜等。

(2)中酸性食品　pH 在 4.5～5.3 之间，如芦笋等。

(3)酸性食品　pH 在 3.7～4.5 之间，如番茄等。

在低酸食品中的微生物以嗜温性形成孢子的厌氧细菌类最为重要，杀菌时通常把这一类菌作为杀菌的对象菌。在酸性食品中导致食品败坏的是一类耐酸性的微生物，它们没有特殊的抗热力，如肉毒梭状芽孢杆菌生长的最低 pH 是 4.5，它在酸性食品罐头中不会造成威胁。

5.微生物对温度的要求

微生物的耐热力各不相同,它们都具最适宜的生长温度范围,温度超过最适范围,微生物的生长活动就会受到抑制,甚至造成死亡。根据对温度的要求不同,将细菌分为以下几类:

(1)嗜冷细菌　最适生长温度在14.4～20℃,霉菌和某些细菌能在这种温度下生长,它们对食品安全方面的影响不大。

(2)嗜温性细菌　活动的温度范围在30～36.7℃,生长在这个温度内的细菌,对食品安全性影响较大。很多不产生毒素的败坏细菌适应这种温度。

(3)嗜热性细菌　温度最低限为37.8℃左右,最适温度在50～65.6℃。有的可以在76.7℃下缓慢生长,这类细菌的孢子有的能在121℃下幸存60 min以上。此类细菌在食品败坏中不产生毒素。

4.3　影响杀菌的因素

杀菌是罐藏工艺中的关键工序,影响杀菌的因素是多方面的。

4.3.1　微生物

微生物的种类、抗热力和耐酸能力对杀菌效果有不同的影响,但杀菌还受其他因素的影响。

(1)食品中细菌的数量　尤其是细菌孢子存在的数量,孢子数越多,抗热能力越大。为提高杀菌效果,应着重注意两方面:其一,降低微生物对食品原料的污染程度;其二,要注意卫生管理,保证用水的质量及与食品接触的一切机械设备的清洗和处理。

(2)环境条件的影响　外界环境条件可改变芽孢的抵抗能力。干燥可增加芽孢或孢子的抗热力,而冷冻有减弱抗热力的趋势。随着杀菌温度的提高,杀菌效率也会升高,如肉毒梭状芽孢杆菌的耐热性,在100℃时,致死时间为330 min;120℃时则只需4 min即可。

4.3.2　食品原料

食品原料营养丰富,其组织结构和化学成分是复杂的,对杀菌以及以后的贮存期限有不同的影响。从杀菌的角度来看,应着重考虑以下几个方面的因素。

(1)原料的酸度(pH)　它是影响细菌抗热力的一个重要因素。绝大多数细菌在中性介质中有最大的抗热力,细菌的孢子在低pH条件下是不耐热处理的。pH越低,酸度越高,芽孢杆菌的耐热性愈弱。pH对微生物活动的影响,在罐头杀菌实际应用中有重要意义。

(2)糖　糖对孢子有保护作用。一般认为,糖使孢子的原生质部分脱水,防止了蛋白质的凝结,使细胞处于更稳定的状态,很小的糖浓度差异则不易看出这种作用。装罐的食品和填充液的糖浓度较高,则杀菌时间较长。

(3)无机盐　浓度不高于4%的食盐溶液对孢子有保护作用,高浓度的食盐溶液则降低孢子的抗热力。食盐也可有效地抑制腐败菌的生长,亚硝酸盐会降低芽孢的抗热性,磷酸盐能影响孢子的抗热力。

(4)酶　酶是一种蛋白质,具有生物催化活性,在酸性和高酸性食品中常引起风味、色泽和质地的败坏。在较高温度下,酶蛋白结构受破坏而失去活性。一般来说,过氧化物酶系统的钝化常作为酸性罐头食品杀菌的指标。

(5)其他成分　淀粉、蛋白质、油脂对孢子的抗热力有保护作用。淀粉有利于微生物生长的原因在于淀粉能有效地吸附抑制性物质,为微生物提供有利的条件。果胶能显著减缓热的传导。

4.4　蔬菜罐头的杀菌方法

根据微生物对生长环境的要求及对高温的承受能力,蔬菜罐头的杀菌方法有三种方式。

(1)巴氏杀菌法　一般采用 65～95℃,用于不耐高温而含酸较多的产品,如一部分糖醋菜、番茄汁、发酵蔬菜汁等。

(2)常压杀菌法　所谓常压杀菌即将罐头放入常压的沸水中进行杀菌,凡产品 pH＜4.5 的蔬菜罐头制品均可用此法进行杀菌。常见的如去皮番茄罐头、番茄酱、酸黄瓜罐头。一些含盐较高的产品如榨菜、雪菜等也可用此法。

(3)加压杀菌法　将罐头放在加压杀菌器内,在密闭条件下增加杀菌器的压力,由于锅内的蒸汽压力升高,水的沸点也升高,从而维持较高的杀菌温度。大部分蔬菜罐头,由于含酸量较低,杀菌需较高的温度,一般需 115～121℃。特别是富含淀粉、蛋白质及脂肪类的蔬菜,如豆类、甜玉米及蘑菇等,必须在高温下较长时间处理才能达到杀菌的目的。

为提高杀菌罐制品的保存效果,有效地防止内部菌体的进一步活化及杂菌的感染,生产上必须配合使用排气与密封工艺,才能防止内容物的氧化及酶活性的提高。

5　罐藏对蔬菜原料的要求

用作罐藏的蔬菜原料要求新鲜饱满,成熟适度且一致,具有一定的色、香、味,肉质丰富、质地柔嫩细致,粗纤维少,无不良气味,没有虫蛀和霉烂以及机械损伤,能耐高温处理。罐藏蔬菜原料的选择通常从品种、成熟度和新鲜度三个方面考虑。

5.1　合适的蔬菜品种

罐藏用的蔬菜品种极其重要,不同的产品均有其特别适合于罐藏的专用种,对原料也有一些特殊的要求。如青刀豆应选择豆荚呈圆柱形、直径小于 0.7 cm,豆荚直而不弯,无粗纤维的品种;蘑菇要采用气生型;番茄应选择小果型、番茄红素含量高的品种。

5.2　适当的成熟度

蔬菜原料的成熟度对罐藏蔬菜色泽、组织、形态、风味、汤汁澄清度有决定性影响,与工艺过程的生产效率和原料利用率关系密切。不同的蔬菜种类、品种要求有不同的罐藏成熟度,如豌豆罐头应选用幼嫩豆粒,蘑菇罐头应用不开伞的蘑菇,罐藏加工的番茄要求可溶性固形物含量 5%以上、番茄红素含量达到 12%以上。

5.3 原料的新鲜度

罐藏用蔬菜原料越新鲜，加工的质量越好。因此，从采收到加工，间隔时间越短越好，一般不要超过 24 h。有些蔬菜如甜玉米、豌豆、蘑菇、芦笋等应在 2～6 h 加工。如果时间过长，甜玉米或青豌豆粒的糖分就会转化成淀粉，风味变差，杀菌后汤汁浑浊。

6 蔬菜罐藏原料

用于罐藏的蔬菜原料主要有以下几种。

6.1 芦笋

芦笋也称石刁柏，是一种多年生宿根性植物，食用部分是其幼嫩带有细小鳞片的嫩茎。供罐藏加工的芦笋有两种类型：一种是在培土下生长的白色芦笋，在未形成叶绿素之前，于地下 15 cm 处切取，以肉质白嫩，清香者为上；另一种是长出地面的绿色芦笋，待其长到 10～15 cm 高时自地面切取。芦笋在采收后组织变化很快，易木质纤维化和弯曲，采后应迅速加工处理。

优良的罐藏品种要求植物生长旺盛，早熟、丰产、抗病；组织致密，粗壮幼嫩，乳白色或绿色，粗细一致，不弯曲，不开裂，无空心；肉质细嫩、纤维少，滋味、气味鲜美，没有苦味或苦味少，目前我国普遍引用的罐藏良种有美国的玛丽华盛顿和玛丽华盛顿 500。

6.2 番茄

番茄的栽培遍及全世界，由于果实营养丰富、色香味俱佳，但鲜果保存困难，因而其加工制品发展很快，是蔬菜罐藏的主要种类，其罐藏制品有整番茄、番茄酱、番茄汁和调味番茄酱等。供罐藏的品种，要求果形中等，果面光滑，颜色鲜红而全果着色均匀；果肉厚，果心小，种子少；番茄红素、可溶性固形物及果胶含量高，酸度适当，香味浓且抗裂果。用作整番茄的果实，横径在 30～50 mm 之间为宜，生产番茄汁的应选大果型为好，而生产番茄酱等制品应采用大果型番茄与小果型番茄混合搭配较好。

许多国家都有自己的罐藏加工专用品种，我国用于罐藏的品种有红玛瑙 140、新番 4 号、佳丽矮红、罗城 1 号、罗城 2 号、北京早红、浦红 1 号、罗马、浙江 1 号、浙江 2 号、扬州红、奇果等。

6.3 竹笋

竹笋是我国特产，竹笋罐头内外销都很受欢迎。供罐藏的竹笋有冬笋和春笋。冬笋系未出土之前掘取，这时组织脆嫩，粗纤维少，肉质呈乳白色或淡黄色，味道鲜美，没有苦涩味；要求无病虫害，笋肉无损伤。春笋原料要求新鲜质嫩，肉质白色，笋体充实无明显空洞，无霉烂，无病虫害和机械伤，不畸形，不干缩。罐藏优良品种有产于福建、广东、广西、海南、台湾等地的绿竹笋和麻竹笋，浙江天目山区所产的早竹笋、石竹笋及广笋，陕西秦岭以南和长江流域的毛竹笋和淡竹笋。

6.4 蘑菇

供罐藏的蘑菇要求伞球质地厚实，未开伞，色泽洁白，无异味，有蘑菇特有的香气。整菇罐头要求菌盖直径 18～40 mm，菌柄切口平整，不带泥根，无空心，柄长不超过 15 mm，菌盖直径 30 mm 以下的菌柄长度不超过菌盖直径的 1/2(菌柄从基部计算)。片菇和碎菇采用菇色正常，无严重机械损伤和病虫害的蘑菇，菌盖直径不超过 60 mm，菌褶不得发黑。蘑菇采后极易褐变和开伞，故采收后到加工前的处理要及时，或用亚硫酸盐溶液进行护色，尽量减少露空时间。

用于罐藏的品种均为白蘑菇。如浙农 1 号、上海白蘑菇(洋蘑菇)、嘉定 29 号、南翔 3 号、索密塞尔 11 号等。

6.5 四季豆

四季豆又称青刀豆。罐藏上要求新鲜饱满，色泽深绿，脆嫩无筋，豆荚横断面近似圆形，肉质丰富，成熟一致，豆荚不弯曲。最主要的罐藏品种是美国的蓝湖、日本的黑三度和白三度等；我国供罐藏用的主要品种有小刀豆、棍儿豆、白子长箕、曙光等品种。

6.6 青豌豆

罐藏品称青豆。罐藏品种要求丰产，植物生长一致，植株上豆荚成熟一致，豆粒光滑饱满，质地鲜嫩，含糖量高，粒小有香气，色泽鲜绿，种脐无色，在杀菌贮藏中能保持其固有色泽，不致变黄。罐藏豌豆品种，有圆粒和皱粒两类。圆粒豌豆质粗硬，含糖分低。所谓皱粒是指豌豆种子老熟干燥后的表现，在幼嫩时种皮仍保持光滑，此类品种成熟早，色泽保持好，质柔软，含糖分高，风味香甜，但不及圆粒种丰实。罐藏加工原料以皱粒为主。最主要有日本冈山绢荚、白姬豌豆和滋贺改良白花 1 号等；我国生产上常用大青荚、小青荚和宁科百号等品种。红花豌豆因种脐黑色，不宜做罐藏。

6.7 甜玉米

玉米有粉质和糖质两种类型，粉质类型只作粮食和饲料，糖质类型主要用于罐藏加工，因其糖含量甚高，口味甜糯，所以称为甜玉米。甜玉米有黄色和白色两种。甜玉米罐头有整粒、糊状或两者相混进行装罐。罐藏上要求甜玉米糖含量高，种粒柔嫩，风味甜香，能耐煮，色泽金黄或白色，成熟度整齐一致。甜玉米从甜与柔嫩阶段到粗硬多淀粉阶段时间很短，要在适当的成熟度采收。过嫩使产品稀薄呈汤状；过熟则失去甜香风味，淀粉过多，质地老硬粗糙，质量大为降低。加工整粒甜玉米较糊状甜玉米的原料要求更加幼嫩，通常在玉米长至成熟期时采收。采收时一般凭经验用指甲掐入时汁液流出的程度分为乳熟期和糊熟期，以断定采收日期。根据出丝后的天数来确定采收期也有一定的可靠性。甜玉米采收后应及时加工，否则糖分转化快，甜度下降，品质劣变。为延长加工期，可采用分期播种的办法来解决。我国甜玉米罐藏品种有甜单 1 号、华甜 5 号、农梅 1 号和甜玉 26 等。

6.8 荸荠

荸荠又称马蹄、地栗或水栗，可食部分是地下球茎，属水生蔬菜，味甘质脆，性清凉，生煮食用均可。荸荠制罐后的最大特点是色白而质脆。罐藏用种要求丰产抗性强，新鲜肥嫩，含糖量高，淀粉少，粗纤维少，肉色洁，质地爽脆，无黑斑和黑丝，球茎扁圆，形状端正，蒂部平坦不凹陷，无抽芽和萎缩，无虫害和机械伤，要求横径 30 mm 以上。我国的荸荠罐藏良种有广西的桂林马蹄，浙江的余杭大红袍、黄岩荸荠，江苏的苏州荸荠。

6.9 胡萝卜

胡萝卜有橙红色和黄色两种，罐藏采用橙红色种。要求肉质根新鲜肥嫩，形态完整，表面光滑，内部完全呈橙红色或红色，心髓部不明显，粗纤维少，无木质化现象，干物质含量 11.5% 以上，糖分不少于 4%，无病虫害和机械伤。罐藏胡萝卜除整装以外，常以切片、丁、块或与其他原料混合装罐。罐藏的优良品种，我国有鲜红五寸、烟台三寸和一支蜡等。

6.10 黄瓜

黄瓜常加工成酸黄瓜罐头。罐藏要求黄瓜无刺或少刺，新鲜饱满，深绿色，瓜形正常，组织脆嫩(种子尚未发育)，直径 30～40 mm，长不超过 110 mm，粗细均匀，无病虫害及机械伤。常用的黄瓜罐藏品种有哈尔滨小黄瓜和成都的寸金子等。

项目四 果蔬汁制品的加工

知识目标

1. 掌握果蔬汁的分类及特点。
2. 掌握果蔬汁加工的基本技术及不同果蔬汁加工的特点。
3. 掌握澄清汁、浑浊汁和浓缩汁的关键工序。

技能目标

1. 能够进行果蔬汁生产的管理工作及现场技术指导。
2. 能够熟练运用所学知识制作果蔬汁。
3. 能够准确判断果蔬汁生产过程中常见的质量问题，并采取有效控制措施。

德育目标

1. 培养学生树立正确的产品质量意识和吃苦耐劳的职业道德。
2. 确立食品安全观念和生命与健康责任意识。
3. 牢牢树立节约资源、生态环保意识，提高果蔬综合利用率。

任务一 澄清果蔬汁制品的加工

【任务要求】

1. 学会制订澄清果蔬汁制品生产计划。
2. 按生产质量标准和生产计划选择果蔬汁制品的生产原料。

3. 正确选择澄清果蔬汁制品加工工艺并找出关键控制点。

【工艺流程】

原料 → 预处理（挑选、分级、清洗、破碎、热处理、酶处理）→ 取汁（压榨或浸提）→

原汁 → 澄清 → 过滤 → 调配 → 杀菌、灌装 → 冷却 → 成品（澄清果蔬汁）

原汁 → 调配 → 均质 → 脱气 → 杀菌、灌装（或灌装、杀菌）→ 冷却 → 成品（混浊果蔬汁）

原汁 → 澄清果蔬汁 → 浓缩 → 灌装 → 贮存运输（浓缩果蔬汁）

【任务实施】

1　原料的选择

加工果蔬汁的原料应有良好的风味和香味，无异味，色泽好而稳定，糖酸比适宜，在加工与贮藏中能保持优良的品质，无明显的不良变化，出汁率高，取汁容易。对成熟度要求严格，但对果形和果实大小无严格要求。未成熟或过熟的果蔬不适合做果蔬汁加工原料。

常见的制汁原料有柑橘、橙子、菠萝、苹果、梨、猕猴桃、葡萄、桃、番茄、山楂、胡萝卜、芹菜、西红柿等。

2　挑选与清洗

为保证果蔬汁质量，原料加工前必须进行挑选，剔除霉变、腐烂、未成熟原料。挑选对于降低农药残留、减少微生物和棒曲霉素污染风险有非常重要的作用，同时也能保持果汁的正常风味。清洗是减少杂质污染、降低微生物数量和农药残留的重要措施。另外，通过清洗可以大大降低水果原料的微生物数量，减少果汁耐热菌污染。若原料出现了腐败现象或者受到污染，也可能对果汁的色、香和味产生不利的影响，混在原料中的杂物也会使果汁出现异味。

清洗一般先浸泡后喷淋或流水冲洗，工业生产时原料果经水流输送、强制清洗后，进入拣选台，由人工在输送带上进行拣选。可剔除霉烂的、带病虫害的、破损的和未成熟的果实以及混杂于其中的异物。在清洗过程中，根据原料的卫生状况，对于农药残留较多的果实，可用一定浓度的稀盐酸溶液或脂肪酸系洗涤剂进行处理，然后清水冲洗；对于受微生物污染严重的果实，可用一定浓度的漂白粉或高锰酸钾溶液浸泡消毒，然后再清水冲洗干净，这样大大提高了清洗效果，为果汁生产提供保证条件。

3　破碎

破碎是为了取汁，尤其是对于皮、肉致密的果实，更有必要先行破碎。但果实破碎程度要适当，破碎的果块应大小均匀。果块过大出汁率低，破碎过度则会造成外层的果汁很快被压榨出，形成一层厚皮，使内层果汁榨出困难，从而影响出汁率。果块过大，榨汁时不足以使果粒内部果汁流出。一般果块根据水果成熟度确定，水果硬度比较高时，果浆可以细一些。水果硬度降低，破碎粒度要大一些。一般苹果、梨破碎后果块以 3～4 mm 大小为宜，草莓、葡萄以 2～3 mm 为宜，樱桃为 5 mm，西红柿可以使用打浆机来破碎取汁，但柑橘宜先去皮后打浆。对于浊汁，破碎时可加入适量的维生素 C 或柠檬酸等抗氧化剂，以改善果汁的色泽。

4 加热处理和酶处理

原料经破碎成为果浆后，各种酶从破碎的细胞组织中逸出，活力大大增强，同时果品表面急剧扩大，大量吸收氧，致使果浆发生酶促褐变反应。为提高果实的出汁率，降低果胶物质的黏性，可对果浆加热，钝化其自身含有的酶，抑制微生物繁殖，加快榨汁速度，从而保证果汁的质量。通常原料在榨汁前进行加热或加酶制剂处理，抑制原料中蛋白酶的活性。如葡萄、李、山楂、猕猴桃等水果，在破碎后置于 60～70℃ 温度下，加热 15～30 min；带皮橙类榨汁时，为减少汁液中果皮精油的含量，可预煮 1～2 min。另外，为促使原料中果胶物质分解，在经破碎的果肉中加入适量的果胶酶制剂，使果汁黏度降低，便于榨汁和过滤。酶制剂的添加量根据酶的活性而定，酶制剂应与果肉充分混合均匀，酶与原料作用的时间和温度要严格掌握，一般在 37℃ 恒温下作用 2～4 h。同时，可以使细胞原生质中蛋白质凝固，改变细胞的通透性，还能使果肉软化，果胶物质水解，降低汁液黏度，提高出汁率。加热的时间和条件应因果蔬种类和果蔬汁的用途而异。

5 取汁

取汁有压榨和浸提两种，对于大多数果汁含量丰富的果蔬以压榨取汁为主；对于果汁含量较低的果蔬，采取原料破碎后加水浸提的方法，加水量和浸提时间根据果蔬种类而定。

5.1 压榨

对于果汁含量丰富的果蔬取汁方式以压榨为主，其榨汁方法依原料种类及生产规模而异，常用的压榨机有液压式、轧辊式、螺旋式、离心式榨汁机和特殊的柑橘压榨机等，可依据果蔬的质地、品种和成熟度选择适当的榨汁设备。

饮食文化

“铜碗声声街里唤，一瓯冰水和梅汤。”

——清 · 郝懿行《都门竹枝词》

酸梅汤是北京传统的消暑饮料，酸梅汤的主要成分其实就是乌梅，酸梅汤的解渴生津作用就来自于它。

5.2 浸提

对于汁液含量较低的果蔬，难以用压榨的方法取汁，可在原料破碎后采用加水浸提的方法。常用的方法有一次浸提法和连续逆流浸提法，如山楂汁、李干汁等。此外杨梅、草莓等浆果类有时可用加糖渗透浸提法，以改善产品的色泽和风味，可根据原料具体条件选择适当的浸提工艺参数，如浸提的温度和时间。

6 粗滤(筛滤)

在生产混浊果汁时，只需粗滤除去分散在果汁中的粗大颗粒，而保存其色粒以获得良好的色泽、风味及香味。在生产透明果汁时，粗滤后还要精滤，或先行澄清后过滤，务必除尽全部悬浮颗粒。粗滤通常装在压榨机汁液出口处，粗滤与压榨同步完成；也可在榨汁后用筛滤机完成粗滤工艺。果汁一般通过 0.5 mm 孔径的滤筛即可达到粗滤要求。

7 果蔬汁的澄清和精滤

通过压榨工艺制取的原果汁中含有引起浑浊的物质，主要是细胞碎片和其他不溶性成分，另外还有一些在制汁后才出现于果汁中的固体颗粒，如果胶、蛋白质、多酚等成分相互作用形成的聚合物。因此生产澄清果汁，必须采取措施，排除果汁中的浑浊物质。

7.1 澄清

果蔬汁含有的细小的果肉微粒等溶解物质，会造成果蔬汁浑浊，影响到产品的稳定性，必须加以除去。常用的澄清方法有以下几种。

(1)酶法 酶法澄清是利用果胶酶分解果汁中的果胶物质，使其失去保护作用而沉淀，达到澄清目的。果汁中的果胶和淀粉物质是导致果汁浑浊的主要原因。加入果胶酶，可以使果汁中果胶物质降解，而失去凝胶作用，浑浊物颗粒就会相互聚集，形成絮状沉淀。目前我国用于果蔬汁澄清的酶制剂是由黑曲霉或米曲霉发酵产生的。使用果胶酶应注意反应温度、处理时间、pH 及酶制剂用量，通常控制在 55℃以下，反应最佳 pH 因果胶酶种类不同而异，一般在弱酸条件下进行，pH 为 3.5～5.5，酶制剂用量依果蔬汁及酶的种类而异，通过预先试验确定。

(2)明胶-单宁絮凝法 明胶、鱼胶或干酪素等蛋白物质，可与单宁酸盐形成络合物，此络合物沉降的同时，果汁中的悬浮颗粒被缠绕而沉降。明胶、单宁的用量取决于果蔬汁种类、品种、原料成熟度及明胶质量，应预先试验确定。一般明胶用量为 100～300 mg/L，单宁用量为 90～120 mg/L。此法在较酸性和温度较低条件下易澄清，以 3～10℃为佳。适用于苹果、梨、山楂、葡萄等果汁澄清。

(3)加热凝聚澄清法 将果汁在 80～90 s 内加热至 80～82℃，然后急速冷却至室温，由于温度的剧变，果汁中蛋白质和其他胶质变性凝固析出，从而达到澄清目的。但一般不能完全澄清，加热会损失部分营养和芳香物质。

(4)冷冻澄清法 将果汁急速冷冻，一部分胶体溶液完全或部分被破坏而变成无定形的沉淀,此沉淀可在解冻后滤去,另一部分保持胶体性质的也可用其他方法过滤除去,但此法不容易达到完全澄清。此法适用于雾状混浊的果蔬汁澄清,如苹果汁、葡萄汁、草莓汁和柑橘汁等。

7.2 精滤

在生产澄清果汁时,为了得到澄清透明的果蔬汁,澄清后的果蔬汁必须经过精滤,目的在于除去细小的悬浮物质。常用的精滤设备主要有硅藻土过滤机、纤维过滤器、真空过滤器、离心分离机及膜分离等。

8 果蔬汁的调整与混合

为使果蔬汁符合一定的规格要求和改进风味,常需要适当调整,使果蔬汁的风味接近新鲜果蔬。调整范围主要为糖酸比例的调整及香味物质、色素物质的添加调整。糖酸比及其他成分,可在特殊工序如均质、浓缩、干燥、充气以前进行,澄清果汁常在澄清过滤后调整,有时也可在特殊工序中间进行调整。

果蔬汁饮料的糖酸比例是决定其口感和风味的主要因素。一般果蔬汁适宜的糖分和酸分的比例在(13~15)∶1范围内,适宜于大多数人的口味。因此,果蔬汁饮料调配时,首先需要调整含糖量和含酸量。一般果蔬汁中含糖量在8%~14%,有机酸的含量为0.1%~0.5%。调配时用折光仪或白利糖度表测定并计算果蔬汁的含糖量,然后按下列公式计算补加浓糖液和柠檬酸的量。

$$X=\frac{W(B-C)}{D-B}$$

式中:X——需加入的浓糖液(酸液)的量,kg;

D——浓糖液(酸液)的浓度,%;

B——要求调整后的含糖(酸)量,%;

W——调整前原果蔬汁的重量,kg;

C——调整前原果蔬汁的含糖(酸)量,%。

糖酸调整时,先按要求用少量水或果蔬汁使糖(酸)溶解,配成浓溶液并过滤,然后再加入果蔬汁中放入夹层锅内,充分搅拌,调和均匀后,测定其含糖量,如不符合产品规格,可再行适当调整。

果蔬汁除进行糖酸调整外,还需要根据产品的种类和特点进行色泽、风味、黏稠度、稳定性和营养成分的调整。所使用的食用色素、香精、防腐剂、稳定剂等应按食品添加剂的规定量加入。

许多果品蔬菜如苹果、葡萄、柑橘、番茄、胡萝卜等,虽然能单独制得品质良好的果蔬汁,但与其他种类的果实配合风味会更好。不同种类的果蔬汁按适当比例混合,可以取长补短,制成品质良好的混合果汁,也可以得到具有与单一果蔬汁不同风味的果蔬汁饮料。中国农业大学的"维乐"蔬菜汁,是由番茄、胡萝卜、菠菜、芹菜、冬瓜、莴笋6种蔬菜复合而成,其风味良好。混合汁饮料是果蔬汁饮料加工的发展方向。

9 杀菌与包装

9.1 杀菌

果蔬汁杀菌的目的一是杀灭微生物防止发酵，二是钝化酶类，避免各种不良变化。果蔬汁杀菌的微生物对象为酵母和霉菌，酵母在66℃下1 min，霉菌在80℃下20 min即可杀灭。所以，可以采用巴氏杀菌法杀菌，即80～85℃杀菌20～30 min，然后放入冷水中冷却，从而达到杀菌的目的。但由于加热时间太长，果蔬汁的色泽和香味都有较多的损失，尤其是浑浊果汁，容易产生煮熟味。因此，常采用高温瞬时杀菌法，即采用(93±2)℃保持15～30 s杀菌，特殊情况下可采用120℃以上温度保持3～10 s杀菌。

果蔬汁的杀菌，原则上是在装填之前进行，装填方法有高温装填法和低温装填法两种。高温装填法是在果蔬汁杀菌后，处于热状态下进行装填，利用果蔬汁的热量对容器的内表面进行杀菌。低温装填法是将果蔬汁加热到杀菌温度之后，保持一定时间，然后通过热交换器立即冷却至常温或常温以下，将冷却后的果蔬汁进行装填。高温装填法或低温装填法都要求在果蔬汁杀菌的同时对包装容器、机械设备、管道等进行杀菌。蔬菜汁等可采用UHT(超高温瞬时杀菌)方法，在加压状态下，采用100℃以上温度杀菌。

9.2 包装

果蔬汁的包装方法，因果蔬汁品种和容器种类而有所不同。常见的有铁罐、玻璃瓶、纸容器、铝箔复合袋等。果蔬汁饮料的灌装除纸质容器外均采用热灌装，使容器内形成一定真空度，较好地保持成品品质。一般采用装汁机热装罐，热灌装是将果汁加热杀菌后立即灌装到清洗过的容器内，封口将瓶子倒置10～30 min，对瓶盖进行杀菌，然后迅速冷却至室温。若灌装后杀菌，是先将果汁灌入瓶内并封口，再放入杀菌釜内用90℃的温度杀菌10～15 min，以上两种方法是常用的方法。装罐后立即密封，罐中心温度控制在70℃以上，如果采用真空封罐，果蔬汁温度可稍低些。

结合高温短时杀菌，果蔬汁常用无菌灌装系统进行灌装，目前，无菌灌装系统主要有纸盒包装系统、塑料杯无菌包装系统、蒸煮袋无菌包装系统和无菌罐包装系统。无菌灌装可使产品达到商业无菌的目的。无菌灌装的条件是果汁和包装容器要彻底杀菌，灌装要在无菌的环境下进行，灌装后的容器应密封好，防止再次污染。无菌灌装的优点是分别连续加工出无菌果汁和对容器进行杀菌，从而得到高经济性和高质量的产品。

包装形式有大包装和小包装两种，按产品销售方式的不同大包装用于储藏或作为原料销售，一般用塑料桶或无菌大袋容器包装。小包装用于市场零售，一般用玻璃瓶、塑料瓶和铝箔复合材料容器等包装。

【案例】

1 澄清苹果汁加工

1.1 材料、设备

1. 材料

新鲜苹果、柠檬酸、白砂糖、明胶、果胶酯酶、维生素C。

2. 设备(用具)

榨汁机、杀菌锅、封口机、果汁过滤分离机、灌装机、不锈钢果刀、果盆、真空包装机等。

1.2 工艺流程

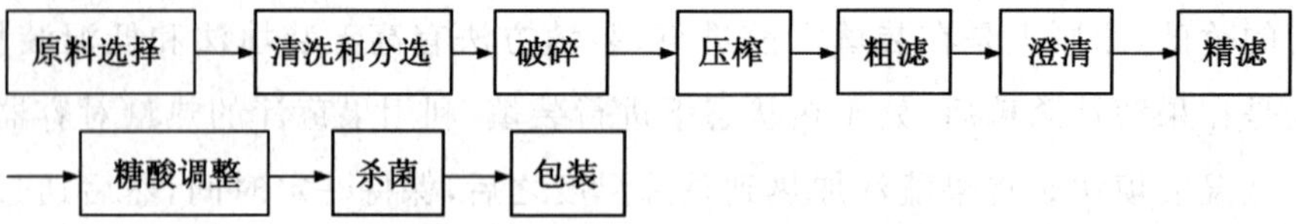

1.3 工艺要点

1. 原料的采购

多数采用散装或大筐包装形式到加工厂。在仓库中进行储藏。最好在冷藏条件下进行储藏。

2. 挑选和清洗

在加工前,苹果原料必须挑选和清洗,如表皮有残留农药,则用0.5%～1%的稀盐酸或0.1%～0.2%的洗涤剂浸洗,然后再用清水强力喷淋冲洗。清洗前或清洗后由人工在输送带上进行挑选,以清除污物和腐烂果实。果汁加工一般采用水流输送槽进行苹果的清洗作业,该作业一般在垂直或水平螺旋输送机用喷射水流完成。刷式水果清洗机也能很好地清洗苹果。

3. 破碎和果浆处理

破碎苹果应符合所采用的榨汁工艺要求。采用包裹式榨汁机,果浆粒度宜细,提高榨汁率,以2～6 mm为佳;采用室式、带式或螺旋榨汁机时,果浆的颗粒宜大些。直至开始榨汁时始终保持果浆的粒度。果浆不进行中间贮存而直接送去榨汁。为防止果肉发生褐变,在果实破碎同时添加一定的护色剂如维生素C、柠檬酸等。

酶处理是将果浆迅速加热到40～45℃,在容器中搅拌15～20 min,通风(预氧化),添加0.02%～0.03%高活性酶制剂,在45℃处理3～4 h并间歇缓慢搅拌。用酶处理果浆制取苹果汁出汁率明显提高。

4.榨汁和粗滤

适合苹果的榨汁机类型很多，榨汁机中果浆是运动的，因而制得的苹果汁含有大量的高聚物。常用压榨法和离心分离法榨汁。用孔径 0.5 mm 的筛网进行粗滤，使不溶性固形物含量下降到 20%以下。成熟的新鲜原料出汁率为 68%～86%，平均在 78%～81%。贮存过的原料或过熟原料，出汁率显著下降。增加榨汁助剂或加酶处理可以提高出汁率。苹果含有 1.5%～5%的水溶性物质，理论上出汁可以达到 95%～98.5%，但用压榨的方法，苹果的平均出汁率实际上只能达到 78%～81%，苹果残渣中仍然含有部分苹果汁。榨汁后，通常用离心分离方法去除苹果汁中较大的果肉颗粒。

5.澄清与精滤

苹果汁的澄清工艺十分重要，处理不当，在成品中很容易出现混浊和沉淀。如果是贮藏过的苹果原料，采用液压榨汁机或螺旋榨汁机压榨，苹果汁中更易出现析出物或混浊物。通过酶处理不仅可以彻底分解高分子化合物、果胶、果肉颗粒和细胞碎片，还可以分解完全溶解在其中的简单化合物——半乳糖醛酸或低聚半乳糖醛酸。因此必须采用酶制剂、澄清剂及其处理工艺来进行苹果汁澄清。苹果汁常用的澄清剂有明胶和明胶-硅胶-膨润土复合澄清剂。处理前要进行预澄清试验来确定澄清剂的最佳添加量。澄清剂的使用量一般为明胶：硅胶：膨润土＝1：10：5。在澄清处理时，首先添加明胶溶液，混合均匀并沉淀 1～2 h 后再添加硅胶溶液。

若用冷冻澄清法进行澄清，则将榨取的苹果汁加热至 82～85℃，再迅速冷却，促使胶体凝聚，达到澄清的目的。也可以用明胶单宁法进行处理，单宁 0.1 g/L、明胶 0.2 g/L，加入后在 10～15℃下静置 6～12 h，取上清液和下部沉淀分别过滤。澄清处理后的苹果汁，采用需要添加助滤剂的过滤器进行精滤。用硅藻土作滤层的还可除去苹果中的土腥味。

苹果汁的澄清还必须考虑苹果汁中是否含有淀粉。如果在苹果原料中存在残留淀粉，也会影响澄清效果。在澄清前苹果汁加热到 60℃以上，就会降低淀粉对澄清的影响。用专一的淀粉酶制剂或具有一定淀粉酶活性的果胶分解酶制剂都能分解果汁中的水溶性淀粉，淀粉酶制剂常用的添加量为 2～3 g/100 L 果汁，在特殊情况下可增加用量，直到取得满意的酶处理效果为止。果汁的淀粉酶处理温度不宜超过 35℃，可同时使用淀粉酶和果胶酶。酶处理 6～12 h 可以完全分解果汁中的淀粉。澄清后的果汁，用板框式过滤机或硅藻土过滤机过滤。

6.糖酸调整

主要是糖和酸的调整。无论是对苹果汁还是对其他的果汁，重要的感观质量因素是糖酸比。天然苹果汁中的可溶性固形物含量为 12%～15%。可根据具体情况加糖、加酸，使果汁的糖酸比维持在(18～20)：1，成品的糖度为 12%，酸度为 0.4%。用一般果实制成的果汁糖酸比为(10～15)：1。但实际生产中，由于采用的原料不同，糖酸比有差异。只有通过成分调节才能得到满意风味。但成分调整必须符合有关食品法规。

7. 杀菌

榨出的果汁，为了杀菌和钝化氧化酶及果胶酶，促使热凝固物质凝固，应将果汁立即加热。常用的杀菌方法是巴氏杀菌或高温短时杀菌(HTST)。苹果汁的 pH 小于 4.5，杀菌低于 100℃，也能杀灭果汁中的微生物。因此，一般要用多管式或片式瞬间杀菌器加热至 95℃以上，维持 15～30 s，杀菌后趁热灌装。目前，多采用列管式热交换机或板式热交换机将果汁迅速加热到 135℃以上，维持数秒至 6 min，以达到高温瞬时杀菌的目的。

8. 包装

澄清苹果汁饮料通常采用热灌装工艺。灌装容器有金属涂料罐和玻璃瓶。一般采取热灌装，将经过杀菌的果汁迅速装入消毒过的玻璃瓶或马口铁罐内，趁热密封。密封后迅速冷却至 38℃，以免破坏果汁的营养成分。

在现代化的果汁加工中，灌装机有真空灌装机、等压灌装机和反压灌装机及半自动灌装机。

【任务评价】

采用分组完成本次任务，评价方式有师傅、徒弟间评价，小组评价。见表 4-1。

表 4-1 澄清苹果汁制品感官评价表

项目	评分标准	分值	组 1	组 2	组 3	组 4
原料选择 (25 分)	果形完整，组织饱满，成熟度适中，无病害、损伤、腐烂变质。	25～21				
	果形完整，成熟度不够，有个别病害果。	20～16				
	果形基本完整，成熟度不够，有损伤、腐烂变质果。	15～10				
工艺要点 (25 分)	严格按照澄清果汁制作工艺完成。	25～21				
	缺少澄清果汁制作工艺操作要点。	20～16				
	没按澄清果汁制作工艺步骤完成。	15～10				
感官指标 (25 分)	色泽清亮，具有原果风味；允许有沉淀，无眼见杂质；良好的滋味气味，无异味。	25～21				
	色泽清亮，无沉淀，有眼见杂质，气味寡淡。	20～16				
	色泽不清，杂质多，无原果特有气味。	15～10				
理化指标 (25 分)	酸度、色值、浊度符合标准，热稳定性稳定；无微生物检出。	25～21				
	酸度、色值、浊度基本符合标准，热稳定性差；有微生物检出。	20～16				
	酸度、色值、浊度不符合标准，热稳定性差；有微生物检出。	15～10				
总分						

【师徒共研】

1.果蔬汁在加工中为什么有时会发生变色?

造成的原因:果蔬汁加工过程中变色的主要原因是氧化引起酶促褐变。

改进的方法:用高温杀死酶活性;添加有机酸或维生素 C 抑制酶褐变;加工中要注意脱氧,避免接触铜铁用具等。

2.为什么果蔬汁在贮藏期间有时会发生变色?

造成的原因:果蔬汁在贮藏期间发生变色主要是非酶褐变造成的。

改进的方法:一是防止过度的热力杀菌和避免过长的受热时间;二是控制 pH 在 3.3 以下;三是制品贮藏在较低的温度下;四是要避光贮藏。

3.绿色蔬菜汁加工过程中出现失绿或变褐是什么原因造成的?

造成的原因:绿色蔬菜在加工中容易失绿而变褐,是因为绿色蔬菜的颜色来源于叶绿素,叶绿素在酸性条件下易变成脱镁叶绿素,色泽变暗。

改进的方法:用热碱水($NaHCO_3$)烫漂处理或将清洗后的绿色蔬菜在稀碱液中浸泡 30 min,使游离出的叶绿素皂化水解为叶绿酸盐等产物,绿色更为鲜亮。

任务二　浑浊果蔬汁类饮料制品的加工

【任务要求】

1.学会制订混浊果蔬汁制品生产计划。

2.按生产质量标准和生产计划选择果蔬汁制品的生产原料。

3.学会利用均质机和脱气设备对浑浊果蔬汁进行均质和脱气处理。

【工艺流程】

原料 → 预处理(挑选、分级、清洗、破碎、热处理、酶处理) → 取汁(压榨或浸提)

→ 原汁 → 均质 → 脱气 → 调配 → 杀菌、灌装(或灌装、杀菌) → 冷却 → 成品

【任务实施】

通过破碎、压榨、粗滤即可得到果实原汁，利用果实原汁可以制作澄清果蔬汁、浑浊果蔬汁、浓缩果蔬汁等各种类型的果蔬汁。也就是浑浊果汁、浓缩果蔬汁生产从原料选择到压榨取汁与澄清果汁生产工艺相同。由于各种果蔬汁所要求的形态各不相同，因此，各种果蔬汁制作上都有其特殊的工序。澄清果蔬汁制作的特有工艺是澄清，浑浊果蔬汁、浓缩果蔬汁生产的特有工序是均质、脱气和浓缩。

制作浑浊果蔬汁均质和脱气是其特有工艺，果蔬原汁通过均质和脱气来保证浑浊果蔬汁的稳定性同时防止果汁营养损失、色泽劣变。

1 均质

均质即将果蔬汁通过一定的设备使其中的细小颗粒进一步破碎，使果胶和果蔬汁亲和，保持果蔬汁均一性浑浊状态的操作。通过均质提高其稳定性，使果蔬汁不易分离和沉淀且口感细滑。生产上常用的均质机械有高压均质机、胶体磨和超声波均质机等。

1.1 高压均质

高压均质机的工作原理是将混匀的物料通过柱塞泵的作用，在高压低速下进入阀座和阀杆之间的空间，这时其速度增至 290 m/s，同时压力相应降低到物料中水的蒸汽压以下，于是在颗粒中形成气泡并膨胀，引起气泡炸裂物料颗粒（空穴效应）。由于空穴效应造成强大的剪切力，由此得到极细且均匀的固体分散物。均质压力根据果蔬汁种类、要求的颗粒大小而异，一般在 15～40 MPa。

1.2 胶体磨均质

胶体磨的破碎作用借助阀杆的快速转动和狭腔的摩擦作用，当果蔬汁进入狭腔（间距可调）时，受到强大的离心力的作用，颗粒在转齿和定齿之间的狭腔中摩擦、撞击而分散成细小颗粒。

1.3 超声波均质

它是一个长形的喷嘴，当果蔬汁以较高的速度流向振动设备时，振动设备可产生高频率的振动，这样就产生极大的空穴作用力，使其对果肉颗粒产生良好的分散作用。通过仪器的调整，超声波均质机可产生的频率达到 20 000 Hz，在这个范围内产生的空穴作用力可达到 50 万 MPa。

2 脱气

果蔬细胞间隙存在着大量的空气，原料在破碎、取汁、均质和搅拌、输送等工艺中混入大量的空气，所以得到的果汁中含有大量的氧气、二氧化碳、氮气等。这些气体以溶解形式在细微粒子表面吸附着，也许有一小部分以果汁的化学成分形式存在。这些气体中的氧气可导致果汁营养成分的损失和色泽的变化，这些不良反应在加热时更为明显。因此，必须加以去除，这一工艺即称脱气或去氧。脱气方法有加热法、真空法、化学法、充氮置换法等，且常结合在一起使用。

2.1　真空脱气法

真空脱气是将处理过的果汁用泵打到真空脱气罐内进行抽气。气体在液体内的溶解度与该气体在液面上的分压成正比。果汁进行真空脱气时，随着液面上的压力逐渐降低，溶解在果蔬汁中的气体不断逸出，直至总压降到果蔬汁的蒸汽压时，已达平衡状态，此时所有气体已被排除。此操作所需要的时间取决于气体逸出的速度和气体排至大气的速度。

真空脱气的要点有三方面：一是控制适当的真空度和果蔬汁温度，使果蔬汁中的气体迅速逸出；二是被处理的果蔬汁的表面积要大，为增加其表面积，一般将果蔬汁引入真空室分散成薄膜状或雾状，一般真空罐内的真空度为 90.7～93.3 kPa，常采用的方法有离心喷雾、加压喷雾和薄膜式三种，如图 4-1 所示；三是要有充分的脱气时间，脱气时间取决于果汁的性状、温度和在脱气罐内的状态。

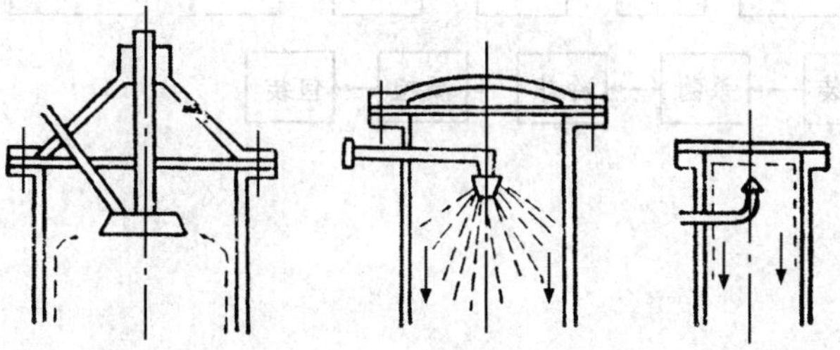

a.离心式　　b.喷雾式　　c.薄膜式

图 4-1　脱气机喷头类型示意图

(《园艺产品贮藏加工学》，赵丽芹，2001)

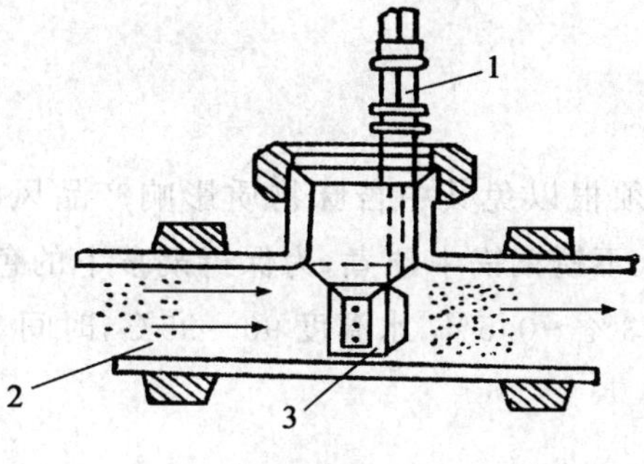

1. 氮气进入管　2. 果汁导入管　3. 穿孔喷嘴

图 4-2　气体分配头

(《园艺产品贮藏加工学》，赵丽芹，2001)

2.2　置换法

由于惰性气体对果蔬汁的影响不大，因此可通过专门的设备(图 4-2)将氮气、二氧化碳等惰性气体压入果蔬汁中，以形成强烈的泡沫流，在泡沫流的冲击下，氮气、二氧化碳等惰性气体将果蔬汁中的氧气置换出来，达到脱气目的。既可减少果蔬汁中挥发性芳香物质的损失，也有利于防止果蔬汁的氧化变色。

2.3　化学脱气法

在果蔬汁中加入一些抗氧化剂或需氧的酶类作为脱气剂，消耗果蔬汁中的氧气，达到脱气目的。常用的脱气剂有抗坏血酸、葡萄糖氧化酶等。但在操作时应注意，为避免花青素的分解，在含花青素丰富的果蔬汁中不适合应用抗坏血酸。

【案例】

1　混浊胡萝卜汁加工

1.1　材料、设备

1. 材料

新鲜胡萝卜、柠檬酸、白砂糖、明胶、果胶酯酶、维生素C。

2. 设备(用具)

打浆机、调配罐、胶体磨、高压均质机、贮料桶、板式换热器、真空脱气机、灌装封口机、不锈钢果刀、果盆等。

1.2　工艺流程

原料选择→清洗去皮→修整→预煮→破碎→打浆→酶处理→调配→均质→脱气→灌装→杀菌→冷却→质检→包装

1.3　工艺要点

1. 原料选择

选用肉质根新鲜肥大,无须根分杈,无冻伤,胡萝卜素含量高的秋季成熟的品种。

2. 清洗、去皮

用水冲洗萝卜表面,去除泥沙及其污物。采用碱液去皮法。用3%～4%碱液加热至95～100℃,2～3 min碱液处理后,立即用流动的清水冲洗2～3次,洗去被碱液腐蚀的表面组织及残留的碱液,并使物料得到冷却。

3. 修整、预煮

手工去除胡萝卜的头尾及残留在表皮的黑斑、须根以免其中苦味物质影响产品风味。打丝机上打丝。将切好的胡萝卜按料水比1∶2放入不锈钢锅中预煮,为保持胡萝卜的色泽稳定,水中加入柠檬酸和异抗坏血酸,浓度一般为0.3%～0.5%,水温度90～95℃,时间5～10 min,然后用清水冷却物料。

4. 打浆

将冷却的物料倒入打浆机进行打浆5～10 min,至组织细腻为止。

5. 酶处理

打浆后加入适量果胶酶,于45℃下酶解1 h,然后升温至90～95℃灭酶,迅速冷却后榨汁,过滤。

6. 调配

首先用85℃左右的软化水在化糖罐中将糖充分溶解，然后依次加入果葡糖浆、低聚异麦芽糖、胡萝卜浆、三聚磷酸钠及蔗糖酯、琼脂、柠檬酸钠、维生素 C 等，边搅拌边加入，保温 15 min，冷却到 40℃左右，通过胶体磨泵入调配罐中。

7. 均质、脱气

为使原辅料得到初步混合，进行搅拌均质，得到的原料细腻、稳定。真空脱除空气，在45～50℃下，真空度 99 kPa，脱气 3 min。

8. 杀菌

杀菌一般采用 95℃、杀菌 15～20 s 的高温短时杀菌，或采用 120～130℃、3～6 s 超高温瞬时杀菌，杀死致病菌，钝化酶的活性。

9. 包装

灌装容器有金属涂料罐和玻璃瓶。一般采取热灌装，将经过杀菌的果汁迅速装入消毒过的玻璃瓶或马口铁罐内，趁热密封。密封后迅速冷却至 38℃，以免破坏果汁的营养成分。

【任务评价】

采用分组完成本次任务，评价方式有师傅、徒弟间评价，小组评价。见表 4-2。

表 4-2 胡萝卜汁制品感官评价表

项目	评分标准	分值	组 1	组 2	组 3	组 4
形态与组织（25 分）	胡萝卜汁均匀无分层，有少量沉淀。	25～21				
	有少许分层。	20～16				
	分层，沉淀。	15～10				
色泽（25 分）	具有胡萝卜汁应的有颜色，呈橙黄或深红黄色，色度一致。	25～21				
	较正常色泽略微变浅或加深。	20～16				
	表面颜色较重。	15～10				
气味和滋味（25 分）	具有胡萝卜应有的滋味和风味。	25～21				
	无异味和生焖味。	20～16				
	有生焖味和土腥味。	15～10				
口感（25 分）	甜酸适口，适度适中，柔软、不黏不燥。	25～21				
	口感偏甜或不甜。	20～16				
	有杂质。	15～10				
总分						

【师徒共研】

胡萝卜混浊果汁在存放时出现分层现象是什么原因？

一是胡萝卜汁中含的果肉颗粒太大或太小不均匀，在重力的作用下沉淀；二是胡萝卜汁中的气体附着在果肉颗粒上时使颗粒的浮力增大，引起果蔬汁分层，或是果汁中果胶含量少，体系强度低，果肉颗粒不能抵消自身的重力而下沉等。

改进的方法：采用胶体磨处理，降低颗粒体积；通过添加胶体物质如果胶、黄原胶、脂肪酸甘油酯、CMC（羟甲基纤维素）等，增加分散介质的黏度。

任务三 浓缩果蔬汁制品的加工

【任务要求】

1. 学会制订利用无菌灌装设备对果蔬汁进行无菌灌装的生产计划。
2. 学会按生产质量标准和生产计划选择浓缩果蔬汁制品的生产原料。
3. 学会按果蔬汁产品质量标准对浓缩果蔬汁成品进行质量检验。

【工艺流程】

原料 → 预处理（挑选、分级、清洗、破碎、热处理、酶处理） → 取汁（压榨或浸提）

→ 原汁 → 澄清果蔬汁 → 浓缩 → 灌装 → 贮存运输

【任务实施】

原果汁的含水量很高，通常在80%以上。浓缩果蔬汁是由澄清果蔬汁经脱水浓缩后制得，浓缩过程把原果汁的固形物含量从5%～20%提高到可溶性固形物含量达到65%～75%，体积缩小，便于包装和运输，能克服果蔬采收期和品种所造成的成分上的差异，果蔬汁的品质更加一致，且糖酸含量提高，化学稳定性和微生物稳定性高，增加了制品的保藏性，可作为各种食品的原料，且储藏和运输方便。因此，目前浓缩果蔬汁的生产增长速度较快。目前常用的浓缩方法主要有真空浓缩、冷冻浓缩和反渗透浓缩。

1 真空浓缩法

真空浓缩是以蒸发的方式使果汁固形物浓度达到70%～71%。由于绝大多数原果汁的质量容易受到高温损害，所以其浓缩过程通常是在低于大气压的真空状态下，使果蔬汁的沸点下降，加热使果蔬汁在低温条件下沸腾，使水分从原果蔬汁中分离出来。真空浓缩由于蒸发过程是在较低温度条件下和较短的浓缩时间进行，能较好地保持果蔬汁的色香味，并且不会产生使产品成分和感官质量出现不利变化的反应。

真空浓缩方法可分为真空锅浓缩法和真空薄膜浓缩法等多种。真空浓缩温度一般为25～35℃，不超过40℃，真空度约为94.7 kPa。因设备不同，果汁蒸发浓缩的时间从几秒钟到几分钟不等，末效蒸发温度通常为50～60℃。目前真空薄膜浓缩设备主要有强制循环蒸发式、降膜蒸发式、升膜蒸发式、平板(片状)蒸发式、离心薄膜蒸发式和搅拌蒸发式等多种类型。这类设备的特点是果蔬汁在蒸发中都呈薄膜流动，果蔬汁由循环泵送入薄膜蒸发器的列管中，分散呈薄膜状，由于减压，在低温条件下脱去水分，热交换效果好，是目前广泛使用的浓缩设备。果蔬汁在浓缩前应进行适当高温瞬时杀菌，避免由于真空浓缩的温度条件较适合微生物繁殖和酶的作用而导致的果汁品质劣变。

2 冷冻浓缩法

果蔬汁冷冻浓缩是应用冰晶与水溶液的固-液相平衡原理，将水以固态方式从溶液中去除的一种浓缩方法。当水溶液中所含溶质浓度低于共溶浓度时，溶液被冷却后，部分水会成冰晶析出，剩余溶液中的溶质浓度则由于冰晶数量的增加和冷冻次数的增加而提高，溶液的浓度逐渐增加，到某一温度，被浓缩的溶液以全部冻结而告终，这一温度即为低共熔点或共晶点。

冷冻浓缩工艺分为结晶和分离两个阶段。结晶时，水果原汁的温度低于冰点，水分以纯冰形式不断结晶出来，液体的固形物含量越来越高，直至达到浓缩要求。将冰晶分离后，冷冻浓缩汁内基本上保留了原汁所含有的一切物质，但在此种浓缩方法的缺点是分离冰晶时不可避免地损失了部分浓缩汁。由于在－7～－3℃的温度下完成浓缩操作，原汁中的各种生物化学反应和化学反应受到很大抑制，因此产品不会出现滋味和香味的变化，也不会产生非酶褐变反应和维生素损失等。

饮食文化

“梅实采半黄者，以烟熏之为乌梅。”

——李时珍《本草纲目》

乌梅能除热送凉，安心止痛，甚至可以治咳嗽、霍乱、痢疾等。

但是由于受到冰晶-浓缩汁混合物的黏度的限制，冷冻浓缩汁的最大浓缩浓度只能达到40%～50%。果胶、蛋白质和其他胶体物质会增加浓缩汁的黏度，因此对浓缩过程也会有不利的影响。

冷冻浓缩的特点是避免了热的作用，没有热变性，挥发性风味物质损失极微，产品质量比蒸发浓缩好，同时，耗能少，冷冻浓缩所需的能量约为蒸发浓缩的1/7，其缺点是冰晶分离时，会损失部分果蔬汁，浓缩浓度只能达到55%。

果蔬汁冷冻浓缩包括结晶(冰晶的形成)、重结晶(冰晶的成长)、分离(冰晶与液相分开)三个步骤。

3 反渗透浓缩法

反渗透浓缩是一种现代的膜分离技术，与加热蒸发方法相比，优点是蒸发过程不需加热，可在常温条件下实现分离或浓缩，品质变化小；浓缩过程在密封回路中操作，不受氧气影响；在不发生相变下操作，挥发性成分的损失较少；节约能源，所需能量约为蒸发浓缩的1/17，是冷冻浓缩的1/2。

反渗透浓缩的原理是用膜的选择性筛分作用，以压力差为推动力，使某些物质透过，而其他组分不透过，从而达到分离浓缩目的。反渗透膜浓缩的原理如图4-3所示，用一张半透膜将果汁与纯水隔开，水会自动穿过半透膜向果汁一侧渗透，这种自动渗透的压力叫渗透压。反渗透是在果汁一侧施加压力，该压力大于果汁的渗透压，则果汁中的水能穿过膜反向渗入水中，直至两侧压力相等为止。

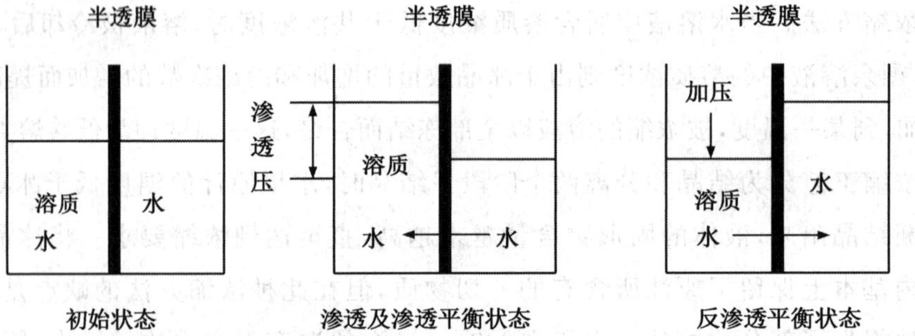

图4-3 反渗透原理

性能优良的合成高分子膜是实现膜分离高效、高选择性的必要条件。目前反渗透浓缩常用膜为醋酸纤维素及其衍生物、聚丙烯腈系列膜等。影响反渗透浓缩的主要因素有以下几方面：

(1)浓差极化现象　所有的分离过程均会产生这一现象，在膜分离中它的影响特别严重。当分子混合物由推动力带到膜表面时，水分子透过，另外一些分子被阻止，这就导致在近膜表面的边界层中被阻组分的集聚和透过组分的降低，这种现象即所谓浓差极化现象。它的产生使透过速度显著衰减，削弱膜的分离特性。工程上主要采取加大流速、装设湍流装置、脉冲法、搅拌法等消除其影响。

(2)膜的特性及适用性　不同材质的膜有不同的适用性，介质的化学性质对膜的效果有一定影响，如醋酸纤维素膜 pH 在 4～5 之间，水解速度最小，在强酸和强碱中水解加剧。

(3)操作条件　一般来说，操作压力越大，一定膜面积上透水速率越大，但又受到膜的性质和组件的影响。理论上随温度升高，反渗透速度增加，但果蔬汁大多为热敏物质，应控制温度在 40～50℃为宜。

(4)果蔬汁的种类性质　果蔬汁的化学成分、果浆含量和可溶性固形物的初始浓度对透汁速度影响很大，果浆含量和可溶性固形物含量高，不利于反渗透的进行。

【案例】

1　浓缩山楂汁加工

1.1　材料、设备

1. 材料

新鲜山楂、柠檬酸、白砂糖、明胶、果胶酯酶、维生素 C 。

2. 设备(用具)

打浆机、调配罐、胶体磨、高压均质机、贮料桶、板式换热器、真空脱气机、灌装封口机、不锈钢果刀、果盆等。

2　工艺流程

原料选择 → 清洗破碎 → 加热软化 → 浸提粗滤 → 分离过滤 → 山楂汁 → 真空浓缩

→ 瞬时灭菌 → 冷却 → 无菌灌装 → 密封 → 冷藏 → 浓缩山楂汁

1.3　工艺要点

1.3.1　原料选择

选用成熟、色泽红艳的新鲜果实山楂果，果实大小不限，但要尽可能剔除病虫及腐烂的不合格果实。

1.3.2　清洗与破碎

将山楂果洗涤干净，剔除不合格果。为提高出汁率，可将山楂果使用辊式破碎机，调节两辊轮之间的距离，使果实被压成扁平状而不破碎。如果山楂果实大小不一，最好于破碎前对果实进行大小分级，否则会使破碎程度不均，影响出汁率。

1.3.3　软化与酶处理

山楂果实中的液汁较少，果胶含量高，使液汁胶黏，加之果核占整果重量的 15%～20%，山楂果肉质地紧密，直接用压榨法很难提取山楂汁，在浸提山楂汁前需要进行预处理，生产中常用以下两种方法。

1.加热软化

软化使细胞原生质中的蛋白质凝固，形成凝块，改变原生质膜的半透性，使细胞中的可溶性固形物容易向外扩散，同时使果肉软化，果胶质溶化，降低汁液的黏度，提高出汁率。另外，加热可促进色素和风味物质的渗出，使果肉中的酶失去活性，稳定果汁的混浊度。一般加热温度为 85～90℃，时间 15～20 min。

2.酶处理

果胶酶可有效分解果肉中的果胶物质，降低山楂果肉汁的黏度，便于榨汁和过滤，提高浸提率；同时破坏果胶对悬浮物的保护作用，便于汁的澄清。添加果胶酶时，在果肉中加适量的水，加热至 45～69℃，充分搅拌均匀，然后在 40～50℃下进行 3～4 h 的酶反应。果胶酶制剂的添加量一般为果肉重量的 0.01%～0.03%。

1.3.4 提取

山楂汁的提取有水浸提法、压榨法、真空浸提法等。

1.水浸提法

水浸提法是从山楂中提取可溶性固形物最普遍使用的方法，它又可有以下几种形式。

(1)一次浸提法　浸提过程一般是在浸提罐内进行的。装料量一般为罐容量的 80%～85%，料水比为 1∶(2.0～2.5)，浸提 6～8 h，放出浸汁。一次浸提后的果渣可作为生产山楂酱、果丹皮等的原料。一次浸提汁的可溶性固形物含量一般为 4.5%～6.0%，汁中的果胶含量低，透明度好，色泽和风味均佳，但一次浸提有效成分的浸提率低。

(2)多次浸提法　是对分离浸汁后的果渣依次用相同方法再行浸提，然后将各次浸提获得的浸提汁混合。一般鲜山楂可以浸提 3～4 次，干山楂片甚至可以进行 8 次浸提。多次浸提法的果汁得率高，山楂果实中各种成分的提取比较彻底，但混合汁的可溶性固形物含量低，浓缩时耗能大，果汁中的维生素 C 及芳香物质的损失也较严重。

(3)罐组式逆流浸提法　最后一次浸提的果渣用新鲜水浸提，新鲜果或果渣都使用前一次果渣的浸汁进行浸提。

(4)连续逆流浸提法　山楂果从设备的一端进入，由输送螺旋或传送带等向前输送，浸提水和果渣都从设备另一端进出。

2.压榨法

又分为凝胶压榨法和酶解压榨法。

(1)凝胶压榨法　由于山楂果中的果胶含量较高，经过一定时间，破碎的山楂果肉就会凝固，形成凝胶。将凝胶搅碎，用压榨机压榨，就可获得浓度稍高的山楂汁。在榨渣中加水，经过 20～30 min 后再行压榨，得到浓度较低的洗渣汁，可将其加入桶核的新鲜山楂中，再用以上方法使其凝胶，可以获得浓度更高的山楂汁。

(2)酶解压榨法　将洗净的山楂果破碎，在果料内加入果料量0.5～1倍的沸水，搅拌均匀，在45～50℃下加入果料重量0.1%～0.3%的果胶酶制剂，并在上述温度下保持4 h左右，用压榨机压榨，可获得浓度8%～10%的山楂汁。

3.真空浸提法

浸提罐为一真空容器，放入山楂果后，使容器内减压，利用真空破坏果实细胞壁。在生产清汁时，可同时加入果胶酶，在提汁的同时进行酶处理。

1.3.5　粗滤澄清

1.粗滤

用不锈钢制作的平筛、回转筛或振动筛，筛网以32～60目(0.50～0.25 mm孔径)为宜。

2.离心分离

主要用于除去山楂汁中的夹杂物、沉淀物和部分果肉等固体小颗粒。最常用蝶式离心机，操作时离心分离因数一般为6 000～11 000 g。

3.澄清

操作时有以下几种澄清方法。

(1)自然澄清法　将山楂汁置于密闭容器中，经过较长时间的静置，汁中的悬浮物质就会沉淀到容器底部。

(2)明胶单宁澄清法　利用单宁与明胶形成絮状沉淀物，使果汁中的悬浮颗粒被缠绕而随之下降，果汁被澄清。明胶用量要适当，用量过多，不仅妨碍凝聚过程，反而能保护和稳定胶体，其本身形成胶体溶液，以致影响果汁成品的透明度。明胶与花色苷类色素有反应倾向，要注意其对果汁色泽和风味的影响，明胶和单宁的添加量需要在使用前进行澄清试验确定。

(3)加热凝聚澄清法　果汁中的胶体物质受到热的作用时会发生凝聚，形成沉淀。因此，常将山楂汁迅速加热至80～82℃并保持1～2 min，然后迅速冷却至室温，静置。果汁的加热和冷却可以使用板式换热器进行。

(4)加酶澄清法　酶制剂用量一般为果汁质量的0.004%～0.05%，可直接加入浸汁中，也可以加在灭菌的山楂汁内。在浸提过程中如果已在浸提液中加入果胶酶，浸提汁或压榨汁比较清澈透明，在澄清中无需加酶进行澄清。果胶酶制剂还可与明胶配合使用，例如，在山楂汁中加入酶制剂反应20～30 min后，再加入明胶，在常温下澄清，效果会更好。

4.过滤

山楂汁经过澄清处理后，还必须进行第二次离心分离和过滤操作，以进一步分离山楂汁中的沉淀物和悬浮物，使山楂汁清澈透明。过滤速度受到滤器的滤孔大小、过滤压力、果汁的黏度、汁中悬浮粒的密度和大小以及汁的温度等因素的影响。

1.3.6 浓缩

1. 真空浓缩

(1)离心式薄膜蒸发器 此类设备传热效率极高，蒸发强度大，器内液汁薄膜的厚度仅有0.1 mm，物料受热时间极短，在1～3 s内即能完成蒸发过程，可浓缩的液汁黏度高达20 Pa·S，很多品种的果汁可浓缩到85%浓度。

(2)刮板式薄膜蒸发器 液汁在浓缩过程中成薄膜状态，适合于高黏度和带果肉的果汁的浓缩，不会出现结焦、结垢等现象。

(3)双效或多效降膜式蒸发器 依靠分配器使液汁在加热壁面形成薄膜，设备使用效果较好，液汁受热时间短。

2. 反渗透浓缩

山楂汁中含有较多的可溶性固形物，果汁渗透压高，一般只能进行2～2.5倍浓缩，浓缩极限约为30%的固形物含量。

3. 冻结浓缩

通过冷却和冻结，将食品中所含水分变为冰晶，分离去冰晶，从而提高母液可溶性固形物的浓度。

【任务评价】

采用分组完成本次任务，评价方式有师傅、徒弟间评价，小组评价。见表4-3。

表4-3 浓缩山楂汁制品感官评价表

项目	评分标准	分值	组1	组2	组3	组4
形态与组织（25分）	浓缩山楂汁均匀无分层，有少量沉淀。	25～21				
	有少许分层。	20～16				
	分层，沉淀。	15～10				
色泽（25分）	具有山楂汁应有的深红色，色度一致。	25～21				
	较正常色泽略微变浅或加深。	20～16				
	表面颜色较重。	15～10				
气味和滋味（25分）	具有山楂汁应有的滋味和风味。	25～21				
	味淡，但无特殊异味。	20～16				
	有异味。	15～10				
口感（25分）	甜酸适口，适度适中，柔软、不黏不燥。	25～21				
	口感偏甜或不甜。	20～16				
	有杂质。	15～10				
总分						

【师徒共研】

果蔬汁在存放过程中出现发酵味是什么原因?

造成的原因:微生物的侵染和繁殖引起的败坏可表现在变味,也可引起长霉、混浊和发酵。

改进的方法:采用新鲜、无霉烂、无病虫的果实原料;注意原料的洗涤消毒;车间和设备、管道、工具、容器等要严格消毒,缩短工艺流程的时间;果汁灌装后封口要严密;杀菌要彻底。

【知识链接】

1 果汁业的发展前景与发展方向

随着我国经济的迅速发展,人们生活水平的提高,消费意识不断增强,消费结构发生着根本变化,对饮料的需求从嗜好型饮料向营养型饮料转变,果汁非常符合人们的这种消费趋向。同时,我国人口众多,又是世界上最大、发展最快的消费市场,因此我国的果汁市场发展前景非常广阔。目前我国人均果汁年消费水平为 1 kg 左右,而发达国家达到 40 kg,世界平均水平为 10 kg。按我国人口的 20%消费果汁计算,达到世界平均水平也要 260 万 t 果汁,而目前我国果汁生产总量只有 150 万 t。

果汁业发展空间广阔,如浓缩果汁可溶性物质含量高、耐贮藏、体积小,作为一种半成品,是很好的食品配料;可以加水还原成果汁或配成饮料,还可以应用于果冻、果酱、果酒、冰激凌、糕点等的生产;鲜榨果汁工艺处理流程及杀菌时间短,能较好地保留产品的原有风味和营养成分,产品的新鲜度保持较好,非常受消费者欢迎。另外,我国有很多的野生水果如刺梨、沙棘等。这些野生水果受污染少,而且营养成分丰富,具有良好的营养与保健价值,是良好的果汁原料。果汁生产充分开发利用这些资源,成为我国特有的果汁品牌,将会有极大的发展前景。

2 果蔬汁分类

天然果蔬汁按照生产工艺、产品状态可分为以下几类。

(1)透明果蔬汁　新鲜果蔬直接榨出的汁(浆)液,经澄清、过滤,除去果肉微粒、蛋白质、果胶物质等而呈澄清透明状态。如葡萄汁、苹果汁。

(2)混浊果蔬汁　新鲜果蔬直接榨出的汁(浆)液,经均质、脱气处理,外观呈混浊均匀状态,果蔬汁中含有果肉微粒,且均匀分散在汁液中,含果胶物质。如柑橘汁、番茄汁。

(3)浓缩果蔬汁　浓缩果蔬汁由新鲜果蔬直接榨出的汁液直接浓缩而成,要求可溶性固形物达到 40%~60%,含有较高的糖分和酸分。一般浓缩 3~6 倍。如浓缩橙汁、浓缩苹果汁等。

项目五 蔬菜腌制品的加工

知识目标

1. 掌握蔬菜腌制加工原理。
2. 了解乳酸菌的代谢特征及酸菜和泡菜制作的原理。
3. 掌握环境温度对酸菜和泡菜发酵和保藏的作用和影响。

技能目标

1. 能够根据北方气候特点腌制各种蔬菜。
2. 学会泡菜等的制作方法，制作泡菜等腌制品。
3. 根据生产技术规范和环境条件控制生产过程，确保腌制蔬菜品质质量。

德育目标

通过对蔬菜腌制产品各项工艺环节的实践操作，培养食品安全意识，养成良好的职业道德。

任务一 发酵性腌制品泡菜的加工

【任务要求】

泡菜是将蔬菜置于低浓度的食盐溶液中，经过乳酸发酵泡制而成的一类蔬菜盐渍制品。用于泡菜的原料比较广泛，主要有白菜、萝卜、苹果、梨、芥菜、黄瓜、胡萝卜、辣椒、茄子、嫩姜等，可以不受时间季节限制。

【工艺流程】

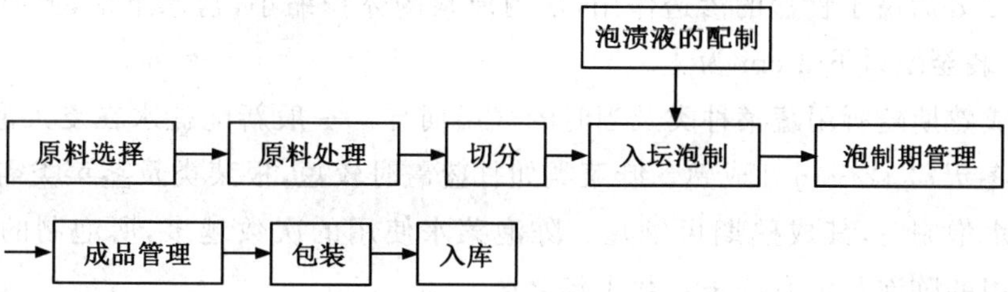

【任务实施】

1　原料选择

选择组织致密、质地脆嫩、泡制后不软化的蔬菜品种作为泡菜的原料。如白菜、萝卜、小萝卜、茄子、黄瓜、辣椒、生菜、芸豆、豇豆、蒜头、芹菜等。

2　原料处理

新鲜原料经处理、洗涤后，将不适用的部分去掉。一般不进行切分，但体形过大者仍以适当切分成小块为宜。沥干水分后立即入坛泡制。如能将原料适当晾干后再入坛泡制，其品质更好。

二维码 5-1　泡菜生产过程微课

3　泡渍液的配制

泡渍液的质量，直接影响泡菜的品质，也是泡菜成功与否的关键。井水和泉水是含矿物质较多的硬水，效果最好，因其能保持泡菜成品的脆性。自来水硬度较大，也可使用。有时为增加泡菜的脆性，在配制盐水时，加入 0.05% 钙盐如 $CaCl_2$、$CaCO_3$ 等或加入 0.2%～0.3% 生石灰配成溶液浸泡原料。

泡渍液的含盐量以 6%～8% 为宜，为增进泡菜的品质，可在盐水中按比例加入白酒 2.5%、黄酒 2.5%、甜醪糟 15%、红糖 2%及干辣椒粉 3%，并加入各种香料，即每 100 kg 盐水中加入草果 0.05 kg、八角茴香 0.1 kg、花椒 0.05 kg、胡椒 0.08 kg 及少量陈皮。此外，各种香类蔬菜如芹菜、芫荽等的种子可酌量加入。

为使所腌制的蔬菜原料发酵以缩短成熟时间，可在所配制的盐水中，人工接种乳酸菌或加入品质良好的陈泡菜水及酒曲。含糖量较少的原料，为加快乳酸发酵可加入少量的葡萄糖。

4　入坛泡制

坛子使用前洗涤干净，也可用沸水烫洗，以减少杂菌污染。而后将准备好的原料装入坛内，装至半坛时将香料包放入，再装原料至距坛口 6～7 cm 为止，用竹片将原料卡压住，以免加盐水时蔬菜浮于盐水面上。注入所配制的泡渍液，使盐水能将蔬菜淹没。将坛口小碟盖上后即将坛盖覆盖，并在水槽中加注冷开水或盐水，形成水槽封口。将坛置于阴凉处任其自然发酵。1～2 d 后由于食盐的渗透作用，坛内原料的体积缩小，盐水下落，此时宜适当添加原料和盐水，装至坛口下 3 cm 为止。

泡菜的成熟期随所用蔬菜种类及当时的气温而异。一般新配盐水在夏天泡制时需 5～7 d 可成熟，冬天需 12～16 d 成熟。叶菜类如甘蓝需时较短，根菜类及茎菜类需时较长。直接用陈泡菜水泡制时，其成熟期可缩短。陈泡菜水使用的次数越多，所泡制的泡菜品质越好。民间使用的陈泡菜水有的长达数十年之久。

5 泡制期管理

首先注意水槽，在发酵初期会有大量气体由坛内经水槽逸出，使坛内逐渐形成无氧条件，利于乳酸菌的活动。有时因气温的突然改变影响大气压力的改变时，水槽内的水就会被吸入坛内影响产品质量，要特别注意水槽中注入的水应是盐水或冷开水。必要时要更换水槽中的水以保持水槽的清洁卫生。

在取食后先添原料，再泡时除按比例占原料的 5%～6%适当补充食盐水，其他的如白酒、红糖等也应适当添加，以保证泡菜质量。

为保持制品质量长期不坏，要经常进行检查，最好在成熟后及时取食。如泡菜量大，一时食用不完，则宜增加食盐量并装满，严封水槽，不再取食，即可长期保存。但如储存时间太久，泡菜酸度不断增加，组织变软，会影响泡菜的品质。因此，只有质地紧密者才适宜长期保存。

大量生产时每坛内最好只泡一种原料，在泡菜成熟过程中会在盐水表面形成一层白膜状的微生物，即酒花酵母，该微生物抗盐性、抗酸性较强，属于好气性菌类，能分解乳酸，降低泡菜的酸度，使泡菜组织软化，甚至导致其他腐败性微生物的滋生，使泡菜的品质变劣。补救方法最好是加入新鲜蔬菜并装满，使坛内及早形成无氧状态即可制止酒花酵母菌的生长。如果加入大蒜、洋葱之类的蔬菜密封后，大蒜素的杀菌作用可杀死酒花酵母菌。据报道，将红皮萝卜加入坛内，红色花青素有显著的杀菌作用。如果坛内菌膜太多，可先用箩筛将菌膜捞出，加入酒精或高浓度的白酒并加盖密封，即可抑制其继续为害。

在泡制和取食过程中切忌带入油脂类物质，因油脂相对密度小，浮于盐水表面，易被腐败性微生物所分解而使泡菜变臭。

6 成品管理

泡菜成熟后一般要求及时取食，对于耐储的原料，成熟后若能加强管理，也可较长期保存。对要保存的泡菜一般要求一种原料装一个坛，不要混装，泡制盐水的盐浓度要适当提高，并向坛内加入适量白酒，槽水要保持清洁，并保持坛内良好的密封条件。结合现代食品加工工艺技术，也可对泡菜进行真空包装后出厂销售。

【任务评价】

具有泡菜应有的色泽和香气，滋味可口，酸咸适宜，无异味；形态大小基本一致，汁液清亮，组织致密，质地脆嫩，无肉眼可见外来杂质。理化指标符合食品安全地方标准　酸菜 DB 51/T975—2009。

任务二　发酵性腌制品酸菜的加工

【任务要求】

酸菜的加工多集中在秋冬季节，且腌制时间较长，一般在 1 个月以上，此外，其贮存和食用的时间也较长，一般达 2～3 个月。通过这个任务的学习，掌握酸菜加工工艺。

【参考标准】

DB 21/2391—2014 食品安全地方标准　酸菜

【工艺流程】

原料选择 → 原料处理 → 腌制 → 成品

【任务实施】

1　任务准备

以生产 100 kg 酸菜为例，需大白菜 160 kg，食盐 1.5 kg，大缸，重石等。

2　原料选择

腌制酸菜的主要原料是叶菜类，如白菜、甘蓝等。白菜以长筒型绿帮，产品九成熟为好。

3　原料处理

蔬菜收获后，除去黄帮烂叶，削去菜根，进行晾晒和清洗，菜体一般不切分，如菜体过大可将根部切开。酸菜在腌制时有热烫和不热烫两种处理。热烫将原料放于沸水中烫 3～5 min。热烫的目的是使腌制品的质地变软，同时增加腌制量。热烫后要立即冷却，然后入缸。不热烫的原料直接入缸。

4 腌制

腌制一般在缸或桶中进行。装菜前对容器要严格清洗,可用高锰酸钾溶液进行消毒。减少杂菌,去除污物,防止油脂类物质的带入。原料在缸中要摆紧压实。上部压重物,加入清水或淡盐水,盐水浓度在4%左右,没过原料10 cm,防止原料上浮,减少氧气量。在自然条件下进行发酵,经过30～40 d即可达到成熟。

腌制一定要达到成熟后才能食用,要防止亚硝酸盐的中毒,亚硝酸盐的含量在20 d左右达到最高峰,在腌制30 d后食用,是比较安全的。

【任务评价】

原料不同,其制品的色泽有差异,一般为黄绿色或乳白色,具有乳酸发酵所产生的特有香气,质脆、酸咸适口、无不良气味。

任务三 非发酵性腌制品酱菜的加工

【任务要求】

酱菜是用酱油、豆瓣酱、甜面酱渍制的制品。其主要工序是将新鲜蔬菜原料进行腌制,加工成半成品的咸坯储存,加工时将咸坯切成型,漂洗去盐,压榨脱水,进行酱制,使酱液的鲜味、芳香、色泽及营养物质渗入蔬菜中,增加风味。这种经过酱渍的蔬菜即为酱菜。酱菜生产包括制酱、盐腌和酱渍三个部分,也有直接用新鲜蔬菜进行酱制的,其风味和品质均比用咸坯制作的好。

酱渍的方法有袋装酱渍、散装酱渍、面酱和原料混合酱渍、酱油浸泡、真空渗酱等多种。袋装酱渍多用于体积较小的什锦菜、宝塔菜、生姜、乳黄瓜等;散装酱渍多用于体积较大的品种;酱油浸泡不受原料体积大小的限制,将菜坯直接浸于酱缸内进行酱渍;真空渗酱是在真空条件下,使酱汁迅速渗入菜坯组织内,此法与传统加工工艺比较具有快速、省力、卫生的特点。

河南杞县的酱菜,历史上被列为古杞的三大特产之一,酱红萝卜是杞县特产酱菜中的一个代表品种,已有160多年的历史。扬州乳黄瓜是扬州传统酱菜优良品种之一。通过学习扬州乳黄瓜和杞县酱红萝卜的加工,掌握酱菜加工的工艺流程和操作要点。

【工艺流程】

扬州酱黄瓜：

原料选择 → 原料处理 → 初腌 → 复腌 → 漂洗、浸卤 → 装袋初酱 → 复酱 → 成品

杞县酱红萝卜：

原料选择 → 洗涤 → 脱皮 → 腌制 → 酱制 → 装袋 → 复酱 → 成品

【任务实施】

二维码 5-2　糖醋菜加工技术微课

1　扬州乳黄瓜加工

1.1　原料配方

乳黄瓜 100 kg，盐 22 kg，8%～12%的盐水 2 kg，二酱 80 kg，稀甜酱 90 kg。

1.2　操作要点

(1)原料选择　采摘粗细均匀、规格整齐的线形嫩黄瓜(又名乳黄瓜)，作为腌渍黄瓜的原料。

(2)原料处理　鲜瓜采收后，摘去瓜花，应及时分级腌制加工，不得受阳光曝晒，否则会影响腌渍的品质。

(3)初腌　将处理后的鲜黄瓜倒入缸内，每 100 kg 用 8%～12%的淡盐水 2 kg，食盐 10 kg，分层撒盐腌制，每层瓜 50 kg 左右。撒盐量逐层增加，使所有瓜身粘满盐粒(因腌瓜时面临夏季高温，初腌鲜瓜易于变质)。盐渍后，每隔 6～7 h 上下翻缸一次，共计翻瓜 3 次，要求条条腌透。约腌制 30 h 后，取出装入竹箩(篮)压卤 6～7 h，使瓜中卤汁排出。

(4)复腌　去卤后的成瓜，每 100 kg 再用盐 10 kg，进行复腌。层层叠瓜，层层撒盐，用篾片、蓑衣将封口卡紧，缸面加盐封缸(每 100 kg 成瓜用 2 kg 盐)，最后以澄清的原卤或 20%的盐卤，浸泡储藏。

(5)漂洗、浸卤　取储藏的咸瓜，装箩淋卤后，散装倒入缸内，加清水漂去多余的盐分。加水量：夏、秋季每 100 kg 咸瓜用水 100～105 kg，春、冬季用水 100～110 kg，浸漂时间为 2～3 h，并间歇搅拌。漂水后装箩浸卤，使瓜表面的水分去除为止。

(6)装袋初酱　将浸卤后的咸瓜揉松，装入酱菜袋中(装袋 2/3 容量)，扎紧袋口后投入二酱内，酱制 2～3 d。咸瓜经初酱后，把酱袋取出淋卤，一般淋 4～5 h。

(7)复酱　初酱后，把酱瓜再投入到定量的(按乳黄瓜重量的 90%～100%的量)新稀甜酱内，仍按初酱的工序，继续酱制 7～14 d(结合气温适当延长或缩短)。酱后即为成品，可以直接销售或装罐。

2 杞县酱红萝卜加工

2.1 原料配方

红萝卜 100 kg，食盐 7 kg，头道面酱 100 kg，二道、三道甜面酱各 50 kg。

2.2 操作要点

(1)原料选择　选择颜色鲜红、水分充足、大小基本一致的新鲜红萝卜作为原料。每个红萝卜要求直径为 3 cm 左右，长 15 cm 左右，无伤痕，无霉烂，无污染。

(2)洗涤　将经精选后的红萝卜，先去顶及尾，用清水洗净泥沙污物。

(3)脱皮　将洗净后的红萝卜置于缸内，加入清水，用木棒搅拌，脱净表面薄皮后，捞出沥干水分备用。

(4)腌制　脱皮沥干水分后的红萝卜分层置于缸内，加盐腌制。腌制 24 h 后，每隔 6～7 h 翻动 1 次，一般翻 3～4 次即可，待 48 h 后出缸准备酱制。

(5)酱制　腌制好的红萝卜坯放入酱缸内进行酱制。酱渍按三道酱、二道酱、头道酱的顺序将红萝卜坯泡在酱缸内。第一次酱渍 4～5 d 后，出缸晒坯 1 d，进行第二次酱渍；第二次酱渍 7～10 d 后，出缸复晒后，再进行第三次酱渍；第三次酱渍 15 d。酱渍期内，每天搅拌曝晒，阴雨天搅拌后加盖，防止雨淋。初酱 1 个月后，红萝卜坯基本成熟。然后取出装入布袋内，每袋 7～8 kg，置于头道酱汁内，浸渍 15 d 左右，使产品增色增味。酱渍期共 45 d。

【任务评价】

扬州乳黄瓜：皮色鲜绿，瓜形粗细均匀，肉质厚而致密，子囊少，无大肚、尖嘴等不良形状。

杞县酱红萝卜：产品色泽红润、质感嫩脆、甜咸适宜、酱香浓郁。

任务四 非发酵性腌制品榨菜的加工

【任务要求】

榨菜以茎用芥菜的膨大茎（俗称青菜头）为原料，经去皮、切分、脱水、盐腌、拌料等工序加工而成，是我国特产。榨菜发源于四川涪陵，迄今为止已有 100 多年的历史。最初由于在加工过程中要榨压出多余的水分，故名榨菜。通过本任务的学习，掌握榨菜加工的工艺流程和技术要点。

【工艺流程】

原料选择 → 原料剥制 → 晾晒 → 盐腌 → 修整分级 → 淘洗 → 压榨 → 去筋 → 加盐及香料 → 装坛（或罐）

【任务实施】

1 原料选择

原料应选择组织细嫩、紧实、皮薄、粗纤维少，且突起物圆钝、凹沟浅而少、呈圆球形或椭圆形、体形不太大的菜头。菜头含水量宜低于93%，可溶性固形物含量应在5%以上。品种比较好的有草腰子、三转子、鹅公苍等。目前选用多是草腰子及三转子两个新品种，产量较高，加工适性好，可溶性固形物的含量及净菜率也较高。

2 原料剥制

去除外层的硬粗皮，切块。

3 晾晒

晾晒时应将菜块的切面向外，青面向里，以利于脱水。放在通风处阴干以防褐变，需1～2周时间，得率24%～27%。在晾晒菜块时如果自然风力能保持2～3级，经过7～8 d可达到适当的脱水程度，准备进行腌制。脱水合格的干菜块用手捏时菜块周身柔软而无硬心，表面皱缩而不干枯，无霉烂斑点、无泥沙污物。

4 盐腌

下架后的干菜块立即进行腌制。加盐应采用隔层加盐法并注入少量酒精或酒，腌制一定时间后再进行第二次腌制。目前生产上都是利用菜池进行腌制，其大小规格各地不同。菜池挖在地面以下，以长、宽、深均为3 m的立方形较多见。池底与四周用砖砌好后再用水泥涂抹。

第一次腌制：先将干菜块称重入池，一层菜块一层盐，按每100 kg菜块用盐3 kg均匀撒在菜块上，池底4～5层撒盐时要预留10%的食盐作为盖面用盐，菜块装满菜池为准。池满后盖面盐，使菜块保持紧密。3 d后即可起池。起池用池内渗出的菜水边淘洗边上囤。囤高不超过1 m，同时要2～3人在囤上适当踩压，以滤去菜块上所附着的水分。经上囤24 h后即成半熟菜块，即完成第一次腌制。

第二次腌制：将第一次上囤后的菜块再过秤倾入菜池内进行第二次腌制。操作方法与第一次腌制方法相同。按每100 kg半熟菜块加盐7 kg均匀撒在菜块上，再用力压紧。池底4～5层仍需预留盖面盐10%，直至装满压紧加盖面盐，经过7 d，使食盐能渗透到菜块内部，使菜块中的水分析出。上囤 24 h 后即成为毛熟菜块，及时转入下道工序。

5 修整分级

将第二次腌制上囤后的菜块用剪刀仔细剔去菜块上的皮、叶梗基部虚边，再用小刀削去老皮，抽去硬盘，削净黑斑烂点，以不损伤青皮、菜心和菜块形态为原则。同时根据选块标准认真挑选，大菜块、小菜块及碎块分别堆放。

6 淘洗

将修整分级的菜块，分别用澄清的腌菜盐水经人工或机械进行淘洗，以除净菜块上的泥沙污物。淘洗切忌使用普通水或变质的菜盐水，以免冲淡菜块的含盐量或带入杂菌给菜块带来不良的风味，影响榨菜的品质。

7 压榨

淘洗后放入竹包中施压，约经一夜，水分降低约 50%。如未经淘洗水分含量少者，可不经压榨。

8 去筋

菜头压榨适度后，除去表皮残留的粗皮叶柄等物。

9 加盐和香料

将去筋后的菜块按每 100 kg 大块 6 kg、小块 5 kg、碎块 4 kg 的用盐量，辣椒粉 1.1 kg，花椒 0.03 kg，混合香料 0.12 kg，置于菜盆内充分拌和。混合香料的比例不得任意增减。食盐、辣椒粉、花椒粉、香料粉等要事先混合拌匀后再撒在菜块上，使每块菜都均匀粘满配料，立即进行装坛。每次拌和菜以 400 kg 为宜，装坛时因加入食盐，故称为第三次腌制。

10 装坛(或罐)

刚拌料装坛的菜块，其色泽、鲜味和香气的特点还未完全形成。经过存放后熟一段时间，才出现良好的品质，一般榨菜后熟期至少需 2 个月，时间长品质会更好。良好的榨菜应保持良好品质达一年以上。

装坛后宜放在阴凉干燥的地方储存后熟，每隔 1～1.5 个月要进行一次敞口清理检查，称为清口，清口 2～3 d 后，坛内的发酵旺盛期已基本结束，但还有微弱的发酵，用水泥封口时留一个小孔，完全密封将会有破裂的危险。

【任务评价】

榨菜应色泽正常，具其固有的鲜香口味和气味，质地脆嫩，无杂质。

【师徒共研】

腌制蔬菜上长膜

腌制过程中容器密封不好，造成酵母菌繁殖，使酸度迅速下降。常见在腌渍液表面生长一层灰白色或乳黄色具有皱纹的膜状物，是由产膜酵母菌及伪酵母菌等所引起。在表面生成乳白色而光滑的薄膜是由酒花酵母活动所引起。这些是好气性微生物活动，能够氧化糖分、乙醇、醋酸及乳酸等而生成 CO_2 及 H_2O，对制品的质量有不利影响。

防治方法：

(1)要将产品捣紧压实。

(2)用清水或淡盐水没过原料。

(3)长出膜的产品用香辛料、芥籽油、大蒜、洋葱等进行处理，可抑制酵母菌的活动。

【知识链接】

1 蔬菜腌制品的分类

蔬菜腌制是利用有益微生物活动的生成物以及各种配料来加强成品的保藏性，利用溶液的高渗透压抑制有害微生物的生命活动，抑制腐败菌生长，防止食品腐败变质，保持食用品质的一种保藏方法。

我国蔬菜腌制品的品种繁多，各具特色，有不少名特产品，不但国内驰名，而且远销国外。如北京冬菜、酱菜，扬州酱菜，镇江酱菜，涪陵榨菜，云南大头菜，萧山萝卜干等，深受消费者欢迎。蔬菜腌制品种类很多，分为发酵性腌制品和非发酵性腌制品两大类。

1.1 发酵性腌制品

发酵性腌制品腌渍时食盐用量较低，在腌制过程中有显著的乳酸发酵现象，利用发酵产物乳酸、食盐和香辛料等的综合作用，来保藏蔬菜并增进其风味。根据腌渍方法和产品状态，可分为干态发酵腌渍品和湿态发酵腌渍品两类。

(1)干态发酵腌渍品　腌制过程不加水，先将菜体经风干或人工脱去部分水分，然后进行盐腌，自然发酵后熟而成，如榨菜、酸白菜等。

(2)湿态发酵腌渍品　用低浓度的食盐溶液浸泡蔬菜或用清水发酵而成的一种带酸味的蔬菜腌制品，如泡菜、酸黄瓜等。

1.2 非发酵性腌制品

非发酵性腌制品腌渍时食盐用量较高，产品发酵作用不明显，主要利用高浓度的食盐和香辛料等的综合作用来保藏蔬菜并增进其风味。非发酵性腌制品可分为以下 4 种。

(1)盐渍品　用较高浓度的盐溶液腌渍而成。

(2)酱渍品　通过制酱、盐腌、脱盐、酱渍过程而制成。

(3)糖醋渍品　将蔬菜浸渍在糖醋液内制成,如糖醋蒜。

(4)酒糟渍品　将蔬菜浸渍在黄酒酒糟内制成,如糟菜。

蔬菜腌制品的分类除上述方法外,还有由中国微生物学会酱腌菜学组提出的"十类法",此法将我国的酱腌菜分为十类,包括酱渍菜类、酱油渍菜类、湿态腌菜类、半干态腌菜类、干态腌菜类、糖醋渍菜类、虾油渍菜类、辣味菜类、酒糟渍菜类、菜脯类。

2　蔬菜腌制的原理

蔬菜的腌制主要是利用食盐的高渗透压作用、微生物的发酵作用、蛋白质的分解作用以及其他一系列的生物化学作用,抑制有害微生物的活动,并增加产品的色香味。

2.1　食盐在腌制过程中的作用

食盐在腌制过程中所起的作用概括起来可分为高渗透压作用、抗氧化作用、降低水分活度作用。

2.1.1　食盐的高渗透压作用

食盐溶液具有高渗透压。一般细菌细胞液的渗透压仅有 350～1 670 kPa。1%的食盐溶液可以产生 610 kPa 的渗透压,15%～20%的食盐溶液可以产生 9 000～12 000 kPa 的渗透压。通常蔬菜用的盐水浓度为 4%～15% (2 470～9 270 kPa)。当食盐溶液渗透压大于微生物细胞渗透压时,微生物细胞内水分外渗而使其脱水,最后导致原生质和细胞壁发生质壁分离,从而使微生物活动受到抑制,甚至会由于生理干燥而死亡。所以利用食盐溶液的高渗透压作用能起到良好的防腐效果。另外,食盐溶液中的一些 Na^+、K^+、Ca^{2+}、Mg^{2+} 等离子在浓度较高时也会对微生物发生生理毒害作用。

不同种类的微生物具有不同的耐盐能力(表 5-1)。一般来说,对腌制品有害的微生物,则对食盐的抵抗能力较弱。霉菌和酵母菌对食盐的耐受力比细菌大很多,而酵母菌的抗盐性最强。溶液的 pH 越低,则微生物对食盐的耐受性也越低。例如,酵母菌在溶液 pH 为 7 时,对食盐的最大耐受浓度为 25%;但当溶液的 pH 降至 2.5 时,即溶液具有很显著的酸味时,14%的食盐浓度就可抑制其活动。高浓度的食盐虽然对抑制各种菌类的活动有利,但若过高会使蛋白质的分解作用减慢,使制品的后熟期相应地延长,同时味道太咸影响口感和风味。一般腌制品中食盐浓度在 10%左右,12%以上就会显著延缓蛋白质的分解速度。

表 5-1　几种微生物能忍耐的最大食盐浓度

菌种名称	食盐浓度/%	菌种名称	食盐浓度/%
植物乳杆菌	13	肉毒杆菌	6
短乳杆菌	8	变形杆菌	10
发酵菌	8	醛酵母	25
甘蓝酸化菌	12	霉菌	20
大肠杆菌	6	酵母菌	25

2.1.2 食盐的抗氧化作用

在食盐溶液中，由于氧的溶解度大大降低而形成的缺氧环境对需氧型微生物产生一定的抑制作用。同时在食盐的作用下蔬菜腌制品中的水分渗出，可溶性固形物含量增加，使蔬菜组织中的含氧量降低，有效抑制了蔬菜组织中化学成分的氧化。

2.1.3 食盐的降低水分活度作用

食盐溶液浓度越高，水分活度就越小。其原理是食盐溶于水中，其中的 Na^+ 与水发生水合作用，减少了溶液中自由水的含量。水分活度越小，就意味着溶液(食品)中的水分可以被微生物利用的程度越少，微生物的活动就受到抑制。

蔬菜腌制工艺中，确定腌制液中食盐的最佳浓度、掌握用盐量、控制蔬菜组织与腌渍液内可溶性固形物浓度达到渗透平衡所需的时间、采用合理的分批加盐方法是非常重要的，是保证腌制品质量的关键。

2.2 腌制过程中微生物的发酵作用

发酵性腌制品在腌制过程中其发酵作用比较明显，而非发酵性腌制品，发酵作用较弱，甚至不存在。在腌制过程中，微生物的发酵种类是多种多样的。常见的发酵形式有乳酸发酵、酒精发酵和醋酸发酵。

2.2.1 乳酸发酵

1. 乳酸发酵类型

乳酸菌将原料中的糖分分解生成乳酸及其他物质的过程称为乳酸发酵。一般认为，凡是能产生乳酸的微生物都可称为乳酸菌。一般发酵性蔬菜腌制品都有乳酸发酵过程。乳酸菌一般以单糖(葡萄糖、果糖等)和双糖(蔗糖、麦芽糖等)为原料，主要生成物为乳酸。最适温度为 25～32℃，多为杆菌和球菌；常见的乳酸菌有植物乳杆菌、德氏乳杆菌、肠膜明串珠菌、短乳杆菌、小片球菌等，根据发酵生成产物的不同可分为：

(1)正型乳酸发酵　又称同型乳酸发酵，总反应式如下：

$$C_6H_{12}O_6\text{(单糖)} \xrightarrow{\text{正型乳酸发酵}} 2CH_3CHOHCOOH\text{(乳酸)}$$

这种乳酸发酵只生成乳酸，而且产酸量高。参与正型乳酸发酵的有植物乳杆菌和乳酸片球菌等，在合适条件下可积累乳酸量达 1.5%～2.0%。

(2)异型乳酸发酵　是发酵六碳糖产生乳酸及其他产物的过程。例如，肠膜明串珠菌发酵糖除生成乳酸外，还生成乙醇和二氧化碳。

$$C_6H_{12}O_6 \xrightarrow{\text{异型乳酸发酵}} CH_3CHOHCOOH + C_2H_5OH\text{(乙醇)} + CO_2\uparrow$$

蔬菜腌制前期，由于蔬菜内含有空气，并存在大量微生物，使异型乳酸发酵占优势，中后期以正型乳酸发酵为主。

2. 影响乳酸发酵的因素

腌制品是以乳酸发酵占主导地位的，如何充分利用好乳酸菌，从而达到保藏产品，提高质量的目的，必须满足乳酸菌生长所需要的环境条件。影响乳酸发酵的因素很多，主要有以下几个方面。

(1)食盐浓度　食盐溶液可以起到防腐作用，对产品的风味有一定的影响，更影响到乳酸菌的活动能力。经过实验证明，随食盐浓度的增加乳酸菌的活动能力下降，产生乳酸量减少。在3%～5%的盐水浓度时，发酵产酸量最为迅速，乳酸生成量多。浓度在10%时乳酸发酵作用大为减弱，乳酸生成较少。浓度达15%以上时，发酵作用几乎停止。腌制发酵性制品一定要把握好食盐的用量。

腌制中用盐的计算方法：

①用盐水腌制

$$S=P(Y+W)/100-P$$

式中：S——100 kg 原料应加入干盐量。

P——预定腌制后蔬菜组织中食盐浓度所达百分率。

Y——原料含水量。

W——腌菜100 kg所预计加入清水量。

②用干盐腌制

$$S=PY/100-P$$

(2)温度　乳酸菌的生长适宜温度是26～30℃，在此温度范围内，发酵快，产酸高。但此温度也利于腐败菌的繁殖，因此，发酵温度最好控制在15～20℃，使乳酸发酵更安全。

(3)酸度　微生物的生长繁殖均要求有一定的pH，如表5-2所示。乳酸菌较耐酸，在pH 3时不能生长，霉菌和酵母虽抗酸，但缺氧时不能生长。因此发酵前加入少量酸卤水，并注意密封，可减少制品的腐败和变质。

表5-2　几种主要微生物发育的最低pH

种类	腐败菌	丁酸菌	大肠杆菌	乳酸菌	酵母	霉菌
最低pH	4.4～5.0	4.5	5.0～5.5	3.0～4.4	2.5～3.0	1.2～3.0

(4)空气　乳酸发酵需要在嫌气条件才能正常进行，这种条件能抑制霉菌等好气性腐败菌的活动，也能防止原料中维生素C的氧化，所以在腌制时，要压实密封，还应注意盐水腌没原料以隔绝空气。

(5)含糖量　乳酸发酵是将蔬菜原料中的糖转变成乳酸。1 g糖经过乳酸发酵可生成0.5～0.8 g乳酸，一般发酵性腌制品中含乳酸应为0.7%～1.5%。蔬菜原料中的含糖量常为1%～3%，基本可满足发酵的要求。有时为了促使发酵作用，发酵前可加入少量糖。

2.2.2 酒精发酵

蔬菜腌制过程中的酒精发酵很微弱。酒精发酵是由于蔬菜上附着的酵母菌，如鲁氏酵母、圆酵母等将糖分解成乙醇而引起的。同时蔬菜原料在腌制初期被盐水淹没时所引起的无氧呼吸也可生成微量的乙醇。其反应式如下：

$$\underset{\text{葡萄糖}}{C_6H_{12}O_6} \longrightarrow \underset{\text{乙醇（酒精）}}{2CH_3CH_2OH} + 2CO_2\uparrow$$

少量乙醇的产生，对腌菜并无不良影响，反而有助于提高腌制品的品质风味，在酸性条件下，乙醇与有机酸发生酯化反应，产生酯香味，这些酯香味对产品的风味影响是很大的。

2.2.3 醋酸发酵

在蔬菜腌制过程中还有微量醋酸形成。醋酸发酵是指醋酸菌在有氧条件下氧化乙醇而生成乙酸。其反应式如下：

$$\underset{\text{乙醇}}{2CH_3CH_2OH} + O_2 \longrightarrow \underset{\text{醋酸}}{2CH_3COOH} + 2H_2O$$

蔬菜腌制中极少量的醋酸不但无损于产品的品质，反而对产品的保藏是有利的。但含量过多时，会使产品具有醋酸的刺激味，使腌制品质量下降。醋酸菌是好气性微生物，由于过多的醋酸会影响腌制品的质量，生产上应注意保持腌制环境的厌氧条件，以防止过量醋酸的产生。蔬菜腌制过程中微生物的发酵作用，乳酸发酵是主体，其次为酒精发酵，醋酸发酵极微量。

2.3 腌菜的色、香、味与脆性

2.3.1 色素的变化与色泽的形成

1.蔬菜中的天然色素及其变化

蔬菜中常见的天然色素有三类，分别是叶绿素、花青素和类胡萝卜素。

(1)叶绿素　叶绿素在酸性环境中，易失去绿色变成褐色或绿褐色，而在碱性环境中比较稳定。蔬菜腌制时酸性菜水会使叶绿素破坏，失去原有的鲜绿色。

(2)花青素　受酸碱性的影响，花青素的颜色呈现酸红、碱蓝、中紫的特征，此外腌制过程中，分解、氧化均能使花青素破坏而失去原有颜色。

(3)类胡萝卜素　包括胡萝卜素、茄红素等，它们的性质比较稳定，腌制过程中不易变色。

2.褐变引起的色泽变化

蔬菜腌制过程中，腌渍物的色渐渐加深，成为黄色或黑褐色。主要的褐变类型有两个方面。

(1)酪氨酸褐变　属于酶促褐变，酪氨酸在原料组织或微生物细胞中所含的酪氨酸酶的作用下,经过一系列的氧化作用,生成深黄褐色或黑褐色的黑色素,又称为黑蛋白。

(2)美拉德反应　指含氮物质如氨基酸与糖类物质之间发生的反应,属于非酶促褐变,最终产物为黄褐色物质。反应过程中的中间产物还可赋予腌制品一定的香气。

3.外来色素的影响

这是由于物理的吸附作用引起的,加入适量的色素有利于提高产品的品质,但若使用大量的化学合成色素对人体健康是有害的。

2.3.2　香气与滋味的变化

1.鲜味的形成

蔬菜原料中蛋白质在酶的作用下分解生成各种氨基酸。一般的氨基酸都具有一定的鲜味,各种蔬菜的氨基酸含量经腌制后都有不同程度的提高,如榨菜成熟时氨基酸含量按干物质计算为1.8～1.9 g/100 g,而在腌制前只有1.2 g/100 g左右,提高60%以上。

腌制品中鲜味的主要来源是谷氨酸与食盐作用生成谷氨酸钠,榨菜在后熟前后所含谷氨酸的量是不同的,按干物质计算谷氨酸占氨基酸总量,成熟前为18%,而经后熟可上升到31%。另一种鲜味物质天冬氨酸占氨基酸总量11%,这两种鲜味物质占氨基酸总量40%以上。据试验,0.1%的谷氨酸钠水溶液就有鲜味,榨菜所含谷氨酸钠超过此限,因而鲜味极浓。

蔬菜腌制品中不只含有谷氨酸,据分析,榨菜中所含氨基酸达17种之多,这些氨基酸又可生成相应的钠盐,因此腌制品鲜味超过单纯谷氨酸钠。

2.香味的形成

香味的来源主要有以下几个方面:

(1)酯化反应,原料中的有机酸或氨基酸与发酵产生的酒精进行酯化反应,能产生乳酸乙酯、醋酸乙酯、氨基丙酸乙酯等芳香性物质。

(2)氨基酸与戊糖或甲基戊糖的还原产物4-羟基戊烯醛作用,生成含有氨基醛类的香味物质。

(3)双乙酰和乙偶姻的形成,使腌菜产生特殊的香气。在腌制过程中,乳酸菌类将糖发酵生成乳酸的同时,还生成具有芳香的双乙酰。

(4)芥菜籽苷香气,芥菜是腌制品的主要原料,芥菜中含有芥菜籽苷,具有一定的香气。当原料在腌制时搓揉或挤压使细胞破裂,则黑芥籽苷在黑芥籽苷酶的作用下分解,产生一种气味芳香而又带有刺激性气味的芥籽油。

此外,在腌制品中加入各种不同的香料及调味品,也可带来各种不同香质,增加香味。

2.3.3　脆性的变化

脆性是腌制品的重要质量指标之一。制作良好的腌菜一般都保持较好的脆性。蔬菜的脆性主要与细胞的膨压和细胞壁中的原果胶成分的变化有关。只有当果胶以原果胶或与金属离子结合成不溶性的果胶酸盐的形式存在时,蔬菜才能保持较好的脆性。

腌制过程中防止原果胶分解是保持蔬菜脆性的主要手段，具体方法有以下几个方面。

(1)正确选择原料　选择成熟适度，脆嫩而无病虫害的蔬菜原料。

(2)硬化处理　腌制前或腌制中进行硬化处理，使蔬菜原料中的可溶性果胶与金属离子结合形成不溶性的果胶酸盐，以保持腌菜的脆性。

(3)抑制微生物　正确控制腌制条件，抑制微生物的活动，防止微生物对腌菜脆性的破坏。

2.4　蔬菜腌制与亚硝酸胺

N-亚硝基化合物是指含有亚硝基的化合物，是一类致癌性很强的化合物。按其结构可分N-亚硝胺、N-亚硝基脲、N-亚硝基酰胺。N-亚硝基化合物在动物体内、人体内、食品中以及环境中，均可由其前体物质胺类、亚硝酸盐及硝酸盐合成。此种化合物作用于胚胎，则发生致畸性；如作用于基因，则发生突变，遗传给下一代；作用于体细胞则会发生癌变。

合成亚硝基化合物的前体物质能在各种食品中发现，尤其在质量较差、不新鲜或是加过硝酸盐、亚硝酸盐保存的食品中。一些蔬菜如萝卜、大白菜、芹菜、菠菜中含有大量硝酸盐，可经酶或细菌作用还原成亚硝酸盐，提供了合成亚硝基化合物关键的前体物质。

据分析，硝酸盐含量在各类蔬菜中是不同的。叶菜类大于根菜类，根菜类大于果菜类。新鲜蔬菜腌制成咸菜后，其硝酸盐的含量下降，而亚硝酸盐的含量上升。新鲜蔬菜亚硝酸盐含量一般在0.7 mg/kg，而咸菜、酸菜的亚硝酸盐含量可上升至13～75 mg/kg，这是腌制中必须重视的问题。

据研究，在蔬菜腌制中，亚硝酸盐含量随着食盐浓度不同而有所差异。通常在5%～10%食盐溶液中腌制，会形成较多的亚硝酸盐。腌制过程中温度状况会明显影响亚硝基化合物峰值(可称亚硝峰)出现的时间、峰值的水平及全程含量。在较低温度下腌制，亚硝峰形成慢，但是峰值高，持续时间长，全程含量高。亚硝酸盐含量主要聚集在高峰持续期。在腌白菜时，高峰持续19 d，亚硝酸盐含量占全程总量98%。研究还发现亚硝酸盐含量与蔬菜腌制时的含糖量成负相关。这些研究都为腌制工艺提供了科学依据。食用腌菜需要避开亚硝峰的高峰期。

项目六
果酒酿造制品的加工

知识目标

1. 了解果酒酿造的原理。
2. 掌握红葡萄酒、白葡萄酒酿造工艺流程及操作要点。
3. 掌握果酒酿造中常见质量问题及解决途径。

技能目标

1. 能够正确、安全地进行果酒酿造。
2. 能够准确地对果酒制品进行感官评价,根据产品缺陷判断原因,并提出解决方案。

德育目标

通过对葡萄酒的学习,让学生了解葡萄酒文化,增加生活常识,丰富餐桌文化和礼仪。

任务一 红葡萄酒的酿造

【任务要求】

1. 能够掌握红葡萄酒酿造的基本原理。
2. 能够准确判断红葡萄酒酿造中出现的问题,并能采取措施予以解决。

【工艺流程】

葡萄 → 采收 → 分级、挑选 → 破碎、除梗 → 成分调整 → 发酵 → 压榨过滤 → 后发酵 → 陈酿 → 调配 → 过滤 → 包装杀菌 → 成品

【任务实施】

1 品种选择

选择含糖量高,并含有一定量有机酸的品种。有机酸在果酒酿造中有促进酵母菌繁殖,抑制腐败细菌生长的作用,还可增加酒香和风味,促进果中色素溶解,使果酒具有鲜丽色泽。用于酿造红葡萄酒的主要品种有赤霞珠、品利珠、佳丽酿、增芳德、梅鹿辄、法国蓝等。

2 原料准备

原料品种葡萄、葡萄破碎机、果汁分离机、果汁压榨机、高速离心机、发酵罐、贮酒罐。

3 破碎、除梗

葡萄采收后,挑出霉烂果及成熟度差的果,选充分成熟的葡萄进行清洗。用破碎机将果粒压碎,不宜太细,用压榨机或搅笼压榨,只破碎果肉,不伤及种子和果梗,使用搅笼时要调整速度。籽粒挤碎会使制成的酒带有涩味或异味。破碎便于榨汁,利于酵母与果汁的接触,利于红葡萄酒色素的浸出,易于二氧化硫的均匀利用和物料的运输等。破碎的葡萄不能与铁铜接触,防止这些金属溶于酒中引起破败病。

破碎后的原料要立即将果浆与果梗分离,除梗可防止因果梗中苦涩物质增加酒的苦味,还可减少发酵体积,便于运输。制红葡萄酒用果肉果皮一起发酵。

4 成分调整

4.1 糖分调整

一般果实含糖量为5%~23%,在发酵旺盛期,加蔗糖来补充糖分,调整糖分要以发酵后的酒精含量作为主要依据,生产上一般1 L果汁的加糖量可用230~240 g减去果汁原含糖

诗词赏析

"葡萄美酒夜光杯,欲饮琵琶马上催。醉卧沙场君莫笑,古来征战几人回?"

——唐·王翰《凉州词》

甘醇的葡萄美酒盛满在精美的夜光杯之中,欢快的琵琶声助兴催饮,想到即将跨马奔赴沙场杀敌报国,战士们个个豪情满怀。

量来计算。加糖时，应将糖先溶于部分果汁中，再加入大量果汁里。同时结合酸分含量情况，如酸分含量过高，则制成糖浆加入；反之，宜加干糖，且要充分搅拌，溶解。生产上酿造高浓度的葡萄酒常用分次加糖法，因葡萄酒发酵要求含糖量不宜超过24%，所以每次加糖量不宜过多，可分2～3次加入。即先加适量的糖，以适应酵母旺盛的繁殖发酵，等发酵降低了糖浓度后，再加剩余的糖。世界上很多葡萄酒生产国家，不允许加糖发酵，或限制加糖量。葡萄含糖量低时，只添加浓缩葡萄汁。

4.2 酸度调整

酸可抑制细菌生长繁殖，可使葡萄酒颜色鲜明，酒味清爽，有柔软感，与醇生成酯，增加酒的芳香，增加酒的贮藏性和稳定性。葡萄酒发酵要求酸度为6 g/L，pH 3.3～3.5。提高酸度的方法：添加未熟的葡萄压榨汁、酒石酸和柠檬酸，以酒石酸为好。加酸时，先将葡萄汁与酸混合，缓慢均匀地加入葡萄酒中，并搅拌均匀。操作中不可使用铁质容器。降低酸度的方法：添加碳酸钙等降酸剂。1 L汁液中加1 g碳酸钙，可降低酸度(以硫酸计)为1 g/L。

4.3 含氮物质调整

酵母菌繁殖需一定量氮素物质。汁液中含氮量在0.1%以上，就能满足需要。含氮量较低的果汁，可在发酵前加入0.05%～0.1%的磷酸铵或硫酸铵。

4.4 添加二氧化硫

在葡萄除梗破碎后入发酵罐时立即加入，并且一边装罐一边加入二氧化硫。加入量：无破损、霉变、成熟度中等、含酸量高，一般用量为30～50 mg/L；无破损、霉变、成熟度中等、含酸量低，一般用量为50～80 mg/L；破损、霉变，一般用量为80～150 mg/L。二氧化硫在酒中的作用为杀菌、澄清、抗氧化、增酸、利于色素和单宁的溶出、使风味变好。

5 酒精发酵

5.1 酒母的制备

酒母即经三次扩大培养后加入发酵醪的酵母液。

(1)试管培养　于发酵前10～15 d取新鲜、澄清果汁，分装于洁净、干热灭菌试管中，装量为1/4，常压沸水杀菌1 h，冷却。常温无菌下，接入活化好的固体斜面酵母菌种，25～28℃恒温培养24～48 h。

(2)三角瓶培养　500 mL三角瓶中装入1/2新鲜果汁，灭菌接入试管酵母液2支，于25～28℃恒温培养22～24 h。

(3)卡氏罐培养　取洁净10 L卡氏罐加入新鲜澄清的果汁6 L，常压杀菌1 h，冷却后加入亚硫酸，使其二氧化硫含量达80 mg/L。24 h后接入2个三角瓶培养酵母，摇匀，25～28℃恒温培养，到发酵旺盛。

(4)酒母罐培养　用200～300 L带盖木桶或不锈钢罐培养酒母。容器经硫黄烟熏杀菌，4 h后桶中装入容量80%的12°～14°的葡萄汁，添加1～2个卡氏罐培养酵母，25～30℃

下培养 24～48 h,即可作为生产用酒母。此酒母用量为 2%～10%。

5.2 发酵及管理

酒的发酵过程分前发酵(主发酵)与后发酵两过程。将发酵醪送入发酵容器到新酒出桶的过程为前发酵;分离后的新酒,由于酒液与空气接触,酵母又得到复苏,在贮存中,酵母将酒液中的残糖进一步发酵以提高酒精浓度,这一过程称为后发酵。

5.2.1 入发酵池

果汁经糖酸调整后装入发酵池,充满系数 75%～80%为宜,以防发酵旺盛时汁液外溢,采用密闭式发酵。安装发酵栓便于二氧化碳逸出和阻止空气进入。发酵池内装有沉没酒帽的隔板。接入酒母即开始发酵。

5.2.2 前发酵(主发酵)

它包括酵母繁殖期和酒精生成期。前发酵是酿酒发酵的主要阶段。果汁经前发酵变成了果酒。

(1)酵母繁殖期　发酵之初,液面平静,随着有微弱的二氧化碳气泡产生,发酵开始。而后酵母繁殖加快,二氧化碳逸出增多,温度升高,发酵进入旺盛期。

酵母繁殖期管理上主要是控温。最适温度应控制在 20～30℃,每天应观测品温 3 次、注意发酵过程中及时测定糖分、酒度和酸度,作为发酵情况的控制依据。同时注意空气供给,促进酵母繁殖。

(2)酒精生成期　此时甜味渐减,酒味渐增,皮渣上升在液面结成浮渣层,当品温升到最高时,酵母细胞数保持一定。随后,发酵液气泡减少,液体比重下降到 1°左右,发酵势减弱,二氧化碳释放减少,液面接近平静,品温下降近室温。此时,糖分大部分已转变成酒精,完成主发酵。

酒精生成期管理主要控制品温在 30℃以下,不断翻汁,破除酒帽。主发酵结束后,及时将酒液虹吸或用泵抽出,也可通过筛网流出,即为原酒。此工序很重要,可防止糖苷类物质、单宁溶于酒中,造成果酒的涩味,影响品质。

5.2.3 后发酵

前发酵结束后,应及时出桶。将不加压自行流出的酒即自流酒与压榨酒渣最初得到的 2/3 压榨酒混合,转入消过毒的贮酒桶,装入量为容积的 90%左右,酒中剩的少量糖 (1°左右),在后发酵中进一步转化为酒精。如原酒中酒精浓度不够,应补充一些糖分。后发酵仍在密闭容器中进行,装上发酵栓,糖分下降到 0.1%～0.2%,已无二氧化碳放出,后发酵便完成,将发酵栓取下,用同类酒添满,加盖密封。待酵母、皮渣全部下沉后,及时换捅,分离沉淀,转入陈酿。

后发酵管理上控制温度在 20℃左右,经 15～20 d,后发酵完成。

6 陈酿

陈酿目的是使果酒清亮透明,醇和可口,有浓郁纯正的酒香。陈酿酒桶都应装发酵栓,防止外界空气进入。陈酿酒桶应装满酒，随时检查，及时添满，以免好气性细菌增殖，造成果酒病害。一般陈酿两年开始成熟。陈酿中要多次进行换桶。及时清除不溶解的矿物质、蛋白质及其他残渣在贮藏中产生的沉淀。

6.1 贮存环境条件

一般应放置在温度为10～15℃，相对湿度为85%左右的地下室或酒窖中，贮存环境空气新鲜，无异味和二氧化碳积累。

6.2 贮存中的管理

1. 添桶

用同批葡萄酒添满容器，随时保证贮酒桶内的葡萄酒装满。防止葡萄酒氧化和被外界的细菌污染。

2. 换桶

将酒从一个容器换入另一个容器。目的是加速酒的成熟；调整酒内溶解氧的含量，避免出现二氧化碳饱和现象；清除酒脚，加速酒的成熟。换桶次数和时间因酒质而定，酒质较差需提前换并增加次数。第一次换桶时间在当年的12月底到次年元月。第二次换桶在第二年春季的2～3月，第三次在秋季8月，第四次在冬季。以后根据情况每年换2次或2年一次，在春季或冬季进行，换桶应选择无风低温时进行。

7 果酒澄清

果酒在陈酿过程中进行澄清。采用自然澄清或加胶过滤方法除去果酒中的悬浮物。加胶澄清方法有以下几种。

7.1 加明胶

果酒中加明胶0.1～0.15 g/L，单宁0.08～0.12 g/L，用少量酒将单宁溶解，加入搅匀。白明胶用冷水浸泡12～14 h，除腥味，然后除去浸泡水，重新加水，用微火加热或水浴加热溶解，再加5～6 L果酒搅匀，倒入酒桶，静置8～10 d，过滤。此法适用于苹果酒的澄清。

7.2 加鸡蛋清

100 L果酒加2～3个蛋清，每加蛋清一个，添加单宁2 g。用少量果酒溶解单宁，倒入桶内充分搅匀，经12～24 h后，将打成沫状的蛋清，用少量果酒搅匀，加入陈酿酒中。静置8～10 d，即可澄清。

7.3 加琼脂

先将琼脂浸泡3～5 h，然后用少量水加热溶化，按1%～5%的浓度稀释，加热至60～70℃，倒入酒中，充分搅匀，静置8～10 d，过滤。每100 L果酒用琼脂5～45 g。适于杏酒、李酒的澄清。

8 成品调配

成品调配包括勾兑和调整。勾兑是选择原酒，并按适当比例混合。目的是使不同品质酒取长补短。调整是对勾兑酒的某些成分进行调整或标准化。调整指标主要有酒度、糖分、酸分、颜色。调配后再经过一段贮藏去“生味”,使成品醇和、芳香、适口。

8.1 酒度

原酒的酒精度若低于产品标准,用同品种高度酒调配,或用同品种葡萄蒸馏酒调配。

8.2 糖分

糖分不足,用同品种浓缩果汁或精制砂糖调整。

8.3 酸分

酸分不足,加柠檬酸补充,1 g 柠檬酸相当于 0.935 g 酒石酸,酸性过高,用中性酒石酸钾中和。

8.4 颜色

红葡萄酒若色调过浅,可用深色葡萄酒或糖色调配。

9 过滤

过滤是葡萄酒生产中常见的澄清方法。一般过滤可采用纸板过滤机或无菌过滤器完成。

10 包装、杀菌

装瓶前进行果酒成熟度的测定,即将果酒装入消毒的空瓶中,盛酒一半,塞住瓶口,在常温下对光保持一周。如不发生混浊或沉淀便可装瓶。

葡萄酒常用玻璃瓶包装,优质葡萄酒配软木塞封口。装瓶时,空瓶先用 30～50℃、2%～4%碱液浸泡,再用清水冲洗后用亚硫酸溶液冲洗消毒。

杀菌有装瓶前杀菌和装瓶后杀菌。装瓶前杀菌是将酒经快速杀菌器杀菌,90℃、1 min 杀菌后迅速装瓶密封;装瓶后杀菌是将酒先装瓶适量,再经 60～70℃、10～15 min 杀菌。对 16°以上的干葡萄酒及含糖 20%以上、11°以上的甜葡萄酒,可不杀菌。16°以下的需杀菌,杀菌温度为 60～70℃,时间 10～15 min。

对光检验酒中是否有杂质,装量是否适宜,合格后贴标装箱。

【案例】

1 家庭自酿葡萄酒

1.1 原料选择

在葡萄大量上市的季节,选择熟透的深色葡萄,以含糖量高和风味好的为首选。原料质量必须新鲜,杂菌少。因初期酒精少,杂菌可大量繁殖,影响成酒质量。糖用砂糖和冰糖均可。

1.2 工具准备

容器采用适当容积的不锈钢或玻璃罐均可，市售专用葡萄酿酒罐最好。玻璃瓶可观察内部发酵情况，为防止白藜芦醇见光分解，可因地制宜进行遮光。过滤、搅拌用具、洗盆、量程到100℃的温度计。各种用具必干净无油，最好再用75%酒精擦拭消毒，晾干备用。

1.3 原料处理

1.清洗

选择新鲜葡萄原料，去掉腐烂变质、坏粒，清洗。为了去掉残存农药，建议用1%的淡盐水浸泡10 min。由于自酿葡萄酒利用的是葡萄自身表面的酵母菌，清洗时要保护好表面白霜。

2.去梗

晾干后葡萄珠带梗剪下，梗中含有单宁，梗的多少决定葡萄酒的风味，一般稍带即可。也可剪后再洗净、晾干，也可不带梗。

3.破碎

破碎方法可灵活多样，可直接用手挤破，也可用其他干净工具压破。直接放入发酵罐中。装至2/3，盖上盖子，不要盖死。因酵母初期增殖需要氧气，后期酒精发酵产生二氧化碳需排出，还可防止果酒溢出。破碎过程中果实不应与铜、铁容器接触。

4.发酵

酵母发酵一般在22～30℃，过高过低都不利于酵母生长。原料中酵母含量不同，启动发酵时间也不同。一般12～24 h可启动，消耗葡萄自身的葡萄糖，产生气泡。此时固液会分层，需4～6 h搅拌一次，以利营养的浸提。此时主要是酵母菌的增殖，需要氧气，需开盖搅拌。发酵越来越旺盛，当发酵趋于减慢，再添加糖，进入无氧呼吸。一般比例，果∶糖＝6∶1，加糖量根据个人喜好酌情增减，原则是每升酒液产生1 mL酒精需18 g的糖。先测定葡萄自身的含糖量，结合期望酒精度，确定加糖量。建议分2～3次加入。下一次加糖可在上一次加糖后2～3 d加入。一次性加糖会由于糖的浓度过高抑制酵母菌的生长。因为即使这个比例，含糖量也在30%左右。（此处理方法是缘于酵母菌的耐糖性特征：即酵母菌在初期生长时，其耐糖性随糖浓度的升高而降低，最适糖量为18%；在30 h左右，酵母菌产生耐糖性物质，能忍耐更高的糖浓度。故在初期先不加糖，利用葡萄自身的糖进行酵母增殖，待其耐糖性增加以后，再加糖。）

5.发酵期管理

发酵初期酵母菌大量繁殖以后，开始转入无氧呼吸。此时由于酵母菌的无氧呼吸产生大量的二氧化碳，易涨破容器，故盖子不要封严。搅拌尽可能摇动容器而不是开盖搅拌，保证二氧化碳可出来而氧气不能进入。这样既有利于无氧呼吸，产生酒精，又会抑制好氧微生物的生长。经试验，旺盛发酵期在室温22℃下每天糖消耗在1%左右。当发酵器中很少有气泡，基本只剩下没有颜色的葡萄皮和籽，品尝酒液基本没有甜味时，说明酒精发酵完成。如果不希望过大的酒味，可提前结束发酵。在试验过程中发现，用盐水浸泡洗涤后相同发酵时间酒精度比不用盐水的低，而糖分高。

6.过滤

完成酒精发酵后，用虹吸法将葡萄酒汁转入另一容器，皮渣用干净的纱布过滤，滤液可与清液混合，最好单独盛装。

7.二次发酵

此时的葡萄酒汁较为浑浊，颜色较差，但喝起来已经是干红葡萄酒的味道了。在温度大于22℃时，葡萄酒一般会产生第二次发酵，二次发酵主要是苹果酸-乳酸发酵，不再产生酒精。二次发酵中会有少量洁白、细腻的泡沫上升。

8.陈酿

2～3周后，二次发酵基本完成，酒液变得清澈起来（但因没加澄清剂，不如买的酒清澈），采用虹吸法将酒液倒入其他容器，尽量装满，盖子拧死。这时的酒叫生葡萄酒，是完全意义上的干红葡萄酒了。

9.分装

分装时容器不要过大，这样，饮用时不影响其他容器中酒的陈酿。陈酿温度在17℃以下。

10.贮藏

贮藏温度要求12～15℃，通风，空气新鲜，清洁场所。

二维码6-1 果酒酿造常见质量问题教学案例

【师徒共研】

1.微生物引起的葡萄酒病害

(1)酸败 葡萄酒发病时，酒的表面产生一层灰色的膜，最初是透明的，逐渐变暗，甚至有时变成玫瑰色，并出现皱纹。而后薄膜脱离，沉入桶底，形成一种黏性的稠密的物体，但也有不生膜的。染病的酒有一种醋和醋酸酯味，有刺舌、刺喉感。

发病原因：主要是醋酸杆菌引起的，还有其他一些产生醋酸的细菌。该菌主要存在于果园中，当带皮压榨葡萄酿酒时，卫生条件不好，温度达到 20～25℃，就可繁殖，当发酵盛期温度过高，33～35℃该菌则大量繁殖，使酒变成醋。

预防方法：初病期可对酒进行 72～80℃维持 20 min 的杀菌，而后加胶剂澄清。静置后换桶去除沉淀物。

(2)酒花病　葡萄酒发病时，酒面上先生成灰白色的小点，扩大成光滑的薄膜，逐渐增厚、起褶，震动破碎下沉，使酒混浊，酒味变质。

预防方法：用二氧化硫杀菌，在酒面上经常保持一层高浓度酒精。若已经发生酒花病，过滤除去酒花，用 65～70℃杀菌 10 min。

2.霉味、苦味

(1)霉味　由于选用原料未清除霉烂果实或空桶生霉酿酒前未处理使葡萄酒产生霉味。

预防方法：严格分选原料，对空桶检查，刷洗干净。如有霉味用活性炭处理后过滤，可减轻霉味。

(2)苦味　由于种子和果梗中的糖苷带入酒中，使葡萄酒的单宁含量高。此外，发酵温度高，主发酵时间长也会造成葡萄酒的苦味。

预防方法：葡萄除梗，加糖苷酶分解糖苷，选用精制蔗糖，也可采用下胶法除去苦味，1 000 L 葡萄酒用明胶 35 g。

【知识链接】

1　果酒酿造原理

1.1　果酒酿造微生物

1.酵母菌

酵母菌是果酒酿造的主要微生物，包括尖端酵母、葡萄酒酵母、巴氏酵母。在果酒自然发酵过程中，最先繁殖的是尖端酵母，当酒精产量达到 4%以上时，尖端酵母的活动被抑制，让位于葡萄酒酵母，葡萄酒酵母又称椭圆酵母。葡萄酒酵母活动能力强、产酒精量高，可使酒精含量达到 12%～16%，最高达 17%，生香性强，抗逆性强，能在高二氧化硫含量的果汁中代谢繁殖，是完成果酒发酵的主要酵母。目前，人工筛选的葡萄酒酵母，酒精产量能达到 18%以上。果酒后发酵是由巴氏酵母完成。

我国分离选育的酵母已有 1203 号酵母，39 号酵母，玫瑰香酵母，通化 1 号、2 号、8 号酵母，苹果酒酵母。

2. 乳酸菌

乳酸菌也是果酒酿造的重要微生物，乳酸菌能把苹果酸转化为乳酸，使葡萄酒的酸涩、粗糙等缺点消失，使葡萄酒变得醇厚饱满，柔和协调；但当有糖存在时，乳酸菌易分解糖成乳酸、醋酸等，使酒的风味变坏。

1.2　酒精发酵

水果中的糖分被酵母菌发酵成为酒精的过程称为酒精发酵。

影响酒精发酵的因素主要有温度、酸度、氧气浓度、糖浓度、乙醇浓度及二氧化硫加入量。

1. 温度

酵母菌活动的最适温度是 20～30℃，20℃以上，繁殖速度随着温度升高而加快，至 30℃达到最大值，40℃停止活动。根据发酵温度的不同，可将发酵分为高温发酵和低温发酵。30℃以上为高温发酵，发酵时间短，但口味粗糙，杂醇、醋酸等含量高。20℃以下为低温发酵，发酵时间长，但果酒风味好。果酒发酵的理想温度为 25℃左右。一般红葡萄酒发酵最佳温度为 26～30℃；白葡萄酒发酵最佳温度为 18～20℃。

2. 酸度

酵母菌在 pH 2～7 范围内均可生长，pH 4～6 生长最好，发酵能力最强，但一些细菌也生长良好，因此生产中一般控制 pH 3.3～3.5 之间，此时，细菌受到抑制，酵母菌活动良好。

3. O_2 和 CO_2 浓度

酵母是兼性厌氧微生物，在氧气充足时，酵母繁殖快，酒精产量减少；而在缺氧条件下，酵母虽然繁殖慢，但酒精产量却很高。根据这一特性，在果酒酿造初期供给酵母菌充足氧气，使其大量繁殖，后期创造缺氧的环境，使其产生大量酒精，完成酒精发酵。CO_2 浓度过高时，也会阻止酒精发酵。

4. 糖分

酵母菌生长繁殖所需要的营养从果汁中获得，糖浓度影响酵母的生长和发酵，糖度为 1%～2%时，生长发酵速度最快；果汁中含糖量超过 25%，会抑制酵母菌活动；含糖量 60%以上，发酵几乎停止。因此，生产高酒度果酒时，要采用多次加糖的方法，以保证发酵的顺利进行。

5. 乙醇含量

多数酵母在乙醇达到 2%，就开始抑制发酵，尖端酵母在乙醇浓度达到 5%不能生长，葡萄酒酵母可忍受13%～15%的酒精。所以自然酿制生产的果酒不可能生产度数过高的果酒，必须通过蒸馏或添加纯酒精生产高度果酒。

6. SO_2 抑杂菌

酵母菌对二氧化硫的抵抗能力比较强，在果酒生产中使用 SO_2 进行发酵容器和发酵液的灭菌，添加二氧化硫主要是为了抑制有害菌的生长。葡萄酒酵母可耐1 g/L的二氧化硫，果汁含10 mg/L二氧化硫，对酵母无明显作用，但其他杂菌则被抑制。二氧化硫含量达50 mg/L发酵仅延迟18～20 h，其他微生物完全被杀死，二氧化硫是理想的抑菌剂。二氧化硫在果汁中加入量为100～150 mg/L。

1.3 陈酿

新酿成的果酒浑浊、辛辣、粗糙，不适宜饮用，必须经过一定时间的贮存，以消除酵母味、苦涩味、生酒味和二氧化碳刺激味等，使酒质透明、醇和芳香，这一过程称酒的陈酿或老熟。

陈酿中发生了一系列化学变化，这些变化中，以酯化反应和氧化还原反应对酒的风味影响最大。

1.3.1 酯化反应

是指酸和醇生成酯的反应。酯类物质是果酒香气的主要来源之一。在陈酿的前两年，酯的形成速度快，以后逐渐减慢。影响酯化反应的因素主要有温度、酸的种类、pH及微生物种类等。

(1)温度　在葡萄酒贮存过程中，温度越高，酯的生成量也越高，这是葡萄酒进行热处理的依据。

(2)酸的种类　有机酸的种类不同，其生成酯的速度也不同，而且酯的芳香也不同，对于总酸0.5%左右的葡萄酒来说，如通过加酸促进酯的生成，以加乳酸效果最好，柠檬酸次之，苹果酸又次之，琥珀酸较差，加酸量以0.1%～0.2%的有机酸为适当。

(3)pH　氢离子是酯化反应的催化剂，因此pH对酯化反应的影响很大，同样条件下，pH降低1个单位，酯的生成量增加1倍。

(4)微生物种类　微生物种类不同，生成的酯的种类和数量有一定差异。

1.3.2 氧化还原反应

氧化还原反应是果酒加工中重要的反应，直接影响到产品的品质。因为氧化还原反应可以通过酒中的还原性物质去除酒中游离氧的存在，还可以促进一些芳香物质的形成，对酒的芳香和风味影响很大。

2 果酒的分类

根据酿造方法和成品特点不同，果酒分五类。

2.1 发酵果酒

用果汁或果浆经酒精发酵酿造而成，如葡萄酒、苹果酒。根据发酵程度不同，又分为全发酵果酒与半发酵果酒。

2.2　蒸馏果酒

果品经酒精发酵后，再经蒸馏所得到的酒，如白兰地、水果白酒等。蒸馏果酒酒精含量较高，多在40%以上。

2.3　配制果酒

是将果实或果皮、鲜花等用酒精或白酒浸泡提取或用果汁加酒精、糖、香精、色素等食品添加剂调配而成。又叫露酒。

2.4　加料果酒

以发酵果酒为基础，加入植物性增香物质或药材而制成。如人参葡萄酒、鹿茸葡萄酒等。此类酒因加入香料或药材，往往有特殊浓郁的香气或滋补功效。

2.5　起泡果酒

酒中含有二氧化碳的果酒。如香槟、小香槟、汽酒。香槟是以发酵葡萄酒为酒基，再经密闭发酵产生大量的二氧化碳而制成。小香槟酒中二氧化碳由发酵产生或人工充入二氧化碳制成。汽酒中二氧化碳由人工充入。

3　葡萄酒的分类

二维码 6-2　葡萄酒分类微课

果酒中以葡萄酒的产量和类型最多。

3.1　按成品酒的颜色分类

(1)红葡萄酒　用红葡萄带皮发酵酿造而成。酒色呈自然深宝石红、宝石红、紫红或石榴红色。

(2)白葡萄酒　用白葡萄或红皮白肉的葡萄分离取汁发酵酿造而成。酒色近似无色或浅黄微绿、浅黄、淡黄、禾秆黄色。

(3)桃红葡萄酒　用红葡萄短时间浸提或分离发酵酿造而成。酒色介于红、白葡萄酒之间，呈玫瑰红、桃红、浅红色。

3.2　按含糖量分

(1)干葡萄酒　　含糖量≤4.0 g/L(以葡萄糖计)。

(2)半干葡萄酒　含糖量 4.1～12.0 g/L。

(3)半甜葡萄酒　含糖量 12.1～50.0 g/L。

(4)甜葡萄酒　　含糖量≥50.1 g/L。

3.3　按酿造方式分

(1)天然葡萄酒　完全用葡萄为原料发酵而成。

(2)加强葡萄酒　在发酵期间或原酒中，添加白兰地或脱臭酒精以提高酒精度。

(3)加香葡萄酒　以葡萄原酒浸泡芳香植物，再经调配而成，如味美思。

任务二 白葡萄酒的酿造

【任务要求】

1. 能够掌握白葡萄酒酿造的基本原理。

2. 能够准确判断白葡萄酒酿造中出现的问题，并能采取措施予以解决。

【工艺流程】

原料 → 采收 → 分级、挑选 → 破碎、压榨 → 皮汁分离 → 果汁澄清 → 成分调整 → 低温发酵 → 添桶 → 换桶 → 陈酿 → 调配 → 澄清 → 包装杀菌 → 成品

【任务实施】

1 品种选择

由于白葡萄酒更强调酸度，而在葡萄成熟过程中，成熟度和甜度成正比，和酸度成反比，采收既要达到足够的成熟度，以产生足够的酒精和香气，也要保持足够的酸度，防止葡萄因过熟而造成酸度低。因此，在采收葡萄时必须精确掌握葡萄刚好成熟，又不会过熟的时机。同时，白葡萄比较容易被氧化，采收时必须尽量小心保持果粒完整，以免影响品质。制干白葡萄酒，不能过熟采收。制甜白葡萄酒应充分成熟，确保含糖量多，香味好。

2 去梗和低温浸皮

传统的白葡萄酒酿造方法是直接进行破皮、压榨和汁皮分离。后来人们发现葡萄皮中富含香味分子，传统的白葡萄酒酿制法使大部分存于皮中的香味分子都无法溶入酒中。因此，如今许多葡萄酒生产厂家，为了丰富白葡萄酒的香气和口感，都采取发酵前低温浸皮过程。

首先将整串的葡萄放入去梗机去梗，然后破皮并轻微的挤出果肉，放入酒槽中，将酒槽温度保持在 15℃，并充入二氧化硫气体，以防止发酵和氧化，使葡萄皮中的香料物质进入葡萄酒中。但这种浸皮过程不能太长，时间过久会使葡萄皮中的单宁萃取到酒中，因此一般浸皮时间12 h 左右。同时对于那些用红葡萄品种酿造白葡萄酒的情况，这种浸皮过程不能被采用。

3 榨汁和澄清

这个过程是生产白葡萄酒和红葡萄酒最大的不同之处。红葡萄酒是为了从葡萄皮中萃取更多颜色、单宁和香精物质，因此需要将葡萄汁和葡萄皮长时间的接触；而白葡萄酒反而需要避免葡萄皮中的色素和单宁进入酒液中，因此需要尽快进行汁皮分离的压榨。

将通过低温浸皮获得的汁皮混合物加入葡萄压榨机，为了不会将葡萄皮和籽中的单宁和油脂榨出，压榨时压力必须温和平均，而且要适当翻动葡萄渣。现代压榨机采用气囊压榨，在机械容器的中部有一个可充气的气囊，随着气体的加注，气囊膨胀，轻柔、缓慢挤压葡萄果粒。

葡萄汁的澄清可采用二氧化硫低温静置澄清法、果胶酶澄清法、皂土澄清法和高速离心分离澄清法等几种方法。澄清可以快速地去除各种悬浮物，获得清澈葡萄汁。

4 酒精发酵

白葡萄的酒精发酵温度一般为 18～20℃，比红葡萄酒精发酵温度低得多，发酵过程也缓慢得多。主要是为了保持葡萄酒的清新果香和口感。所以采用的不锈钢酒槽，会有更多的降温冷却设计。白葡萄酒发酵多采用添加人工培育的优良酵母(或固体活性酵母)进行低温密闭发酵。低温发酵有利于保持葡萄中原果香的挥发性化合物和芳香物质。发酵分成主发酵和后发酵两个阶段。主发酵一般温度控制在 16～22℃为宜，发酵期 15 d 左右。主发酵后残糖降低至 5 g/L 以下，即可转入后发酵。后发酵温度一般控制在 15℃以下，发酵期约 1 个月。在缓慢的后发酵中，葡萄酒香味形成更为完善，残糖继续下降至 2 g/L 以下。

白葡萄酒发酵设备目前常采用密闭夹套冷却的钢罐，它发酵时降温比较方便。也有采用密闭外冷却后再回到发酵罐发酵的。对于一些适合酿造酒体较重、口感丰富白葡萄酒的葡萄品种，也可采用小木橡桶进行发酵。因为橡木中含有橡木单宁，橡木单宁进入白葡萄酒中，随着发酵过程的完成，这些单宁物质会和死去的酵母一起沉淀到桶底。这些物质和葡萄酒浸泡在一起，会使白葡萄酒形成更丰实的口感。一般生产上 120～360 d 才换桶移除这些沉淀物质。

5 乳酸发酵

乳酸发酵在葡萄酒酿造过程中并不是必需的，很多白葡萄酒如长相思、雷司令等，大多数都不会进行乳酸发酵这个过程，以保持清爽的酸度和清新的果香；而霞多丽恰恰相反，大多都要经过乳酸发酵，使口感更柔顺。

为了阻止乳酸发酵的进行，可以在酒精发酵完成就对白葡萄酒进行过滤、澄清，将其中的乳酸菌、蛋白质等物质滤掉；或者将葡萄酒冷却到很低温度；或者灌注少量二氧化硫气体阻止这一进程。

6 冷却稳定

未经过乳酸发酵的白葡萄酒酸度很高，低温下会析出米粒大小白色结晶物质酒石酸盐，酒石酸盐虽然对人体无害，对酒质也没有影响，但影响酒的美观。因此，酒厂会将未装瓶的白葡萄酒冷却到临近冰点，使酒石酸盐析出。

7 陈酿、澄清和过滤、混合调配

大多数白葡萄酒都是在不锈钢酒槽中进行陈酿过程。虽然有部分白葡萄酒也会像红葡萄酒一样进行橡木桶陈酿，但时间一定要短，防止破坏白葡萄酒清新精细的风格。

澄清、过滤和混合调配过程和红葡萄酒相似。此处不再介绍。

【师徒共研】

1.变色

白葡萄酒加工中会出现变褐色、变粉红色的现象。

白葡萄酒变褐色主要是由酒中所含有的少量着色物质和酚类化合物氧化造成。

白葡萄酒变粉红色是由于葡萄酒中的黄酮接触空气变为粉红色的黄盐。

预防方法：

(1)尽量避免葡萄酒接触空气。可采取水封、每周用同品种同质量的酒液添罐一次、补加二氧化硫等。

(2)减少氧化物质。用含皂土0.02%～0.03%澄清酒液(葡萄汁)。

(3)降低氧化酶的活性。在发酵前后，罐内充入氮气或二氧化碳等惰性气体。

(4)凡与葡萄汁或葡萄酒接触的铁、铜等金属工具及设备，需涂食用级防腐涂料。

2.铁、铜破败病

铁破败病在红葡萄酒和白葡萄酒均可发生。铁破败病有蓝色破败病和白色破败病之分。在红葡萄酒中常发生蓝色破败病，使酒液呈蓝色混浊；在白葡萄酒中常发生白色破败病，使酒液呈白色混浊。

铜破败病常发生于白葡萄酒中，使白葡萄酒酒液有红色沉淀产生。

预防方法：降低葡萄酒中铁、铜含量。采用膨润土、亚铁氰化钾除去过多的铁、铜离子；除去铜离子还可通过皂土澄清或使用硫化钠使铜离子沉淀。

【知识链接】

1 我国果酒酿造的历史

果酒酿造在我国已有2 000多年的历史，早在汉武帝年间，张骞出使西域，便带回葡萄品种和酿造技术，但一直未得到发展，直到 1892 年，华侨张弼士在烟台建立了“张裕葡萄酒公司”才开始进行小型工业化生产。

我国果酒业的发展极不平稳，新中国成立初期，果酒的产量、品种均寥寥无几，20 世纪 60 年代才开始以 30%的增幅加速增长，进入大发展时期。同时也涌现出了许多优秀产品，北方的辽宁熊岳苹果酒，沈阳山楂酒，一面坡的三梅酒——紫梅、香梅、金梅；南方的四川渠县红橘酒、广柑酒，万县地区的中国橙酒，福建的荔枝酒；野生植物中的内蒙古牙克石红豆酒，河北涿鹿的沙棘酒，以及食疗兼用的长白山五味子酒等，这些产品大部是含糖高的或糖含量高于酒精含量的甜型酒，包括葡萄酒类产品也以这种类型产品为主。这种甜型酒，当时市场销势很好，很受消费者的欢迎。但随着生活水平的提高，国际交往的频繁，扩大了人民对生活要求的视野，反映在饮食结构上也发生了巨大的变化，在饮料酒中突出表现的是果酒、葡萄酒酒种的甜型酒不再受人们的欢迎，市场销量下降，果酒业开始走入低潮。20 世纪 90 年代初期，葡萄酒适时地转型，在经过 10 余年的努力后，干型酒主导了市场的位置，取得了消费者的认可，并由于名牌产品的领衔作用，使葡萄酒行业获得了辉煌的发展。但果酒类产品却一直没有走出低谷，行业上缺乏龙头企业，市场上缺乏领衔产品，使果酒行业整体形象得不到树立。

2 我国果酒酿造的现状

随着人民生活水平的提高以及果酒生产者等各方面的共同努力，最近几年我国果酒业结束了长期徘徊不前的局面，发展呈现出良好的态势，如广东省投资建设了数家以荔枝为原料的果酒加工厂，浙江宁波地区也建成了杨梅酒和桑葚酒生产基地。另外，西北地区的枸杞酒、天津的果酒也都进行了规模化生产和管理。这些，都显示着我国的果酒业正在健康地向前发展。葡萄酒在世界饮酒中占 15%～20%比例，是果酒中的主要产品，其次产量较大的为苹果酒，苹果酒以生产历史悠久的法国产品最具盛名，美国、澳大利亚、英国的产品也具有较高的市场地位。目前，在世界上虽然果酒占饮料酒的比例为 15%～20%，而在中国，果酒只占饮料酒的 1%左右。我国果酒的人均年消费量为 0.2～0.3 L，而世界人均年消费量为 6 L，彼此之间相差甚远，但同时说明我国果酒市场有潜力可挖。随着人们健康意识的加强，果酒正以其低酒度、高营养、好口感的特点而越来越被众多消费者认同和接受。尽管短时间内，我国的果酒消费量不可能同比增长，但是，我国的果酒市场绝对有着充分的发展空间和市场前景。

3 我国果酒酿造的未来发展

3.1 我国丰富的水果资源为果酒酿造提供基础

我国除了葡萄酒以外的其他水果种植面积广阔，资源丰富（包括栽培和野生两大类），种类繁多，产量较大。2002 年水果总产量达 6 952 万 t，约占世界上水果总产量的 14%。人均果品占有量为 43.3 kg，而发达国家人均年消费为 80 kg 左右。我国的大宗水果主要有苹果、梨、桃、橘子、杏、山楂、草莓、杨梅、石榴、大枣、猕猴桃、沙棘果、樱桃、哈密瓜、西瓜、枇杷、橄榄等。其中，苹果、梨的产量占世界首位，约占世界总产量的40%。

3.2　利用各类水果酿造口味风味各异的果酒，在我国已有悠久历史

随着经济发展，生活水平的提高，开发和利用各种果酒资源已成为必然的趋势。由于水果中含有大量的糖类物质、有机酸、维生素、矿物质等营养成分，所以利用水果酿造果酒以满足不同口味、不同爱好的消费者的需求，其市场前景是可以预期的。此外，果酒还可以作为鸡尾酒的调配基酒。配置果酒，不单以水果为基本原料，某些植物的果、花、叶、茎都可用来酿制各种各样的果酒。有的取其优良的色、香、味；有的单取其香，有的单取其味，有的甚至单取其疗效成分。单就其数量和质量而言，酿制果酒仍以各种各样的水果为最佳。特色果酒生产，是利用新鲜水果为原料，利用自然界或人工添加的酵母菌来分解糖分，产生酒精及其他副产物。伴随着酒精和副产物的产生，果酒内部发生一系列复杂的生物化学反应，最终赋予果酒独特的风味及色泽。

3.3　我国果酒的品牌特点

在果酒中，葡萄酒是世界性产品，其产量、消费量和贸易量均居酒类的第一位。其次是苹果酒，在英国、法国、瑞士等国较普遍，美国和中国也有酿造。此外还有柑橘酒、枣酒、梨酒、杨梅酒、柿酒、刺梨酒等，它们在原料选择上要求并不严格，也无专门用的酿造品种，只要含糖量高，果肉致密，香气浓郁，出汁率高的果品都可以来酿酒。在历届全国评酒会上，都有特色果酒获得金银奖，如辽宁沈阳的山楂酒，四川渠县的广柑酒及红橘酒，黑龙江一面坡的紫梅酒，辽宁熊岳的苹果酒，福建漳州的荔枝酒，四川都江堰的中华猕猴桃酒，以及四川蓬溪的青苹果酒等，这些酒都曾风靡一时。近年来，一些酿酒巨头也纷纷加入特色果酒行业，五粮液开发出仙林青梅酒，全兴集团的鑫千代青梅酒市场前景均很好。

3.4　我国果酒的发展趋势

随着人们健康意识的加强，果酒正以其高营养、好口感的特点而越来越被众多消费者认同和接受。果酒酿造也将由以生产干酒为主向以生产甜型为主转变；由纯果酒生产向生产复合型果酒转变；由低度果酒生产向高度果酒转变。

任务三　半甜苹果酒的酿造

【任务要求】

1. 能够掌握半甜苹果酒酿造的基本原理。

2. 能够准确判断半甜苹果酒酿造中出现的问题，并能采取措施予以解决。

【工艺流程】

苹果→分选→洗涤→破碎→压榨→加二氧化硫、果胶酶→静置→分离→低温发酵→转池→补加二氧化硫→酒精→贮存→调配→皂土下胶→过滤→冷冻→过滤→无菌灌装→外包装→成品

【任务实施】

1　分选

苹果品质如何，对所生产的产品质量影响很大。适合于高档半甜苹果酒酿造的苹果品种应为脆性果实，绵苹果则不宜使用。中熟品种可以“新红星”为主，后期则以“富士”苹果为主。进厂的苹果要求充分自然成熟，做到有序进厂和加工，避免出现果品积压现象。对病虫果、霉烂果、未熟果应予以剔除，然后再经喷淋洗果机进行洗果并控干。

2　取汁

苹果中的水分大多被蛋白质、果胶及微量淀粉等亲水胶体所束缚，能自行分离的果汁很少，因此，对破碎的果肉（粒度 0.3～0.4 cm）需采用加压的手段才能挤出果汁。但要注意的是，果核不能压破，否则会给果汁带进异杂味；同时，需控制出汁率为 60%～70%，如出汁率过高，则酿成的半甜苹果酒口感粗糙，质量得不到保证。

3　添加二氧化硫、果胶酶

苹果汁进入发酵池中，需及时添加 70～90 mg/L 的二氧化硫和 40～60 mg/L 的酶，活力单位可为 20 000 的果胶酶粉剂，并充分混匀，静置 24 h。苹果汁中二氧化硫添加的方法有：①用高压二氧化硫液态钢瓶，用减重法，阀门控制加入所需二氧化硫的量；②加入液体亚硫酸，根据商品标注二氧化硫含量，直接加入苹果汁中；③添加偏重亚硫酸钾（先用 10 倍的水溶解），一般按有效含量 50%计算，如计算加入二氧化硫为 A 克，则所需加入偏重亚硫酸钾为 2A 克。二氧化硫的作用在于：一方面可加速胶体凝聚，对苹果汁中的杂质起到助沉作用；另一方面对苹果汁中的野生酵母、细菌、霉菌等微生物可起到抑制作用，避免这些有害微生物对苹果汁的破坏；此外，苹果汁中的酚类化合物等极易发生氧化反应，使果汁变质，而苹果汁中有游离二氧化硫存在时，则二氧化硫可以与氧气发生氧化反应，防止苹果汁被氧化，起到抗氧作用。而果胶酶的作用在于分解苹果汁中的果胶质，使之分解生成半乳糖醛酸和果胶酸，使苹果汁的黏度下降，使原来存在于苹果汁中的固形物失去依托而沉降下来，增强澄清效果。这样，通过在发酵前将苹果汁中的杂质含量减少到最低程度，可以避免苹果汁因

含有杂质参与发酵而产生不良的成分，影响口感质量。果胶酶的使用方法是：准确称取果胶酶粉剂放入容器中，用4～5倍的温水（40～50℃）稀释均匀，放置1～2 h，加入苹果汁中搅匀。

4 发酵

将分离出的苹果汁装满池罐90%体积以后，加入0.03%～0.05%的果酒发酵用活性干酵母。其添加方法是：往35～42℃的温水中加入10%量的活性干酵母，小心混匀。静置使之复水活化，每隔10 min轻轻搅拌一下，经20～30 min（在此活化温度下最多不超过30 min）酵母已经复水活化，然后直接添加到苹果汁中搅拌1 h。因在随后进行的发酵过程中会产生热量，导致醪液品温上升，为此，需采用降温的措施，其方法主要有以下2种：①发酵池罐有冷却管或蛇形管，以输送冷水或冰水降温；②双层发酵罐的罐体外层有保温层，夹套内输送冷水或制冷介质用来降温。整个发酵阶段需保持18～20℃的低温。在此温度下，生成的半甜苹果酒挥发酸含量低，果香风味物质损失少。

5 补加二氧化硫、酒精

苹果醪经8～12 d发酵后，其中的含糖量在3 g/L以下，此时酵母等已经聚沉，在此情况下，需将发酵结束的苹果原酒进行转池分离，并补加60 mg/L的二氧化硫和适量的食用酒精，使苹果原酒的酒精含量达到12%（*V*/*V*）左右，以增强酒液抵抗微生物侵染的能力。添加的酒精在必要时需进行脱臭处理。其方法是：在酒精中加0.01%～0.015%高锰酸钾氧化12 h，再加0.08%～0.09%氢氧化钠放置4 h，然后进行蒸馏，去7.5%的酒头、酒尾，取中馏部分备用；或者在酒精中加入0.02%～0.04%的粉状活性炭搅匀，静置7～10 d，待活性炭全部沉淀，抽取上层酒精即可。通过这样的脱臭措施，可以去除酒精中所含的对酒液质量有严重影响的杂醇油、醛类等成分。

6 调配

苹果原酒经4～5个月的密封贮存陈酿后，转池进行糖、酒、酸的调配，使各成分保持适当的比例，使酒体协调柔顺。添加的蔗糖应先熬制成糖浆后使用。方法是：将软化水放入化糖锅中煮沸，一般每100 L水可加白糖200 kg，并加入所需补加的苹果酸。待溶解的糖浆冷却后，直接加入待配的苹果原酒中。

7 皂土下胶

配好的半甜苹果酒需用40～60 mg/L的皂土进行下胶处理。皂土本身带负电荷，它能和酒液中带正电荷的蛋白质相互吸引结合，形成絮状产生沉淀，并在下沉过程中将半甜苹果酒中悬浮的很细微粒沉淀下来，使酒澄清。下胶时需取10～12倍的50℃左右的热水将皂土逐渐加入并搅拌，使之呈乳状，静置12～24 h，待膨胀后加入调配好的半甜苹果酒中并充分搅匀，静置 10～14 d 后将上清液进行过滤分离。

8 冷冻

将下胶处理好的半甜苹果酒在－4.5～5.5℃的温度条件下保温 7 d，并趁冷过滤。这样可以使半甜苹果酒的口感柔和，并使酒液中某些苹果酸盐等低温不溶物质析出而通过过滤除去，从而提高成品半甜苹果酒的稳定性。

9 灌装

为了最大限度地保持半甜苹果酒的新鲜果香，可将酒液进行无菌灌装，其方法是：灌酒前预先将酒液所通过的管道及灌酒机认真进行蒸汽杀菌操作，盛酒用玻璃瓶子须经瓶子灭菌机处理，酒经纸板过滤机进行除菌过滤后，再经灌酒机装酒，最后用已杀过菌的软木塞进行封口，这样就可以不再进行对半甜苹果酒质量风味有影响的加热杀菌操作。

10 外包装

半甜苹果酒必须高度重视产品的外包装。商标应贴在瓶子的适当位置，且粘贴需牢固平整，横平竖直，不得拱突翘角。黏合剂涂抹均匀，不能有明显的黏合痕迹。并将贴了商标的瓶子用透明塑料玻璃纸包裹起来，以保护商标不致磨损，提高产品的外观效果。

【师徒共研】

半甜苹果酒生产中的注意事项

(1)半甜苹果酒的酿造对其卫生要求极为严格，生产环境、贮酒容器、设备管道等必须清洗干净，定期用酒精擦洗，硫黄燃烧消毒，否则各种天然有害微生物极易污染酒液，使酒的挥发酸等不良成分含量增高，影响产品质量。

(2)半甜苹果酒在整个酿造灌装过程中极易在氧存在的条件下发生褐变，使成品酒的风味质量下降，所以整个生产过程必须严格禁止苹果汁、醪、酒液接触空气；同时，半甜苹果酒从原料进厂加工到瓶装的过程时间也不宜太长，否则酒液的颜色逐渐变得过黄，新鲜的果香也大大减弱。通常生产周期为 6～8 个月即可。

项目七

果蔬速冻制品的加工

知识目标

1. 理解果蔬速冻的基本原理及速冻对果蔬的影响。
2. 掌握果蔬速冻品的加工工艺及工艺要点。
3. 掌握果蔬速冻品在加工中常见的问题及控制。

技能目标

1. 掌握果蔬速冻的工艺流程及技能要点。
2. 学会速冻果蔬加工工艺。
3. 能够根据产品缺陷判断原因，并提出解决方案。

德育目标

1. 激发学生的使命感和创业感，为中国速冻食品走在世界前列而努力学习。
2. 通过速冻品加工过程中的分工与合作，培养团结协作精神。
3. 通过实践操作培养学生有效组织，合理分工能力。

任务一 果蔬速冻品的加工

【任务要求】

1. 能够掌握果蔬速冻加工的基本原理。

2. 掌握速冻方法与常用设备的使用。

3. 能够准确判断速冻品加工出现的问题，并能采取措施予以解决。

【工艺流程】

原料选择 → 摘头 → 清洗 → 驱虫 → 漂洗 → 热烫 → 冷却 → 沥水 → 冻结 → 包装 → 金属探测 → 贮藏 → 销售

【任务实施】

1　原料选择

选择适宜冷冻加工的果蔬品种，含纤维少，蛋白质、淀粉多，含水量低，对冷冻抵抗力强，按食用成熟度采收。原料要求新鲜、规格整齐，无病虫害，农药残留、微生物等指标符合HACCP要求。

2　预处理

预处理包括对原料的挑选、清洗、切分及有些果蔬的驱虫、保脆、护色处理。

2.1　挑选

即对原料进行逐个挑选，按大小、长短分级，去除老叶、黄叶等不可食部分。

2.2　清洗

通过漂洗槽洗去果实表面的泥沙、尘土及污物。为了除去果皮上附着的农药，可用0.5%～1%盐酸浸洗后以水冲净，对质地柔软的果品如草莓、葡萄、西瓜等可用万分之五的高锰酸钾消毒5～10 min。

2.3　驱虫、保脆

对一些易遭虫害的蔬菜如菜豆等，采用2%～3%的盐水浸泡20～30 min进行驱虫处理。对一些速冻后脆性明显减弱的果蔬，一般采用将原料浸泡在0.5%～1%的碳酸钙或氯化钙溶液中浸泡10～20 min，以增加其硬度和脆度。

2.4　切分

根据产品要求进行去皮切分，使长短、粗细、块形符合产品要求标准，剔除不合格品。

名句赏析

"吾生也有涯，而知也无涯。"

——庄子《养生主》

人的生命是有限的，而知识是无限的。把有限的生命投入到无限的学习之中。

2.5 护色

有些原料如马铃薯、苹果在去皮后常常会引起褐变，这类产品在去皮切分后应立即浸泡在溶液中进行护色。常使用0.2%～0.4%的SO_2溶液，2%的盐水溶液，0.3%～0.5%的柠檬酸溶液等，既可抑制氧化，又可降低酶促反应。

3 烫漂

世界上第一次将蔬菜冷冻加工，是在蔬菜新鲜状态下进行的，后发现在－18℃条件下贮藏几周后，蔬菜的风味、色泽均明显变劣。研究发现，新鲜蔬菜冷冻后品质变劣显然和酶活性有关。蔬菜在低温状态下，－73℃仍然保持某些酶的活性。20世纪20年代末，美国首先提出把蔬菜在沸水和蒸汽中处理一下，以降低酶活性，杀灭微生物，这个过程称为烫漂，一直沿用到现在。现今烫漂采用95℃以上热水或蒸汽，热烫2～3 min，品温要达到70℃以上。

4 冷却、沥干

烫漂后的原料，应立即浸入冷水中，否则产品易变色，水温越低，冷却效果越好。一般水温在5～10℃，也有用冷水喷淋装置和冷风冷却的。冷却后应将水沥干或甩干。

5 速冻

果蔬产品的速冻，要求速冻温度为－30～－35℃，当产品中心温度降至－18℃时，结束冻结。而后在－18℃左右的温度下长期冻结贮藏。

6 包装

通过对速冻果蔬包装，可以有效地控制速冻果蔬在长期贮藏过程中发生的冰晶升华，即水分由固体的冰蒸发而造成产品干燥；防止产品长期贮藏接触空气而氧化变色；便于运输和销售；防止污染，保持产品卫生。

7 冻藏

产品贮于－18℃以下的冷库内，要求贮温控制在－18℃以下，而且要求温度稳定，少波动，防止重结晶发生。

【案例】

1 速冻菠菜的加工

1.1 材料、设备(用具)

1.材料

菠菜、PE包装袋等。

2.设备(用具)

速冻机、振动筛或离心机、切菜机、台秤、脱水机、金属探测器等。

1.2 加工工艺

1.原料选择

原料要求鲜嫩、浓绿色、叶大、肥厚,株形完整,收获时不散株、不浸水,不得重力捆扎、叠高重压,无机械伤,无病虫害,长度为150～300 mm。

2.修整与清洗

加工时应逐株挑选,除去黄叶,切除根须,拣出散株、抽薹株。清洗时也要逐株漂洗,洗去泥沙等杂物。

3.烫漂

由于菠菜的下部与上部叶片的老嫩程度及含水率不同,因此烫漂时将洗净的菠菜根、梢对齐排装,叶片朝上竖放于筐内,置于100℃沸水中,下部浸入沸水中30 s,然后再将叶片全部浸入烫漂1 min。

4.冷却

为了保持菠菜的浓绿色,烫漂后,迅速将原料用3～5℃的冷水浸漂、喷淋,或用冷风机冷凉到5℃以下,以减少热效应对菠菜品质和营养的破坏。

5.沥水

冷却以后的原料在冻结以前,还需要采用振荡机或离心机等设备,沥去沾留在原料表面的水分,以免在冻结过程中原料间互相粘连或粘连在冻结设备上。用振动筛沥去水分,置于18 cm×13 cm长方盒内,摊放整齐。

6.冻结

将菜根理齐后朝盒分头装好,然后再将盒外的茎叶向根部折回,整理成长方形的菜块,再将此菠菜块送入－35℃以下的速冻机冻结,至中心温度为－18℃,在20 min内完成冻结。

7.包冰衣

用冷水脱盒,然后轻击冻盒,将盒内菠菜置于镀冰槽包冰衣,在3～5℃冷水中浸渍3～5 s,迅速捞出。

8.包装

包装的工序包括称重、装袋、封口和装箱,均须在5℃以下的冷藏室中进行。

按照出口规格的要求,用塑料袋包装封口,每包装500 g,用瓦楞纸箱装箱,每箱装20袋,每箱净重10 kg。

装箱完毕后,粘封口胶带纸,标上品名、重量及生产日期,运至冷藏库里冷藏。

9.冻藏

包装后在－18℃下冻藏,温度波动幅度不能超过±1℃,空气相对湿度保持在95%～

100%，波幅不超过5%，冻品中心温度要在－15℃以下，一般安全贮藏期为12～18个月。

2 速冻草莓的加工

2.1 材料、设备(用具)

1. 材料

草莓、PE包装袋等。

2. 设备(用具)

速冻机、振动筛、切菜机、台秤、脱水机、金属探测器等。

2.2 加工工艺

1. 原料选择

选用果实新鲜饱满、果肉红色、质地硬，有香气，风味浓郁，果萼易于脱落的优良品种，如宝交早生、春香、全明星、达娜、哈尼等。当果实八成熟、果面有80%着色，具有品种固有风味时采收。

速冻果实要求选择果个完整、果形端正，无压伤，无病虫害的果实。果实横径不小于2 cm，单果重7～12 g。

2. 预处理

首先是洗果，将草莓放入流动水槽，漂洗去泥沙杂质。也可以经输送带以流水喷淋洗涤。洗前先以0.05%高锰酸钾水溶液浸洗4～5 min。浸洗中要轻轻搅动。然后是除萼，即人工将萼柄、萼片摘除干净，对除萼时可带出果肉的品种，可用薄刀片切除花萼。最后是沥水，沥去表面水分。按照产品要求，如冻品呈粒状时，沥水时间宜长，如要求冻品呈块状时，沥水时间宜短。

3. 加糖

按草莓重的30%～50%加糖，一层草莓、一层白糖，然后搅拌均匀。可以在加糖时加0.1%的维生素C。对于作为加工原料的冻品一般不加糖只加维生素C。

4. 摆盘

草莓摆盘时一定要平整、紧实。

5. 速冻

摆好盘后立即进行速冻。在－30℃以下速冻至果心温度－18℃为止。

6. 包装

速冻后的草莓冻盘拿到冷却间包装，将草莓块从盘中倒出，装入备好的塑料袋，用封口机密封放入纸箱中。

7. 冻藏

将包装好的纸箱立即送入－18℃的冷库贮藏。贮藏期可达12～18个月。

3　速冻荷兰豆的加工

二维码 7-1　速冻荷兰豆教学案例

3.1　材料、设备(用具)

1. 材料

荷兰豆、PE包装袋等。

2. 设备(用具)

速冻机、振动筛、切菜机、台秤、脱水机、金属探测器等。

3.2　加工工艺

1. 原料要求

豆荚鲜嫩，呈淡绿色，较直无明显弯曲，豆荚扁平籽小，无病虫害，食之无粗纤维感，在乳熟期无明显豆粒突起时采收，长度4～8 cm，厚度3～5 mm，宽度小于1.5 cm，品种为台中11号和兵库绢荚。

2. 摘头、挑选

手工去除荷兰豆两端——花末端和茎末端，将荷兰豆摘去豆梗、花蒂、豆头的残须，并撕去其老筋，去净豆端，但不能破坏豆荚的整体。由于荷兰豆鲜嫩易失水，因而整个加工过程要求迅速。

3. 清洗、驱虫、漂洗

在摘头的同时将不良品(有病虫害、机械伤、斑点、锈头、畸形、破碎断裂、腐烂变质)挑出剔除。

用洁净水分三级清洗，控制好水的流速与流量、刮板的前进速度，确保用洁净水将荷兰豆清洗干净。

将荷兰豆放入2%的盐水中浸泡10～15 min，以驱净虫子为原则。

放入水中漂洗净盐分和虫体等杂质。

4. 热烫

采用热水热烫，热烫温度95～96℃、热烫时间40～50 s。不时检查温度和时间，并每30 min做一次过氧化酶实验和感官评定，以保证热烫正常进行。

5. 冷却

热烫后立即使用洁净的卫生水喷淋冷却至4～5℃。

6. 沥水

离心机沥水或振动沥水和吹风除水，除去豆荚上多余的水分，水分要去除干净，以防止冻结成块。

7. 冻结

单体低温冻结法(IQF 冻结)，二段式流态化单体速冻的速冻工艺是：物料层厚度约为 40 mm，物料初始温度为 5℃，冷空气温度为 −38～−40℃，第一冻结区的冷空气流速为 5～6 m/s，第二冻结区的冷空气流速为 4～5 m/s，速冻时间为 5 min。采用此速冻工艺，使豆荚在速冻中呈现流态化，实现单体速冻，让荷兰豆的几何中心温度较快降到 −18℃以下．并且豆荚单体不粘连。

8. 包装

在 5℃下的洁净环境中拣出结块豆、粘连豆、过弯豆和杂质及前序漏检的不合格豆，然后定量，并用塑料袋热合密封或真空包装，最后装箱。用专用油墨事先在塑料袋和箱子上印上生产日期，常见的包装规格是 500 g/袋×10 袋/箱、1 000 g/袋×5 袋/箱。箱子应使用无钉白乳胶粘合的纸箱，以防划破塑料袋和压伤产品及包装箱，也利于后道金属探测工序的通过。

9. 贮藏

包装后及时放入低于 −18℃ 的低温冷库中恒温冷藏，温度波动小于±1℃。

【任务评价】

采用分组完成本次任务，评价方式有师傅、徒弟间评价，小组评价。见表 7-1。

表 7-1 速冻荷兰豆制品感官评价表

项目	评分标准	分值	组 1	组 2	组 3	组 4
组织	新鲜，豆荚直条或基本直条，去端去筋，无裂缝，扁平籽小，食之脆嫩，无粗纤维感。	25				
形态	荚形完整，无斑点、腐烂等。	25				
色泽	呈荷兰豆的鲜绿色，色泽一致。	10				
	较正常色泽略微变浅或加深。	10				
	有黄心、虫咬叶、腐烂叶等。	10				
气味和滋味	具有荷兰豆特有的清香气味和滋味。	10				
	无异味，但气味寡淡。	10				
总分						

【师徒共研】

1. 果蔬速冻过程中为什么会发生变色现象？如何解决？

变色的原因：在低温状态下，某些酶仍然保持活性。因此，在长期冻藏中发生变色。

预防方法：对原料进行护色处理。

二维码 7-2　速冻产品质量问题微课

2. 果蔬速冻过程中为什么会发生流汁现象？如何解决？

流汁的原因：解冻后，融化的水不能被细胞吸收，造成大量汁液流失，组织软烂，口感、风味、品质下降。

预防方法：提高冻结速度，减少温度波动。

3. 果蔬速冻过程中为什么会发生干耗现象？如何解决？

干耗的原因：速冻品表面升华所致。

预防方法：加冰衣、改善包装。

【知识链接】

1　果蔬速冻原理

果蔬速冻是以迅速结晶的理论为基础，将经过处理的果蔬原料，于−35℃下，在 30 min 或更少的时间内，使果蔬快速通过冰晶体最高形成阶段，进行均匀冻结。然后在−18～−20℃的低温条件下保藏。它是现代食品冷冻的最新技术和方法。

二维码 7-3　果蔬速冻结晶过程动画

1.1　低温对微生物和酶的影响

微生物生长、繁殖都有适宜的温度范围，其生长繁殖最快的温度称为最适温度，高于或低于此温度，微生物活动即受到抑制、停止甚至死亡。多数微生物在低于 0℃的温度下生长即被抑制，其繁殖的临界温度是−12℃。因此冷冻食品的冻藏温度一般要求低于−12℃，通常都采用−18℃或更低温度。

多数酶的适宜活动温度是 30～40℃，低温对酶只能使酶活动减慢，不能完全抑制酶活动，防止微生物繁殖的临界温度（−12℃），也不足以有效地抑制酶的活性及各种生物化学反应，要达到这些要求，还要低于−18℃，一般温度在−18℃以下，酶的活性受到显著抑制，因此冻藏温度以−18℃为较适宜。

1.2　冷冻速度对产品质量的影响

在冷冻过程中，晶体形成的大小与晶核的数目直接相关，而晶核数目的多少又与冷冻速度有关。冷冻速度对速冻产品质量十分重要。

当进行缓慢冻结时，在细胞与细胞之间首先出现晶核，而且形成的晶核少，随着冷冻的进行,水分在少数晶核上结合,冰晶体体积不断增长扩大。冰晶体在细胞间隙中增长扩大,造成细胞的机械损伤破裂。解冻后脱汁现象严重,质地腐软,风味劣变,影响产品质地。

快速冻结则不同,水果蔬菜在几十分钟内通过最大晶核生成区(-1～-5℃),由于冻结速度快,细胞内外同时达到形成冰晶的温度条件,此时在细胞内外同时产生晶核,晶核在细胞内外广泛形成,形成的晶核数目多,分布广,这样冰晶体就不会很大。这种细小晶体全面、广泛的分布使细胞内外压力一样,细胞膜稳定,不损伤细胞组织,解冻后,可恢复植物组织原来的状态,保持原有的色、香、味和质地。

冻结速度一般与品温、产品大小、与冷却介质接触面积及冷却介质导热快慢有关,在实际生产过程中要综合考虑。

2 果蔬速冻方法和设备

2.1 鼓风冷冻法

利用低温空气在鼓风机推动下形成一定速度的气流对产品冻结。一般多采用隧道式鼓风冷冻机,产品放在传送带或筛盘上以一定速度通过隧道,冷空气由鼓风机吹过冷凝管道再送入隧道穿流于产品之间,产品与冷风逆流而行,这种冷冻法通常采用的冷空气温度为-18～-34℃,风速在30～100 m/min之间。

主要设备:隧道式鼓风冷冻机、螺旋式连续速冻器。

2.2 流化冷冻法

进行冷冻时,将颗粒产品放在一个有孔眼的网带上或有扎眼的盘子上,铺放厚度为2.5～12.5 cm,冷空气以足够的速度由网带下方向上强烈吹送,将产品吹起,但不带走,风速至少375 m/min,空气温度为-34℃,这种方法增加了冷空气与物料的接触面积,冷却迅速、均匀,冷冻速度快,一般几分钟至十几分钟就可冻结。这种方法适用于小型单体产品的速冻,如青豌豆、甜玉米、蘑菇、草莓以及各种切分成小块的蔬菜。

主要设备:带式流化速冻装置。

2.3 间接接触冷冻法

利用被制冷剂冷却的金属空心平板与物料密切接触而达到冷冻降温。主要装置是在绝热的厢橱内装置可以移动的空心金属板,制冷剂在平板的空心内部流动,产品则放置在上下两空心平板之间紧密接触,进行热交换,一般的冷冻温度在-45℃。这种方法适用于小型的水产品加工,要求产品应扁平,厚度要薄。

主要设备:间隙式接触冷冻厢、半自动接触冷冻厢、全自动接触冷冻厢。

2.4 浸渍冷冻法

将产品直接浸渍于液体制冷剂中进行冻结。液体是热的良导体,在浸渍冷冻中与产品接触面积最大,冷冻速度最快。常用的液体制冷剂有氯化钠、氯化钙、甘油-冰水等。这种方法主要适用于包装食品,否则会影响制品的风味。

2.5　低温冷冻法

将制冷剂直接喷淋于产品上，产品在这种沸点很低的制冷剂进行相变的条件下（液态变为气态）获得迅速冷冻的方法。这是通过制冷剂在沸腾相变过程中需要吸收大量的热，这些热量由产品中吸取而使其降温，通常的制冷剂是液态氮，沸点为－195.81℃，其次是二氧化碳，沸点是－78.5℃，1～3 mm 厚的物料，在 1～5 min 内即可冻至－18℃以下，而且冻结范围广，冻结过程中无氧化现象发生，冻结品质量高。

主要设备：液氮快速冻结装置。

3　速冻对果蔬的影响

3.1　相互结合的细胞引起分离

在冷冻过程中，细胞间隙中的游离水一般含可溶性物质较少，其冻结点高，所以首先形成冰晶，而细胞内的原生质体仍然保持过冷状态，细胞内过冷的水分比细胞外的冰晶体具有较高的蒸汽压和自由能，因而促使细胞内的水分向细胞间隙移动，不断结合到细胞间隙的冰晶核上去，此时，细胞间隙所形成的冰晶体越来越大，产生机械性挤压，使原来相互结合的细胞引起分离，解冻后不能恢复原来的状态，不能吸收冰晶融解所产生的水分而流出汁液，组织变软。

3.2　细胞受到破裂损伤

果蔬组织的细胞内有大的液胞，水分含量高，易冻结成大的冰晶体，产生较大的“冻结膨胀压”，而果蔬组织的细胞具有的细胞壁比动物细胞膜厚而又缺乏弹性，因而易被大冰晶体刺破或胀破，即细胞受到破裂损伤，解冻后组织软化流水。冷冻处理增加了细胞膜或细胞壁对水分和离子的渗透性。

在缓慢冻结的情况下，冰晶体主要在细胞间隙中形成，细胞内水分不断外流，原生质体中无机盐浓度不断上升，使蛋白质变性或不可逆的凝固，造成细胞死亡，组织解体，质地软化。

3.3　细胞中溶解的微量气体膨胀

组织细胞中溶解于液体中的微量气体，在液体结冰时发生游离而使体积增加数百倍，这样会损害细胞和组织，引起质地的改变。

果蔬的组织结构脆弱，细胞壁较薄，含水量高，当冻结进行缓慢时，就会造成严重的组织结构的改变。

3.4　蛋白质变性

产品中的结合水是与原生质、胶体、蛋白质、淀粉等结合的，在冻结时，水分从其中分离出来而结冰，这也是一个脱水过程，这过程往往是不可逆的，尤其是缓慢的冻结，其脱水程度更大，原生质胶体和蛋白质等分子过多失去结合水，分子受压凝集，结构破坏；或者由于无机盐过于浓缩，产生盐析作用而使蛋白质等变性。这些情况都会使这些物质失掉对水的亲和力，以后水分即不能再与之重新结合。

3.5 酶的变化

大多数酶在冻结中仍有活性。果蔬在冻结和贮藏过程中出现的化学变化，一般都与酶的活性和氧的存在相关。蔬菜在冻结前及冻结冻藏期间，由于加热、H^+、叶绿素酶、脂肪氧化酶等作用，使果蔬发生色变，如叶绿素变成脱镁叶绿素，由绿色变为灰绿色等。

3.6 营养成分得到保护

冷冻过程对果蔬的营养成分也有影响。一般来说，冷冻对果蔬营养成分有保护作用，温度越低，保护作用越强，因为有机物化学反应速率与温度呈正相关。

4 果蔬速冻关键技能

4.1 选择新鲜、适合速冻的原料

选择适合速冻的果蔬，注意其新鲜度，原料愈新鲜，冻品品质也愈佳。因此，原料从采摘到加工的时间距离愈短愈好。要做到适期采摘，快速加工。要防止原料堆压酸化，叶绿素受到破坏而褪色；防止组织老化，风味变劣，甚至产生异味。

4.2 掌握好烫漂温度和时间

热烫适宜的温度和时间，因蔬菜的种类而各不相同。如果热烫时间不足，则在蔬菜中残存酶的活性，在冷藏过程中，还会发生酶促褐变反应，而使冻菜失绿变黄，降低冻品的风味。若热烫时间过长，也会使绿色蔬菜变黄，蔬菜组织脆性变低，风味变淡，并损失部分可溶性营养物质。因此，烫漂用水必须经常更新或用适量的碳酸氢钠水溶液进行调节，把水质控制在 pH 7～8 范围内，以达到保色的目的。烫漂温度与时间应根据不同蔬菜品种而定。

4.3 烫漂后冷却要及时

冷却介质温度要低，速度要快。烫漂后应立即移置－3～－5℃冷却水池中冷却，最好采用卫生块冰水冷却，以确保色泽鲜艳、香味良好。

4.4 快速冻结

快速冻结就是在 30 min 或更短时间内，物料迅速通过－1～－5℃冰晶生成带，将原料中心温度继续降到－18℃以下，使蔬菜细胞组织内外的自由水和结合水能同时析出大量的晶核，形成大量分布均匀、颗粒细小的冰晶体，使细胞内外的压力保持均衡。果蔬产品的快速冻结，要求速冻温度为－30～－35℃，当产品中心温度降至－18℃时，结束冻结。

项目八

果蔬鲜切制品的加工

知识目标

1. 了解鲜切果蔬的基本概念和产品特点。
2. 掌握鲜切果蔬的保藏原理和加工方法。

技能目标

1. 能够掌握鲜切果蔬的原料处理、包装、预冷、冷藏等几个环节的操作技能。
2. 能够正确、安全地操作、使用鲜切果蔬加工设备和工具。
3. 能够准确地对鲜切果蔬制品进行感官评价,根据产品缺陷判断原因,并提出解决方案。

德育目标

通过对鲜切果蔬制品各项工艺环节的实践操作,培养学生有效组织、合理分工、相互协作、团队合作的能力。

任务一 蔬菜鲜切制品的加工

【任务要求】

1. 掌握鲜切蔬菜的工艺、操作要领和关键控制点。
2. 掌握一般餐用各种蔬菜适合的鲜切加工的工艺及条件。
3. 掌握快餐用各种蔬菜适合的鲜切加工的工艺及条件。

【工艺流程】

蔬菜原料 → 田间处理 → 运输 → 洗净、脱水 → 冷却 → 去皮、切分 → 保鲜处理 → 包装 → 冷藏 → 销售

【任务实施】

1 原料选择

不同种类的蔬菜之间贮藏性差异很大。选择合适的品种保证合适的货架期尤为重要。

低温是控制加工蔬菜腐败变质的主要途径，对冷害敏感的品种一般不适合做加工鲜切蔬菜，因此，最好选择较耐冷的品种。根茎类、瓜果类蔬菜比叶菜类耐贮藏，做鲜切加工优于叶菜类。采后呼吸强度低、乙烯释放少的蔬菜较适合。目前用于鲜切蔬菜加工的原料种类主要有胡萝卜、洋葱、甘蓝、土豆、芹菜、韭菜、生菜、白菜等。

鲜切蔬菜原料的新鲜度、成熟度对加工产品品质和货架期都非常重要。应尽可能选用新鲜度高的原料，采后立即处理。菜花、黄秋葵、甜玉米等通常在生理发育适宜时采收，而大蒜、土豆、冬瓜等适宜在发育晚期采收，此时代谢活动相对较弱，伤害的影响应容易控制。跃变型果实的采收成熟度决定加工品的货架期和食用品质。过早采收加工果实不能正常后熟，果实品质差；过晚采收果实极易软化，贮藏性差。绿熟番茄能正常后熟，达到完熟的食用品质，而货架期最长。

2 采收与田间处理

为了保证鲜切蔬菜的质量，整套完整的加工体系必须从田间采收和处理开始。掌握适合的采收成熟度，采收过程尽量避免损伤，轻拿轻放，保持蔬菜的完整性。在田间去除大部分不可食的根、叶、荚等。最好能在田间进行预洗和预冷却，洗去蔬菜表面的泥土和污物，通过预洗和预冷迅速脱除田间热。或者采用真空预冷运输车将采收的原料运输到加工厂，在运输过程中及时预冷，排除田间热。总之，原料采收后及时排除田间热是保障鲜切蔬菜品质的重要环节。

思政花园

“少年辛苦终身事，莫向光阴惰寸功。”

——唐·杜荀鹤《题弟侄书堂》

少年时期辛苦学习，将为一生的事业扎下根基，切莫有丝毫懒惰，浪费了大好光阴。

3 去杂、清洗、冷却

如果运程短，也没有真空预冷运输条件，采收后应及时将原料运输到加工厂进行清洗和冷却。清理并洗去污物和杂质，如枝条、果柄、灰尘、沙粒、泥土、昆虫、残留杀虫剂和化肥等。清洗效果可由浸渍或充气来加强。清洗机械有浸泡式、搅动式、喷洗式、摩擦式、浮流式及各种方式的组合式等，根据蔬菜形态和组织结构选择适合的清洗设备和方式。

清洗水中应加入食品加工允许使用的杀菌剂，如氯气、次氯酸钠或次氯酸钙，200 mg/L以上的有效氯可以达到较好的杀菌效果。稳定性二氧化氯、酸性电解质水和臭氧都是新鲜蔬菜的良好杀菌剂。清洗宜用4℃冷却水，同时冷却产品。清洗后及时将产品进行冷却，充分排除田间热和采后损害刺激的呼吸热。将原料的呼吸代谢及各种生理活动降低到最低程度。

4 去皮、切分

去皮方式依原料种类和表皮结构而定，可以采用机械去皮、手工去皮、物理去皮或化学去皮。根据原料特点和产品规格，可切成丁、块、片、条、丝等各种形式。切分越细，果蔬损伤越严重，表面积也越大，保存性越差。因此，切分的程度应适当。切分要求刀具锋利、切口光滑，避免形成粗糙的切口甚至撕裂。

5 清洗、脱水

为了保证鲜切蔬菜的洁净，切分以后可以再次清洗。如果切分前充分洗净并消毒处理，后续加工过程卫生条件控制好，切分后亦可不再清洗。切分后清洗的蔬菜应立即脱除表面明水。一般用低速离心机脱水。大多数新鲜蔬菜组织嫩脆，离心转速太高、时间太长，很容易导致进一步破损。甘蓝以低于 3 000 r/min，20 s 即可。生菜只需要 100 r/min，20 s。

6 保鲜处理

因为切分的蔬菜失去了完整状态时的表皮保护层，机械伤害和保护层的丧失使其很容易腐败变质。生理生化反应也向着品质变劣的方向进行。切分之后进行适当的保鲜处理，可以延长货架期。

保鲜处理有物理法和化学法。物理法主要包括辐照、脉冲电场、振荡磁场、高压等加工技术的应用。通过这些技术的应用，能够有效地抑制微生物的活动和酶的活性，从而使得鲜切蔬菜的风味、感观及营养成分不发生变化或减轻变化，延长鲜切蔬菜的货架寿命。例如，陈育彦等将臭氧水与超声波结合对鲜切蔬菜进行保鲜处理，将臭氧通入超声波清洗器的水中同时开启超声波清洗 10 min，有效抑制韭薹的呼吸强度，减少鲜重损失，对叶绿素和维生素 C 也有很好的保护作用，对其表面的细菌增殖也有较好的抑制作用，可较好地保持鲜切韭薹的品质。

鲜切蔬菜外观的主要变化是褐变，褐变是由多酚氧化酶催化多酚与氧气反应造成的，添加维生素 C 能够消耗蔬菜中的氧，从而有效地抑制鲜切蔬菜的褐变；利用柠檬酸降低 pH、利用 EDTA 及其他整合剂等手段抑制酶的活性，也能有效地抑制鲜切蔬菜的褐变。目前针对鲜切蔬菜的发展，各种复合型专用保鲜剂应运而生。如曾顺德等报道，0.1% L-Cys、0.15% 维生素 C、0.3%植酸和 0.4% EDTA 混合液处理鲜切马铃薯丝，可以有效防止褐变，延长其货架期。

涂层处理可以使蔬菜不受外界氧气、水分及微生物的影响，因此，可提高鲜切蔬菜的质量和稳定性。涂层的基础物质有 4 种类型：脂类、树脂、多聚糖、蛋白质。多聚糖有良好的阻气性，能附着在切割表面；蛋白质成膜性好，能附着在亲水性的切割表面，但不能阻止水分的扩散。根据不同涂层物质的特点，在配制涂层配方时，通常进行复合配制。有时也加入适当的防腐剂，如苯甲酸及其盐类、山梨酸及其盐类等。也可以加入适当的抗氧化剂，如 BHA、BHT、PG 及维生素 E 等。

7 包装

鲜切蔬菜暴露于空气中，很容易失水萎蔫，切断面与空气中的氧接触容易褐变，切割面还是微生物生长的良好基质。因此，良好的包装是鲜切果蔬必不可少的条件。包装本身可作为直接栅栏起阻隔作用，防止微生物侵染，同时调节蔬菜的微环境，控制湿度与气体成分。包装材料的厚薄、透气率大小以及真空度的高低都会影响鲜切蔬菜的品质和保鲜期。包装材料依鲜切蔬菜种类的不同而不同。

一般而言，透气率大或真空度低时鲜切蔬菜易发生褐变，透气率小或真空度高时易发生无氧呼吸产生异味。因此，要选择厚薄适宜的包装材料来控制合适的透气率或合适的真空度，以便保持最低限度的有氧呼吸并创造低 O_2 高 CO_2 环境，延长鲜切蔬菜的货架期。鲜切蔬菜的迅速发展应归功于气调包装。

工业上用得最多的包装薄膜是聚氯乙烯(PVC)，聚丙烯(PP)和聚乙烯(PE)。复合包装薄膜通常用乙烯-乙酸共聚物(EVA)，可以满足不同的透气速率。

鲜切蔬菜的包装方法主要有自发调节气体包装(MAP)、减压包装(MVP)及涂膜包装。MAP 包装结合冷藏能显著延长贮藏期，但在实际生产中其应用具有一定的局限性，因为目前还没有找到足够透气性的包装材料，只能采用在包装材料上打孔的办法来控制适宜的气体指标。MVP 包装是目前比较常用的方法，MVP 可改善青椒和番茄切片的微生物情况，可提高黄瓜的感官质量及改善绿豆芽、切割蔬菜混合物的微生物及感官质量。包装内部通常要维持 2%～8%的 O_2 和 5%～10%的 CO_2，以利于保持其品质，O_2 浓度太低或 CO_2 浓度太高会导致蔬菜的低 O_2 或高 CO_2 伤害，造成代谢紊乱，品质下降。蔬菜切割后会导致乙烯合成和释放迅速增加，可以在包装袋内使用乙烯吸收剂如高锰酸钾、活性炭加氯化钯催化剂等。

8　冷藏与冷链运销

鲜切蔬菜是具有生命活动的蔬菜组织，温度是影响鲜切蔬菜品质的主要因素。低温能有效抑制酶或微生物活性。因此，鲜切蔬菜包装后，应立即放入冷库中贮存，贮存时应单层摆放，否则产品中心部分不易冷却。过低的温度容易造成鲜切蔬菜冷害，特别是不耐低温的热带、亚热带蔬菜容易遭受冷害。同种类蔬菜切割后对低温更敏感，更容易发生冷害。一般鲜切蔬菜在4℃贮藏。容易受冷害的蔬菜需要在其冷害临界点以上贮藏和运输。鲜切蔬菜产品从生产、运输、销售都需要在低温环境和条件下进行，这样才能有效地保证产品质量和货架期。

【案例】

1　鲜切马铃薯的加工

1.1　工艺流程

原料选择 → 清洗 → 去皮 → 切割 → 护色 → 包装 → 冷藏或运销

1.2　任务实施

1. 原料选择

原料要求大小一致，芽眼小，淀粉含量适中，含糖少，无病虫害，不发芽。采收后马铃薯宜在3～5℃冷库贮存。

2. 去皮

可以采用化学去皮、机械去皮或人工去皮，去皮后立即浸渍清水或0.1%～0.2%焦亚硫酸钠溶液中护色。

3. 切割、护色

采用切割机切分成所需的形状，如片、块、丁、条等。切割后的马铃薯随即投入0.2%维生素C、0.3%植酸、0.1%柠檬酸、0.2%氯化钙混合溶液，浸泡15～20 min进行护色处理。

4. 包装、预冷

护色后的原料捞起沥干溶液，立即用PA/PE复合袋抽真空包装，真空度0.07 MPa。然后送预冷装置预冷至3～5℃。

5. 冷藏、运销

预冷后的产品再用塑料箱包装，送冷库冷藏或配送销售，温度控制在3～5℃。

2 鲜切花椰菜加工

2.1 工艺流程

原料选择 → 去叶 → 浸盐水 → 漂洗 → 切小花球 → 护色 → 包装、预冷 → 冷藏、运销

2.2 任务实施

1. 原料选择

原料要求鲜嫩洁白，花球紧密结实，无异色、斑疤，无病虫害。

2. 去叶

用刀修整剔除菜叶，并削去表面少量的霉点、异色部分，按色泽划分为白色和乳白色两种。

3 浸盐水

将去叶后的花椰菜置于2%～3%盐水溶液中浸泡10～15 min，以驱净小虫为原则。

4. 漂洗

浸盐水后的物料接着用清水漂洗，漂净小虫体和其他杂质污物。

5. 切小花球

漂洗后的物料沥水，然后从茎部切下大花球，再切小花球，按成品规格操作，不能损伤其他小花，茎部切削要平正，小花球直径3～5 cm，茎长在2 cm以内为宜。

6. 护色

切分后的花椰菜投入0.2%异抗坏血酸、0.2%的柠檬酸、0.2%氯化钙混合液中浸泡15～20 min。

7. 包装、预冷

护色后的原料捞起沥去溶液，随即用PA/PE复合袋抽真空包装，真空度0.05 MPa。接着送入预冷装置冷却至0～1℃。

8. 冷藏、运销

预冷装箱后的产品入冷库冷藏或直接运销，冷藏、运销温度应控制在0～1℃。

3 鲜切胡萝卜加工

3.1 工艺流程

原料 → 适时采收 → 分级、修整 → 清洗、切分 → 预清洗 → 防腐处理

→ 护色 → 清水漂洗 → 沥干 → 包装 → 贮藏

3.2 任务实施

1. 原料选择

胡萝卜原料一般选择新鲜、饱满、成熟度适中、无异味、无病虫害的个体。

2. 适时采收

用于鲜切的胡萝卜一般采用手工采收，采收后需立即加工。如采收后不能及时加工的蔬菜，一般需在低温条件下冷藏备用。

3. 分级、修整

按大小或成熟度分级，分级的同时剔除不符合要求的原料。用于生产鲜切的胡萝卜经挑选后需要进行适当的整修，如去皮、去根、除去不能食用部分等。

4. 清洗、切分

清洗可洗去泥沙、昆虫、残留农药等，可采用浸渍或充气的方法使清洗效果得以加强。鲜切蔬菜的体积大小对鲜切蔬菜的品质会有影响。切割程度越大，引起的伤呼吸越严重；切割的体积越小，切分面积就越大，表面水分蒸腾越快，切分面流出的酚类物质容易被氧化，发生褐变，影响外观品质，也不利于产品的保存。

5. 预清洗

彻底清洗胡萝卜是加工中的关键，经切分的胡萝卜表面已造成一定程度的破坏，汁液渗出，易引起腐败、变色，导致产品质量下降。不同果蔬可选用不同的清洗液，以保持其食用品质及延长其保质期。

6. 护色和漂洗

在去皮或切分后还要进行洗涤，清洗用水须符合饮用水标准并且最好低于5℃。蔬菜鲜切后，影响其品质的最大问题是褐变。一般在清洗水中加入一些护色保鲜剂如亚硫酸盐、抗坏血酸、柠檬酸、山梨酸钾、苯甲酸钠、半胱氨酸、$CaCl_2$、$ZnCl_2$、乳酸钙等，可以减少微生物数量并阻止酶反应，因而可以改善货架期及产品的感官品质。

切割后漂洗对减缓果实组织生理衰败，防止果实软化和品质变化等都非常有效。漂洗有利于受伤组织释放底物和酶，通常为1～5 min。温度对漂洗效果的影响非常明显，高温漂

洗效果较好，但高温会提高多酚氧化酶(PPO)的酶活。一般漂洗温度不能高于 20℃。漂洗效果还取决于漂洗液的 pH，酸性环境具有抗菌特性，所以一般用较低的 pH。有时则需 pH 接近中性的漂洗液，如使用半胱氨酸护色处理，否则将导致果实组织变为桃红色。

7. 沥干

漂洗后必须严格干燥，避免蔬菜腐败，至少采用沥水法去除蔬菜表面的水分，也可用干棉布或吹风排除产品表面的水分。

8. 包装

包装可以有效地减少切割蔬菜水分损耗，减轻外界气体及微生物的影响，抑制呼吸强度，延缓乙烯生成，降低生理生化反应速度，防止芳香成分挥发，从而延缓切割蔬菜组织的衰老和腐败变质，提高产品的品质和稳定性。鲜切蔬菜的包装有多种，常见的方式有自发调节气体包装 (MAP)、减压包装 (MVP)、活性包装(AP)、涂膜包装等。

9. 贮藏

温度是影响鲜切蔬菜质量的主要因子。鲜切蔬菜在生产、贮运及销售过程中均应处于低温状态。最佳的贮藏温度就是稍高于蔬菜材料冰点的温度；也可根据商业需要，采用 5℃ 或 10℃的货架温度来贮藏鲜切蔬菜。另外，贮藏时注意不要低于蔬菜的冷害温度，以免出现冷害症状，造成鲜切蔬菜不可食用。包装及贮存过程中综合利用各种保鲜措施，可维持鲜切蔬菜的食用品质，延长货架期。

4 鲜切莲藕加工

4.1 工艺流程

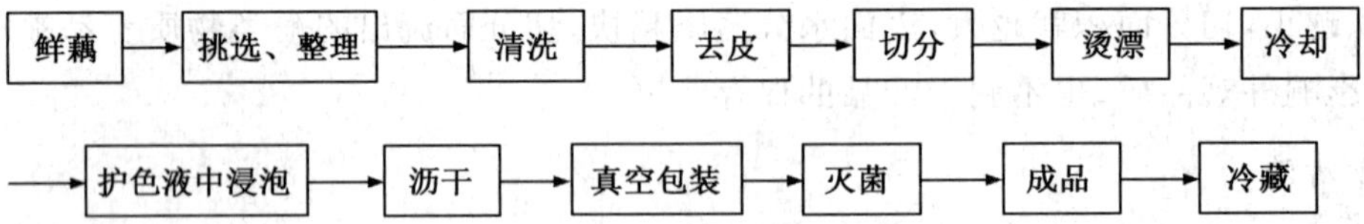

4.2 任务实施

1. 原料

原料的品质对鲜切蔬菜影响很大，只有适合鲜切加工的优质蔬菜原料，才能加工出高质量的鲜切蔬菜。鲜切莲藕要求藕身完整新鲜，具有 2 节或 3 节，藕节均完好，藕身较粗，乳白、色泽一致，无机械损伤，无病虫害和异色斑点，无腐烂、变质，基本不带泥沙。

2. 清洗

清洗处理是鲜切蔬菜加工中不可缺少的环节。这是因为蔬菜表面容易被微生物侵入而变质。因此，加工前要认真进行清洗处理。

3. 去皮切分

去皮应尽量保持厚度均匀，去皮完全，并去除藕蒂，以达到除去蔬菜表面细菌的目的；切片应保持厚度均匀，每片质量 10 g 左右，应切成均匀薄片状，不要造成不必要的机械伤害。为了尽量避免细菌污染，在实验操作过程中所用的刀具和菜板应用 ClO_2 消毒处理。实验操作人员的手接触蔬菜部分也都应用 ClO_2 消毒后，才能进行实验操作。

4. 烫漂

在 90～100℃的水中烫漂 2～3 s 即可，使新鲜莲藕中多酚氧化酶失活的同时不至于使藕片的硬度和脆度受太大影响。

5. 冷却

迅速于冷水中冷却，防止藕片持续受热影响硬度和脆度。

6. 护色液浸泡

护色液的配方可以有很多种，使用柠檬酸、抗坏血酸以及食盐的复配型护色液效果较好，又不影响安全性。

7. 真空包装

尽量提高真空度。

8. 灭菌

高温短时灭菌，保证藕片质构不受影响的前提下进一步降低带菌量。

9. 冷藏

产品于 4℃冷藏可延长保质期。

【任务评价】

表 8-1 学生课堂表现评价表

企业(班级)： 部门： 姓名：

项目名称	评价标准	师傅	徒弟	部门	平均分	备注
鲜切蔬菜原料选择	优(100～90 分)：正确选择 良(89～80 分)：较正确选择 中(79～70 分)：基本能选择 及格(69～60 分)：能部分选择 不及格(<60 分)：不能选择					
掌握鲜切蔬菜制品的工艺、操作要领、关键控制点	优(100～90 分)：正确掌握 良(89～80 分)：较正确掌握 中(79～70 分)：基本能掌握 及格(69～60 分)：能部分掌握 不及格(<60 分)：不能掌握					

续表 8-1

项目名称	评价标准	师傅	徒弟	部门	平均分	备注
部门合作	优(100～90 分):按分工,积极参与 良(89～80 分):按分工,较积极参与 中(79～70 分):按分工,基本参与 及格(69～60 分):按分工,能部分参与 不及格(<60 分):不参与					
职业素质	优(100～90 分):沟通表达、分析解决问题、团队合作、组织协调、严谨工作等职业素质高 良(89～80 分):职业素质良好 中(79～70 分):职业素质一般 及格(69～60 分):职业素质较差 不及格(<60 分):职业素质差					
总分						
平均分						

【师徒共研】

1. 鲜切蔬菜加工中容易出现的问题

鲜切蔬菜的货架期一般为 3～10 d,有的长达 30 d 甚至数个月。产品贮藏过程中的质量问题主要是微生物的繁殖、褐变、异味、腐败、失水、组织结构软化等。如何保证产品质量是延长产品货架期的关键。因为鲜切蔬菜经过加工后,如去皮、切割等,组织结构受到伤害,原有的保护系统被破坏,富有营养的蔬菜汁外溢,给微生物的生长提供了良好的基质,使得微生物容易侵染和繁殖;同时蔬菜体内的酶与底物的区域化被破坏,酶与底物直接接触,发生各种各样的生理生化反应,导致褐变等不良后果;再者有蔬菜组织本身的代谢,当蔬菜组织受伤后呼吸加强,乙烯生成量增加,产生次生代谢产物,加快鲜切果蔬的衰老和腐败。因此,为保证鲜切果蔬的质量,延长其货架期,应从以下因素加以控制。

(1)切分的大小与刀刃的状况　切分的大小是影响鲜切蔬菜品质的重要因素之一,切分越小,切分面积越大,保存性越差。若需要贮藏时,一定以完整蔬菜贮藏,到销售时再加工,加工后要及时配送,尽可能缩短切分后的贮藏时间。刀刃的状况与鲜切蔬菜的保存时间也有很大的关系,锋利的刀切割的蔬菜保存时间长,钝刀切割的蔬菜切面受伤多,容易引起变色、腐败。

(2)清洗与控水 病原菌数也与鲜切蔬菜保存中的品质密切相关，病原菌数多的比病原菌数少的保存时间明显缩短。清洗是延长鲜切蔬菜保存时间的重要工序，清洗干净不仅可以减少病原菌数，还可以洗去附着在切分蔬菜表面的汁液减轻变色。

鲜切蔬菜洗净后，若放置在湿润环境下，比不洗的更容易变坏或老化。通常使用离心机进行脱水，但过分脱水容易使鲜切蔬菜干燥枯萎，反而使品质下降，故离心机脱水时间要适宜。

(3)包装 鲜切蔬菜暴露于空气中，会发生失水萎蔫、切断面褐变，通过适合的包装可防止或减轻这些不良变化。然而，包装材料的厚薄、透气率大小以及真空度的高低都会依鲜切蔬菜种类的不同而不同，在包装时应进行包装适用性试验，以便确定合适的包装材料或真空度。

一般而言，透气率大或真空度低时鲜切蔬菜易发生褐变，透气率小或真空度高时易发生无氧呼吸产生异味。在保存中袋内的鲜切果蔬由于呼吸作用会消耗 O_2 生成 CO_2，结果是 O_2 减少 CO_2 增加。因此，要选择厚薄适宜的包装材料来控制合适的透气率或合适的真空度，以便保持最低限度的有氧呼吸和造成低 O_2 高 CO_2 环境，延长鲜切果蔬的货架期。

2.预防措施

蔬菜酶促褐变最主要的因素是多酚氧化酶的活性和酚类物质的浓度，同时组织环境的pH、温度和氧气也对酶促褐变有决定作用。多酚氧化酶的最适 pH 在 4～7 之间，用酸调整环境的 $pH \leqslant 4$，便可控制酶促褐变，但有时酸度太低会影响口味。多酚氧化酶对热相对比较稳定，在 80℃时其活性完全被破坏，如果用加热的方法来钝化多酚氧化酶的活性，通常要在50℃以上，但可能会使蔬菜组织软化及发生变色或风味改变。

(1)热处理 即食型鲜切蔬菜和部分调料，应采用热处理的方法杀菌。这一类产品与冷冻调理食品类似，主要的对象菌为李斯特菌、大肠杆菌、沙门氏杆菌和肉毒杆菌等。

(2)化学保藏剂 安全的化学保藏剂有丙酸和丙酸盐、山梨酸及盐、苯甲酸及盐、对羟基苯甲酸、SO_2 及亚硫酸盐、环氧乙烷和环氧丙烷、二乙酸钠、脱氢醋酸、硝酸钠、甲酸乙酯等。C_{12}～C_{18} 的中等长链脂肪酸酯，如 BHA、BHT、TBHQ 等除了抗氧化外也有抗菌功能。乳酸菌素、纳他素、四环素、枯草菌素具有良好的抗菌能力。柠檬酸、醋酸和其他的有机酸、抗坏血酸及盐和异抗坏血酸钠、EDTA 等也可用来加强保藏效果。

有些化学物质可以防止表面的褐变，亚硫酸盐是传统的防褐变剂，柠檬酸、抗坏血酸、异抗坏血酸钠等可以有效地抑制蔬菜的褐变。

钙对于鲜切果蔬的防褐变和保持质地具有特殊的意义，它可以与果胶酸类物质形成果胶酸钙，增加组织的硬度，阻止液泡中的基质外渗与细胞质中酶类接触，降低呼吸，延迟分解代谢，保持细胞壁和细胞膜的完整性。

(3)气调贮藏　气调贮藏是鲜切蔬菜的最基本保存方法。

(4)冷藏　除了热带和部分亚热带蔬菜，绝大部分应在2～4℃条件下保存和流通。冷藏与气调贮藏结合，可以更有效地延长产品的货架寿命。

(5)辐照保鲜　根据其波长，可有如下几种应用于鲜切蔬菜中。

①近红外线加热：高于800 nm的近红外线，其穿透力很低，但可以快速加热鲜切蔬菜的表面，达到消毒的目的，生产中应用的难度在于较难精密控制。

②紫外线：用于表面消毒和包装间的消毒，最有效的波长在260 nm。

③电离辐射：蔬菜本身对辐射的敏感性有很大的差异，最敏感的有黄瓜、青刀豆、辣椒、夏天成熟的南瓜、叶菜类、抱子甘蓝、花椰菜；最耐辐射的是甜瓜、番茄。

(6)抗氧化　氧气的多少直接影响微生物和酶的活性，因此真空处理和加入抗氧化剂可以降低因氧化而引起的品质败坏。

【知识链接】

1　鲜切蔬菜加工技术

1.1　鲜切蔬菜加工的低温保鲜

一般鲜切蔬菜都需要进行低温保鲜。低温可抑制蔬菜的呼吸作用和酶的活性，降低各种生理生化反应速度，延缓衰老和抑制褐变；同时也抑制微生物活动。温度对蔬菜质量的变化，作用最强烈、影响最大。环境温度愈低，蔬菜的生命活动进行愈缓慢、营养素消耗愈少，保鲜效果愈好。但是不同蔬菜对低温的忍耐力是不同的，每一种蔬菜都有其最佳的保存温度。因此，有必要对每一种蔬菜进行冷藏适温试验，以便在保持品质的基础上，延长鲜切蔬菜的货架寿命。

鲜切蔬菜品质的保持，最重要的是低温保存。但是有些微生物在低温下仍能生长繁殖，为保证新鲜蔬菜的安全性，结合低温还需要进行其他防腐处理，如酸化处理、添加防腐剂等。

1.2　鲜切蔬菜加工的气调贮藏

气调贮藏主要是降低O_2浓度、增加CO_2浓度。可通过适当包装经由蔬菜的呼吸作用而获得气调环境；也可以人为地改变贮藏环境的气体组成。CO_2浓度为5%～10%，O_2浓度为2%～5%时，可以明显降低组织的呼吸速率，抑制酶活性，延长鲜切蔬菜的货架寿命。不同的蔬菜对最高CO_2浓度和最低O_2浓度的忍耐度不同，如果O_2浓度过低或CO_2浓度过高，将会导致低O_2伤害和高CO_2伤害，产生异味、褐变和腐烂。另外，蔬菜组织切割后还会产生乙烯，而乙烯的积累又会导致组织软化等劣变，因此，还需添加乙烯吸收剂。

1.3 鲜切蔬菜加工的食品添加剂处理

鲜切蔬菜外观的主要变化就是褐变，褐变是多酚氧化酶催化多酚与氧气反应造成的，这个反应进行需要三个条件：多酚、多酚氧化酶和氧气。

研究表明，添加维生素C能够消耗蔬菜中的氧，从而有效地抑制鲜切蔬菜的褐变；热烫杀酶、利用柠檬酸降低pH、利用EDTA及其他试剂等手段抑制酶的活性，也能有效地抑制鲜切蔬菜的褐变。

1.4 鲜切蔬菜加工的非热加工

非热加工主要包括辐照、脉冲电场、振荡磁场、高压等加工技术的应用。通过这些技术的应用，能够有效地抑制微生物的活动和酶的活性，从而使得鲜切蔬菜的风味、感观及营养成分不会产生变化，延长鲜切蔬菜的货架寿命。

1.5 鲜切蔬菜加工的涂层处理

因为涂层处理可以使蔬菜不受外界氧气、水分及微生物的影响，因此，可提高鲜切蔬菜的质量和稳定性。涂层的基础物质有4种类型：脂类、树脂、多聚糖、蛋白质。其中脂类和树脂涂层广泛用于水果，有良好的阻水性，但不易附着在亲水性的切割表面，而且容易造成厌氧环境；多聚糖有良好的阻气性，能附着在切割表面；蛋白质成膜性好，能附着在亲水性的切割表面，但不能阻止水分的扩散。根据不同涂层物质的缺点，在配制涂层配方时，通常进行复合配制；有时也加入适当的防腐剂，如苯甲酸及其盐类、山梨酸及其盐类等；也可以加入适当的抗氧化剂，如BHA、BHT、TBHQ、PG及维生素E等。

1.6 鲜切蔬菜加工的添加生物防腐剂处理

生物防腐剂是与化学防腐剂相对的，是来自生物体中的一类抗菌物质。尤其是来自微生物中的生物防腐剂，利用一些有益的微生物的代谢产物抑制有害的微生物，有效地防止鲜切蔬菜的品质劣变，延长其贮藏期及货架寿命。

2 鲜切蔬菜加工中的品质变化及影响因素

2.1 生理生化变化

新鲜蔬菜经切割加工后果实组织会严重受损，伤害信号立即对呼吸、酚类、乙烯等代谢产生明显的影响，例如褐变、伤呼吸、伤乙烯、产生异味、失重变软。

首先，组织内的酶与底物的区域化结构被破坏，酶与底物直接接触引起果实组织产生各种生理生化反应，如多酚氧化酶催化酚类物质的氧化反应，脂肪氧化酶催化膜脂反应，纤维素酶催化细胞壁的分解反应等，从而导致组织褐变、细胞膜破坏、细胞壁分解及果实软化且产生异味。

其次,去皮、切分等加工过程中所造成的机械损伤会极大地促进鲜切蔬菜产品呼吸作用的增强,即所谓"伤呼吸";同时会刺激蔬菜组织内源乙烯的产生,导致伤乙烯迅速增加,并伴随一系列次生代谢产物的合成,组织的伤愈合还会改变鲜切蔬菜的外观,从而降低食用价值,加速鲜切蔬菜的衰老与腐败。

此外,还有因微气体环境引起的腐败。鲜切蔬菜常用塑料薄膜包装,以维持天然、新鲜的品质,并防止微生物污染,但如果包装膜透气性小或贮藏温度较高,在包装袋内很容易形成低 O_2 或高 CO_2 的微气体环境,造成低 O_2 和高 CO_2 伤害,使产品产生异臭,导致腐败。

2.2 微生物污染

去皮、切分等处理损害了蔬菜的组织结构,蔬菜果实失去真皮层的保护作用,汁液外溢,大面积的表面暴露及丰富的营养为微生物的侵染和生长繁殖提供了有利的环境条件,更易受到各种污染的侵袭。引起鲜切蔬菜腐烂变质的微生物主要是细菌和真菌,微生物的污染与繁殖是导致鲜切蔬菜质量下降的主要原因。

鲜切蔬菜具有较高的水分活度($A_W>0.85$)和 pH($pH>4.6$),且切割处理又使组织保护层遭到破坏、营养物质外渗,非常容易受到微生物的污染。微生物对鲜切蔬菜品质的影响主要表现在两个方面:一方面,微生物的生长繁殖会消耗蔬菜体内贮藏的营养物质,导致品质下降;另一方面,病原微生物的生长繁殖直接影响鲜切蔬菜的食用安全性。贮藏初期,鲜切蔬菜的表面一般无致病菌,而只有腐败菌,如欧文氏菌、假单孢菌等,但是随着环境条件的改变,微生物菌落种类和数量会发生变化,使致病菌的生长占主导优势。

2.3 营养素损失

鲜切蔬菜在加工及贮藏过程中会使一些营养成分流失,如切割会导致维生素的氧化损失,在浸泡过程中,蔬菜可溶性固形物等水溶性营养成分会随浸泡而流失。加工贮藏过程中的温度、光照、空气中的氧气及组织自身的代谢作用及包装都会导致鲜切蔬菜营养成分的损失。

3 鲜切蔬菜制品加工设备

鲜切蔬菜加工设备与处理设备包括果蔬输送设备、分选设备、清洗设备、去皮设备、切割装备和包装设备等。

鲜切蔬菜生产机器、工具和容器与蔬菜密切接触,在一定的情况下往往有污染鲜切食品的可能,故应有一定的卫生要求,鲜切蔬菜生产设备的选择应符合以下要求。

(1)凡与蔬菜直接接触的机器部件及器具、容器,必须由对人体无害和耐腐蚀材料制成,并且不应影响成品的色泽、香气、风味和营养成分。由于铜离子易引起蔬菜变色、变味、油脂酸败和维生素损失,最好不使用铜制设备和器具。设备和蔬菜直接接触的部位,均应有光滑的表面，所使用的零件不应有裂缝、沙眼、小孔等，最好进行磨光处理。

（2）凡与蔬菜直接接触的部件，均应易于拆装以便清洗、检查与修理，接口和转角处均应成圆角过渡。搅拌装置通常可采用能拆装的搅拌叶和轴，以便拆下清洗。

（3）较长的封闭式运输的带和槽，应设有活动板，以便开启清洗。

（4）一般的工艺物料管道、阀、接头等，应采用光洁和耐腐蚀材料，并要求拆装方便，以便清洗。

（5）生产设备中的空气管道，应设有过滤装置，筛网尽可能采用有孔的金属板制成。

（6）鲜切蔬菜加工设备的螺纹部件，应能拆装，便于清洗。

（7）机械设备上的润滑油，含有多氯联苯（PCB），对人体有毒害，故应采取措施防止润滑油污染鲜切蔬菜。

（8）固定设备，要便于工作人员操作，能进行彻底清洗。冷藏设备及杀菌设备应有准确的温度仪表。

（9）鲜切蔬菜的生产设备，在设计结构上要求便于清洗、消毒，便于拆装，管道不得有盲端。

3.1　蔬菜切割装备

3.1.1　离心式切割机

离心式切割机种类比较多，基本原理是靠离心力作用先使物料抛向并紧压在切割机的内壁表面上，在叶片驱使下，物料沿内壁表面移动，使物料与刀具产生相对运动而进行切割。

（1）通用离心切割机　该机适用于各种瓜果、块根类蔬菜切片、切丝。主要由圆筒形机壳、回转叶轮和安装在机壳侧壁的定刀片组成。图 8-1(a)为其结构原理图，图 8-1(b)为其工作过程简图。

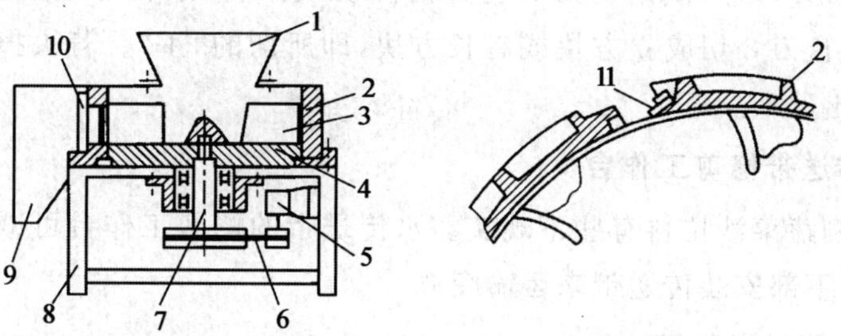

(a)结构原理　　(b)工作过程简图

1.进料斗　2.圆筒机壳　3.叶片　4.叶轮盘　5.电机　6.传动带
7.转轴　8.机架　9.出料槽　10.刀架　11.刀片

图 8-1　离心切割机

圆筒机壳 2 固定在机架 8 上，切割刀片 11 装入刀架 10 后固定在机壳侧壁的刀座上。在圆盘形回转叶轮盘 4 上固定有 3 个叶片 3，电机 5 驱动转轴 7 带动叶轮盘 4 以 262 r/min 回转时，叶片 3 带着料块在离心力作用下抛向机壳内壁，此离心力可达到其自重的 7 倍，使原料紧压在机壳内壁并与定刀片做相对运动，在相对运动的过程中就将原料块切成厚度均匀的薄片，切下的薄片从出料槽 9 卸出。调节定刀片和机壳内壁之间的相对间隙，即可获得所需的切片厚度。更换不同形状的刀片，即可切出平片、波纹片、V 形丝、条形和椭圆形丝。

(2)切丁机　该机主要用于将各种瓜果、块根类蔬菜等切成正方形的“丁”状、块状或条状。切丁机主要部件包括回转叶轮、定刀、横切刀和圆盘刀等，它实际是将立式离心切片机制成卧式，再增加了横切和纵切即可。外形见图 8-2(a)，切丁过程见图 8-2(b)。

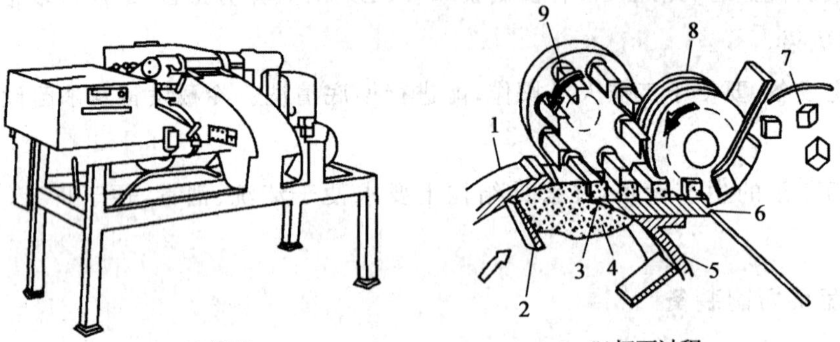

(a)外形　　(b)切丁过程

1.外机壳　2.回转叶片　3.定刀刃　4.原料　5.内机壳
6.机座　7.切丁块　8.纵向圆盘刀　9.横向切刀

图 8-2　蔬菜切丁机

工作时原料经喂料斗进入回转叶轮，离心力迫使原料紧靠机壳内壁表面，回转叶片 2 带动原料在离心力作用下通过定刀刃 3 先切成片料。片料经机壳顶部外壳出口通过定刀刃口向外移动。片料的厚度取决于定刀刃和相对应的机壳侧壁之间的距离，其厚度可以调节。片料一旦移出定刀刃口外，横向切刀 9 立即将片切成条料，条料继续沿着切片刀座向前移动，最后被纵向圆盘刀 8 切成立方块或者长方块，即所谓的“丁”。若去掉横切刀，将圆盘刀间距调整即可切出丝来。

3.1.2　水传送带修剪工作台

水下手工切割蔬菜沙拉料有些不现实。水传送带的修剪工作台可减少变色，切割台上部安装水流装置，下部安装传送带来运输废料。

3.1.3　水流喷射切割机

用转动叶片(垂直走向)或圆盘刀片把菊苣的叶子切成 2～3 cm 的碎片。此过程会对植物组织造成伤害，但用锋利的刀片则可以减少这种伤害，刀片可以每天磨 1～2 次。修整时切的沙拉叶子必须立即冲洗，清洗晚了将会使褐变增强。同修整时一样，切割后也必须冲洗叶子以防止褐变。在多数工艺中，产品切碎后就立即进入冲洗池。由于切割须在水中进行，法国试用了一种方法，即水喷射切割。因为采用此种方法能使受到伤害的细胞的内部液体被水冲走，因而与其他商业化的切割方法相比能显著减少褐变。机器的原理如图 8-3 所示。

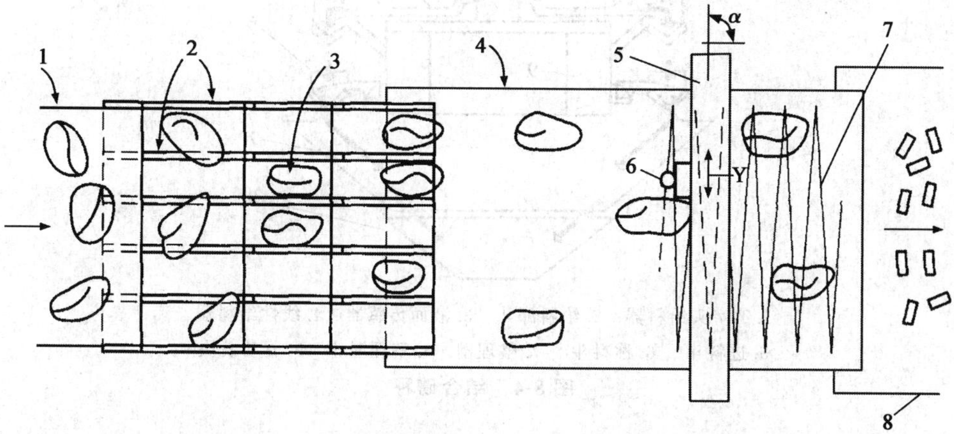

1. 传送带　2. 多 U 形凹槽条带　3. 叶子　4. 不锈钢架子传送器
5. 横栏　6. 水喷射器　7. 产品传送装置　8. 产品冲洗装置

图 8-3　鲜切产品的水流喷射切割机工作原理示意图

叶子 3 被传送到多 U 形凹槽条带 2 中，使叶子主脉与流向平行，且不锈钢架子传送器 4 可把产品的厚度限制在 2～3 片叶子/次。固定在横栏上的横向或交替变换的水喷射器 6 把叶子切断。水喷射器的压力根据切割产品的不同在 50～100 MPa 变换。切块的平均宽度为 $P/2v$，这里 P 为水喷射器头交替周期，v 为传送速度(cm/min)。切碎的产品进行冲洗。

3.2　鲜切蔬菜排水机械设备

鲜切蔬菜包装中含过量自由水会导致叶子表面被细菌快速破坏，在完成鲜切蔬菜处理后必须进行脱水处理。此操作目前应用的两种方法是：自选干燥机和空气隧道。高速离心会导致物理性硬伤，因此在此工艺利用特殊离心可达到最优排水。离心循环开始时，轻轻装填易碎的叶子，接着平稳加速，小心卸下排出的产品。

3.3　鲜切蔬菜包装机械设备

为适应鲜切蔬菜加工工艺的需求，提高效率，应选择适宜的包装机械，如称重设备、真空包装机、真空充气包装机、热收缩包装机等。

3.3.1　称重设备

包装室必须干净，并冷却到 1～2℃，且与洗涤系统分开。图 8-4 结合磅秤是称重设备。

鲜切蔬菜如沙拉块(或其他任何产品)被倒入进料斗 5(或振动圆锥体)中，以便均匀地将蔬菜切块分配到食品存贮桶里，再从进料斗中将鲜切蔬菜放入称料斗 6 内。如果传感器不灵敏，这一系统将允许设备连续操作。所有桶中植物组织的质量都传送到电脑中，以计算最佳组合优化所需的质量。平均质量和可接受的标准偏差都被输入计算机中。

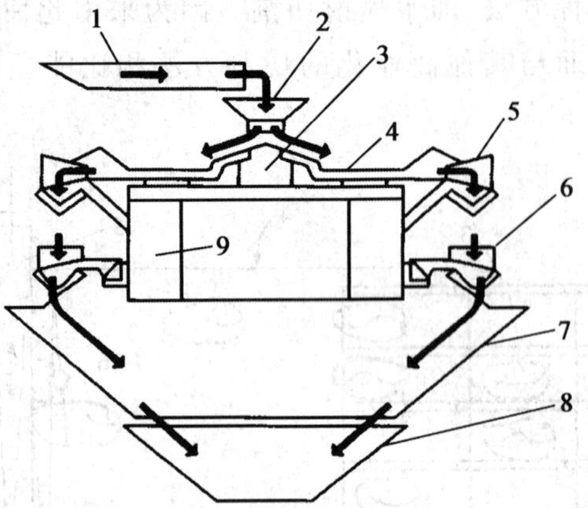

1. T字头给料器　2. 给料漏斗　3. 液面传感器　4. 线性给料器
5. 进料斗　6. 称料斗　7. 整理槽　8. 整理漏斗　9. 驱动模块

图 8-4　结合磅秤

3.3.2　真空包装机与真空充气包装机

1. 工作原理

对于容易氧化变质的食品，尤其是鲜切蔬菜可以采用真空包装。抽真空的目的是：

(1)除去空气，以防止细菌繁衍导致食品腐败，或阻止金属的氧化生锈。

(2)便于密封后加热杀菌，防止空气膨胀使包装件破裂。

(3)缩小膨松物品的体积，便于保存、运输，并节省费用。

(4)防止食品氧化和变质。

为了保护内装鲜切蔬菜和延长保存期，还可在抽真空后再充入其他惰性气体，如 CO_2 和 N_2 等，该处理称为真空充气包装。

真空包装和真空充气包装使用阻气性强的材料，有金属铝箔和非金属(如塑料薄膜、陶瓷等)的筒、罐、瓶和袋等容器。

2. 真空包装机和真空充气包装机的分类

按照包装材料的不同，可分为金属罐真空包装机(即真空封罐机)和塑料容器真空包装机两大类。

(1)真空封罐机　将已经计量充填后的金属罐送入真空腔进行抽气和封口的设备，封罐时采用机械卷边挤压密封。

(2)塑料容器真空包装机　可分为机械挤压式和腔室式等形式的真空包装机。

①机械挤压式真空包装机　如图 8-5 所

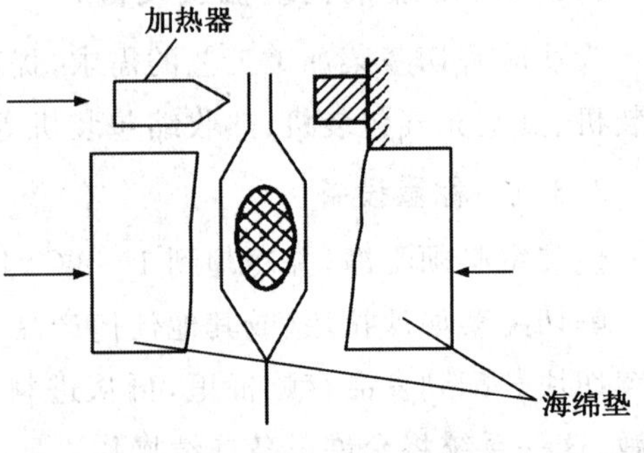

图 8-5　机械挤压式真空包装机

示，塑料袋内装料后留一个口，然后用海绵类物品挤压塑料袋，以排除袋内空气，随即进行热封。对于要求不高的真空包装可采用这种包装方法。真空包装蒸煮食品时，当食品温度在60℃以上时，袋内充满水蒸气，而不是空气，采用此法可以得到近乎真空的包装，故此法又称热封真空包装。

②腔室式真空包装机 根据结构形式不同，分为如下几种。

a. 台式真空包装机 如图 8-6 所示，其工作过程为：将人工装好物料的塑料袋放在台面上的承受盘 9 的腔室内，关闭真空槽盖 1 后便由限位开关使继电器控制后面的真空包装工序自动连续地进行下去。各工序所需时间可由定时器任意调节。其真空回路 5 和 7 的转换阀 6 有由电磁阀单体组成的转换阀和复合转换阀。阀座应耐腐蚀。

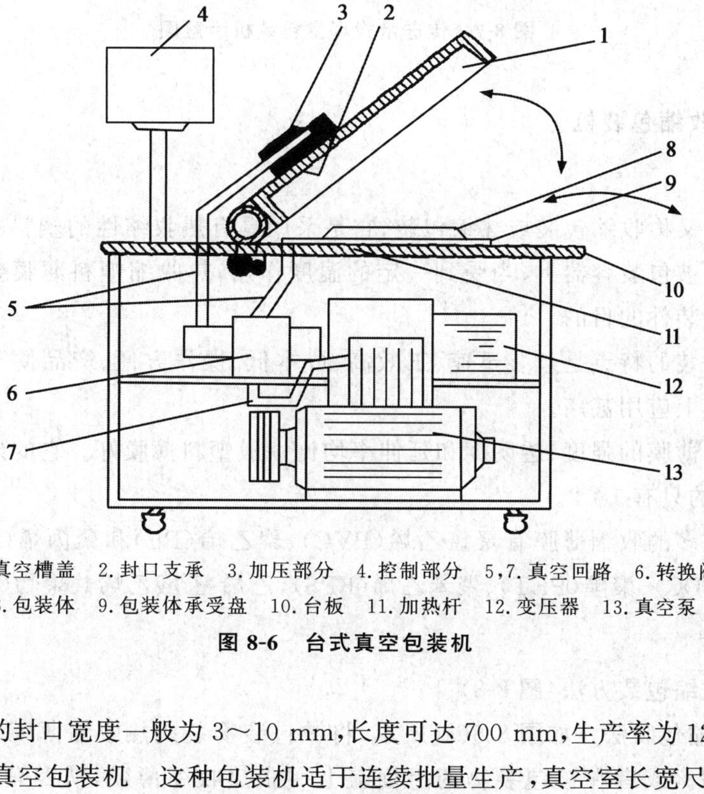

1. 真空槽盖 2. 封口支承 3. 加压部分 4. 控制部分 5,7. 真空回路 6. 转换阀
8. 包装体 9. 包装体承受盘 10. 台板 11. 加热杆 12. 变压器 13. 真空泵

图 8-6 台式真空包装机

加工包装体的封口宽度一般为 3～10 mm，长度可达 700 mm，生产率为 12～30 袋/min。

b. 传送带式真空包装机 这种包装机适于连续批量生产，真空室长宽尺寸为 950 mm×1 010 mm，高为 200～300 mm。图 8-7 为传送带式真空包装机示意图。

c. 真空收缩包装机 用于需要排除空气、缩小物料体积的收缩包装，包装物外形平整、美观、体积小，便于贮藏和运输。

真空泵是真空包装机的主要工作部件，其性能好坏将直接影响到真空度的高低。真空包装机中采用的真空泵主要有两种类型：一种是油浴偏心转子式真空泵，也称滑阀式真空泵；另一种是油浴旋片式真空泵。转子式真空泵一般用于排气量为 500 L/min 以上的真空包装机上，而旋片式真空泵通常用于最小排气量为 300 L/min 的包装机。

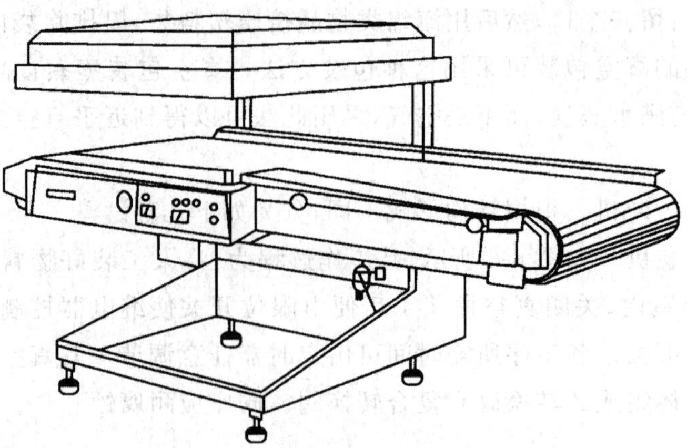

图 8-7　传送带式真空包装机示意图

3.3.3　热收缩包装机

1. 工作原理

热收缩包装又称收缩包装或热缩包装，它是采用具有热收缩性的塑料薄膜，直接包裹在食品上或覆盖在被包装容器上，当受到一定的温度作用，热收缩塑料薄膜会自行收缩，从而达到紧贴住被包装件的目的。

热收缩膜包装的特点是包装迅速、工效高、成本低、操作方便、产品便于运输和销售，因此在食品加工业上应用甚广。

热收缩塑料薄膜的强度、透明度和延伸率均比一般塑料薄膜好。它的延伸率为1∶(4～7)，而普通薄膜的只有1∶2。

目前应用较多的收缩薄膜有聚氯乙烯(PVC)、聚乙烯(PE)和聚丙烯(PP)，其次还有聚偏二氯乙烯(PVDC)、聚酯(PET)、聚苯乙烯(EPS)，乙烯-乙酸乙烯共聚物(EVA)等几种。

2. 包装方法

有三种热收缩包装方法(图 8-8)。

(1)搭接收缩包装法　如图 8-8(a)所示，将被包装物装入热收缩薄膜袋中，密封后经热缩隧道进行收缩。或者在被包装物的上面盖上一张热收缩薄膜，从四角到底部折叠成图 8-8(a)中 1B 所示形状。由加热输送带送到热缩隧道进行加热，使其收缩。

(2)套筒收缩包装法　如图 8-8(b)所示，将圆柱形或长方形食品用管状收缩薄膜包裹着，在薄膜包裹的宽度方向约有 20 mm 的重叠，在长度方向留有 30～50 mm 的余量，先将两端加热紧固，再使整体收缩。

(3)罩盖式收缩包装法　如图 8-8 (c)所示，这是一种有边容器的包装方法，用一张热收缩薄膜罩盖在被包装件的容器或托盘边缘的下部，然后进行加热收缩。

3. 加热方法

加热方法主要有两种。

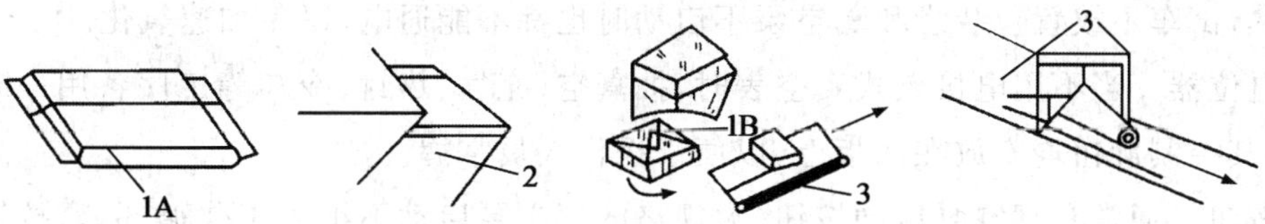

(a)搭接法

1. 包封后的被包物　2. 热缩隧道　3. 加热输送带

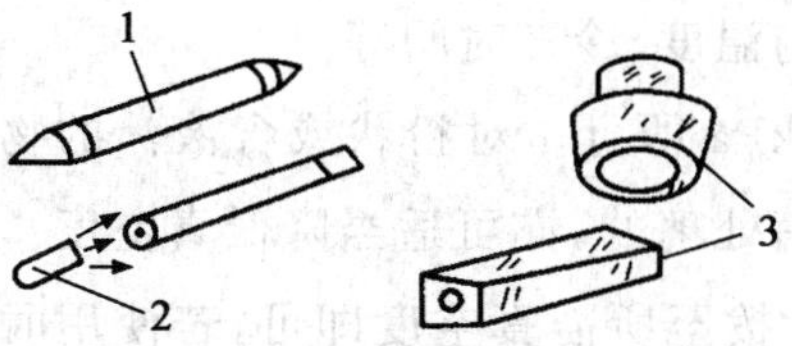

(b)套筒法

1. 热缩前包装物　2. 用热风喷嘴热缩　3. 热缩后包装物

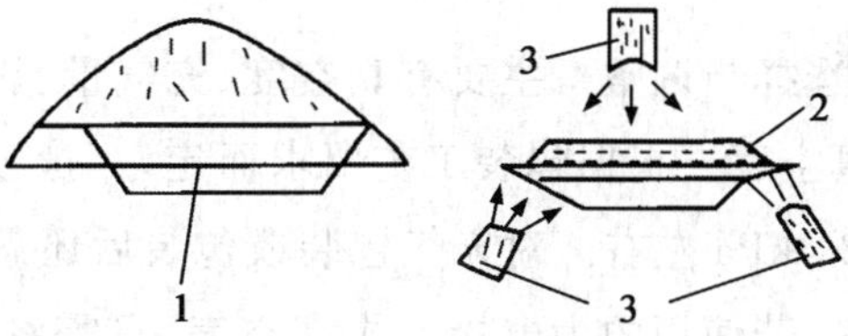

(c)罩盖法

1. 加盖薄膜未热缩包装物　2. 用热风喷嘴热缩的包装物　3. 热风喷嘴

图 8-8　热收缩包装方法

(1)热缩通道加热　它由内衬绝热材料的加热箱、输送带、主动轮及冷风机等组成。

(2)热风枪手工加热　对于批量小，不适于建造专用的加热通道的收缩包装，可以采用热风枪手工加热。

3.3.4　真空包装设备的操作与维护

1. 操作

使用前详细阅读并理解“使用说明书”中的各项内容，掌握操作程序和要领，各机型的使用方法大体相同，这里仅就一些有关的共性问题做出说明。

(1)操作面板　操作面板上一般有电源开关、指示灯、转换开关、电位器、按钮等，有时真空表也放在面板上。

①电源开关　常用钥匙开关接通或断开控制回路，停机时应取出以确保安全。对手动开闭真空室的机型，如要闭盖停止工作，应先切断电源，否则会因合盖压合行程开关，导致工作循环开始。

②指示灯　通常有电源、抽真空、充气、热封、冷却等各指示灯，进行到哪一工序，相应指示灯亮，其余不亮。

③转换开关　有“真空—充气”开关，需充气时要置于“充气”位置，此时按“两个抽真空—充气”的顺序进行。若置于“真空”位置时，则循环会跳过“充气”工序；热封电压选择开关一般有 3～8 档，也有无级调整的，通过改变热封电压来变换热封温度，除此之外，对于有两个以上热封条的机型，还有封口“通—断”选择开关，对不用的热封条断电，因热封条不能

空载加热，试车不放置包装袋和真空泵不启动时也都不能通电，以免加速氧化。

④电位器　当不用电接点式真空表时，抽真空、充气、热封、冷却等工序各用一时间继电器控制，其控制旋钮均安放在面板上，以便于操作人员掌握。

⑤按钮　通常有真空泵启动按钮(大规格的真空泵启动不纳入工作循环，靠按钮控制时才有此按钮)；紧急停车按钮，在出现紧急情况时使用，按下后，所有程序中断，并向真空室导入大气，打开真空室盖，检查处理故障。重新启动前，需使紧急停车按钮复位，否则不能正常启动。

(2)选择与调整　主要有真空度、充气量、热封时间与温度、冷却时间等。

①真空度　根据包装工艺要求而定，一般使用 1.3 kPa 即可。对粉状或含液汁的物品可降为 20 kPa 左右。对充气包装或包装后还需进行杀菌处理的，亦可适当降低真空度。调整方法是：若使用的为电接点式真空表，只需将上限指针拨至所需真空度即可；若使用时间继电器间接控制真空度，则应让时间稍微滞后一些，使包装袋的真空度能与真空室的真空度趋于一致。

②充气量　根据包装袋的大小和包装要求而定。因袋内充气量与充气时间、充气后真空室内的压力有较稳定的对应关系，故可通过调整充气时间，改变充气后真空室的压力来调整充气量。具体做法是：在满足包装袋充气量的前提下，使充气后真空室压力尽量低些，通常将此压力值控制在不超过 20 kPa；若使用电接点式真空表，可直接把下限压力调至选定值；若使用时间继电器控制，则需反复调整几次，直至达到要求为止。

③热封时间与温度　常用包装材料的封口温度为 90～230℃，通过改变热封电压来改变温度。热封时间一般为 1～3 s，不超过 5 s。对时间和温度这两个参数应配合调整。热封电压由电压选择开关控制，电压选择由低到高，时间选择由短到长，根据封口质量做最后判断。短一点的参数以提高工效。在工作一段时间之后，参数可能会有所变化，应再作相应的调整。

④冷却时间　电热带停止加热后需继续加压数秒，使封口处平整牢固，也就是说，封口应在受压状态下冷却，这段时间即为冷却时间，一般为 2～3 s，最长不超过 5 s。时间过长会影响生产效率。冷却时间与季节、环境温度、热封条散热速度、冷却方式，以及包装材料性质等有关，亦需调整选择最佳值，通常可由时间继电器控制。封口质量测试应符合真空充气包装机通用技术条件 GB 9177—2004 的有关规定。

(3)充气　可充单一气体，也可充混合气体，充气种类及配比根据包装物品的性质确定。

①气源　充单一气体可用瓶装气、管道气。氮气可用碳分子筛制氮机制取，也可将制氮装置与主机融为一体。充混合气体时需使用气体混合装置，按一定比混合后再充入包装袋。有时这种装置是作为整机的一部分，有时又是作为配套设备。注意混合气体种类一般不超过三种，如有多台机器同时使用同种混合气体，可集中混合后，再分别输入各包装机。

②纯度 不同包装物品对气体纯度有不同的要求，例如茶叶包装，氮气纯度要求在99.9%以上，对食品包装符合食品卫生要求，例如 O_2 应为医用级，CO_2 应为食品添加剂级。

③压力 输入气体的压力应在保证充气量的前提下尽量小，否则会使热封压力下降，影响热封质量。压力大小可通过减压阀调整，有压力表显示。一般为0.1～0.15 MPa，最大不超过0.2 MPa。

④节约气体 因充一种气体前需将管道中的混合气体抽掉，先充入的气体被抽出的次数就更多些，即损耗大些，故应将贵重气体后充入。此外，气嘴要插入包装袋，当充气嘴数多于包装袋数时，多余气嘴应关上或封堵，这样可节约气体。

(4)其余操作注意事项

①垫板的使用 腔室式真空包装机通常都带有许多垫板，其作用是将包装袋垫到便于封口的最佳高度。此外，垫板还可减少真空室体积。故在确保包装操作方便和质量可靠的前提下，可尽量多放一些垫块以缩短抽真空的时间。但对有液汁的，应注意袋口不能太低，否则液汁会溢出，应使包装袋封口处略高于包装物品。

②盖子轻度变形 真空室盖因种种原因可能有轻度翘曲变形，致使关闭不严，抽气时真空室压力不降低。这时可用手按一下翘起的部位，压力开始下降后即可松手。但若压力不下降，则表明变形太大，需修理或更换。

③手动阀的使用 若真空泵出口处有手动阀，可用于降低抽速，防止粉状、含液汁的物品溢出。

④及时清理 每操作一段时间后，要及时对真空室进行清理，一可确保包装质量，二可确保清洁卫生。因真空及充气包装只能抑制细菌的生长，并不能杀菌，严格注意清洁卫生对延长食品保存期是非常重要的。此外，包装袋内的封口处要防止粘上被包装物品，以保证封口质量。

⑤对操作人员的要求 操作人员要熟知设备性能、操作要求及程序，使用前应认真阅读“使用说明书”，最好经过培训取得合格证再上岗。另外，操作人员的身体要定期检查，必须健康方可上机；每次工作前，要洗手、消毒，严格注意清洁卫生，并保持工作环境的卫生整洁，减少污染。

2.维护

真空包装机的维护应以产品说明书为准，现就其重要内容加以介绍，主要是真空泵、真空系统、真空室和热封装置4个方面。

(1)真空泵 真空包装机广泛使用单级旋片泵，其维护工作有以下几个方面。

①泵油 泵油的油量、油质对泵的工作有很大影响，要注意以下几点：每天检查油位，如油位下降到油标的1/4高度时，应补充到3/4高度；每隔50 h检查油质，如变质应换新油，换

油前至少运行 15 min，停泵后立即放油更换；当包装物水分多时，可引起泵油的皂化，对皂化油要及时更换，换出的油经脱水后仍可使用；运转 500 h 或 3 个月后应更换泵油，如包装物品中水分多或有其他易污染泵油的物质存在时，周期还得再短些；如泵油污染严重需清洗时，可用新油或清洗油清洗，即注油后开泵 30 min，停泵后立即放油。若效果仍不佳，则需重复几次，至达到要求为止；若泵长期不用，应放油清洗，注入新油，关闭吸气口，运转 1～2 min 使新油充分进入泵内各部分，对泵起保护作用。

②排气过滤器的维护要求　在包装物品较清洁，每天只工作 8 h 的情况下，更换周期为半年至一年；若包装物品含杂质较多，或每天工作时间延长，则应增加清洗和更换次数；若经清洗后油雾仍不能消除，说明清洗已不起作用，必须予以更换。

③进气口过滤器和过滤网　其维护方法和原则基本同上，进气口处有一金属丝滤网，应保持清洁状态，若堵塞将引起抽速下降。

(2)真空系统　维护对象是真空系统中除泵之外的所有阀、管道、接头及其连接处、密封件、密封面等。

①真空阀　所有的阀都应在干燥、清洁的环境中工作，其配合面、滑动面、密封面及外壳均应定期清洗，防止黏附灰尘和油污，保持清洁。

②密封　真空系统各部分必须保持良好的密封，否则会因泄漏直接影响使用。要经常检查密封件是否老化、是否有划痕或损伤及破缺等，发现有这些现象时应及时更换；各螺纹连接处，凡拆卸再装配时须缠以聚四氟乙烯塑料薄膜，对密封区域再涂以密封胶。

③其他　若系统中有空气滤清器，须定期清洗；若还有分水滤气器，须定期放水。

(3)真空室　除保持清洁、班后清洗之外，还需注意保持干燥，防止电热带短路。如发现使用中真空度不稳定，有缓慢下降的现象时，应检查盖子与室体的密封。真空室盖上的橡胶密封圈是保证真空密封性的关键件，一定要防止划伤、断裂和腐蚀。若已有损坏，须及时更换。另一种可能是盖子有变形，引起密封不良，也需修理矫正。

(4)热封装置　热封装置的维护十分重要，要注意以下几个方面。

①电热带　首先特别要强调不能空载加热，其次是在真空室压力大于 0.05 MPa 时，也不得加热。此外还要防止电热带产生折痕，有折痕将会引起过热，影响封口质量和使用寿命，当发现有折痕时应及时取下用木槌轻轻敲平，然后再装上使用。

③纤维布　覆盖在电热带上的聚四氟乙烯玻璃纤维布应保持清洁，可涂以硅脂保护，防止粘袋。若纤维布出现焦化、断裂、破损时，应及时更换，更换时应注意粘接平整，贴合可靠、牢实。

④其他　内有水冷却的密封装置，必须保持水源畅通才能工作，要每班进行检查。与包装袋封口处相接触的耐热橡胶垫也应保持清洁，防止腐蚀和老化。若已出现老化现象时，务必及时更换。

任务二　水果鲜切制品的加工

【任务要求】

1. 生产所用设施、设备和工器具，应符合 GB 14881—2013 的规定。

2. 针对场所及设施卫生管理、清洁和消毒，生产人员健康管理与卫生的要求，应符合 GB 14881—2013 的规定，并参照《鲜切蔬菜加工技术规范》(NY/T 1529—2007)的相关内容进行制定。

3. 针对原料和食品相关产品的要求，应符合 GB 14881—2013 的规定。

4. 针对生产过程食品安全控制，应符合 GB 14881—2013 的规定。

【工艺流程】

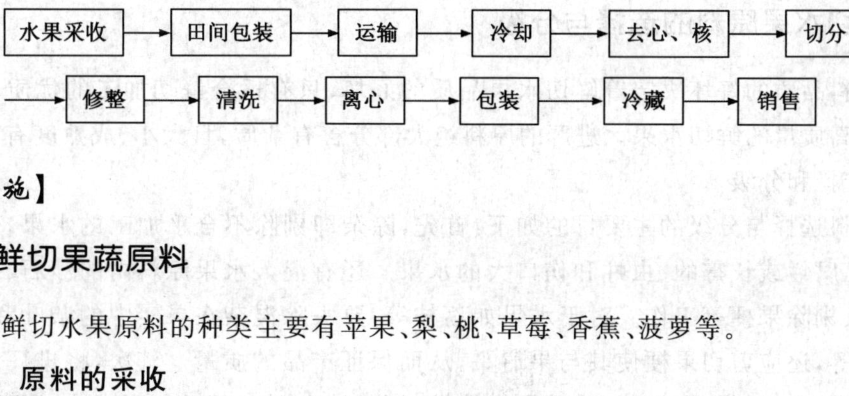

【任务实施】

1　鲜切果蔬原料

作为鲜切水果原料的种类主要有苹果、梨、桃、草莓、香蕉、菠萝等。

1.1　原料的采收

作为鲜切水果的原料必须是品种优良、新鲜饱满、大小均匀、适宜成熟度的产品，不得使用那些有腐烂、病虫害、斑疤等不合格原料。

用于加工成鲜切水果的原料，在接近采收前，应掌握正确的灌溉时间和灌溉量以及水质，避免灌溉含菌多的污水，原料产地应离牲畜圈远些，按照果蔬施药的相关法规严格进行。有的水果在采前喷洒一定浓度的钙盐，可使组织的硬度和弹性得以改善，并减轻生理病害；喷洒一定浓度的乙烯利可改善果皮色泽并促进成熟；喷洒一定浓度的赤霉素可推迟成熟过程，延长货架期等。就鲜切水果而言，最适采收期必须是水果具有了本品种特有的满足鲜食要求的色、香、味和组织结构特征，即达到鲜切成熟度；采收时间应避开雨天、露水未干及中午高温时，人工采收务必细致，尽量保护好产品，避免形成创伤及污染，采收中注意剔除各种杂质、未成熟果、病害果和伤果，挑选质量好的水果原料。

1.2 原料验收

在鲜切水果加工企业应该设置原料微生物学检验这一关键控制点，以便准确掌握主要污染的微生物种类和数量，为调整工艺和加强质量控制、及时采取措施提供依据。

2 鲜切水果原料的贮藏

由于水果的成熟期短，采收集中，一时加工不完就需进行贮藏，以便延长加工时间。

2.1 短期贮存

原料运到加工企业后，宜将包装原料堆码存放于清洁、阴凉、干燥、通风良好、不受日晒雨淋的场所，堆码高度以便于搬运、底层箱篓不被压坏为原则。原料根据种类不同，在自然条件下贮存的期限也不同。如葡萄、草莓、梨（早熟种）为 2 d；苹果、梨（中晚熟）为 7 d，所有原料要在贮存期限内进行加工。

2.2 长期贮存

长期贮藏是要创造温度较低而稳定、湿度适当、气体交换良好、不受阳光直射、病菌不宜繁殖、管理方便的环境条件。常以常温贮藏、机械冷藏、气调贮藏等方式进行，常常配以化学药剂处理。

3 鲜切水果原料的选择与分级

水果原料品质的好坏决定着鲜切水果品质的好坏，只有适合鲜切加工的优质水果原料才能加工出高质量的鲜切水果。进厂的原料绝大部分含有杂质，且大小、成熟度有一定的差异，要进行选择和分级。

水果原料选择与分级的主要目的如下：首先，除杂即剔除不合乎加工的水果，包括未熟或过熟的，已腐烂或长霉的、虫蛀和伤口大的水果。还有混入水果原料内的沙石、虫卵和其他杂质，以及剔除果梗等工作。对于水果如荔枝等，要去除混杂在果实中的杂叶和杂物、果梗上的叶片等，还应剪切果梗使其与果肩平，从而保证产品的质量。其次，将进厂的原料按大小、成熟度和色泽、品质、形状、质量指标等进行分级，有利于以后各项工艺过程的顺利进行，保证以后工艺处理的一致性，使其具有良好的产品质量和数量，同时也降低能耗和辅助材料的用量。

3.1 手工分级

在生产规模不大或机械设备较差时常用手工分级，同时可配备简单的辅助工具，如圆孔分级板、大小分级尺、重量秤等。

3.2 机械分级

使用分级机械可提高分级效率和质量，目前分级设备常用的有：滚筒式分级机、振动筛、分离输送机等。

4 鲜切水果加工原料的预处理

鲜切水果加工原料的预处理包括清洗、去皮、预冷等工序。

4.1 原料的清洗

水果原料清洗目的在于洗去水果表面附着的灰尘、泥沙和大量的微生物以及部分残留的农药,保证产品的清洁卫生,从而保证制品的质量。原料的清洗关键技术是:清洗用水的卫生性,清洁剂的正确使用和科学的清洗方法。水果的清洗方法可分为手工清洗和机械清洗两大类。

4.2 水果的去皮

大部分水果外皮较粗糙、坚硬,虽有一定的营养成分,但口感不良,对加工品质量有一定影响。因而,一般要求去皮。水果去皮的方法主要有手工去皮、机械去皮。

4.3 切分(割)

用于鲜切生产的水果,按产品的要求经洗净后进行切分,是鲜切水果生产的必要环节。此过程会对植物组织造成伤害,但用锋利的刀片则可以减少这种伤害。在低温下,一般生产车间应在低于12℃下进行机械或手工操作。

切分主要有切片、切块、切条、切丝、切丁等。水果切分的大小是影响产品品质的重要因素之一。切分越小,总切分表面积就越大,水果相应的保存性就越差。因此,加工时要尽量减少切割次数,同时应使用刀身薄、刀刃利的切刀。一般切刀应为不锈钢材质。在多数工艺中,产品切碎后就立即进入冲洗池。由于切割须在水中进行,法国试用了一种方法,即水喷射切割。因为采用此种方法能使受到伤害的细胞的内部液体被水冲走,因而与其他的切割方法相比能显著减少褐变。

5 鲜切水果加工保鲜处理

5.1 护色

鲜切水果的褐变主要是酶促褐变,防治措施如控制酶的作用和氧气的浓度,或添加抑制剂或隔绝鲜切水果与氧气的接触。护色剂一般可采用异抗坏血酸钠、植酸、柠檬酸、$NaHSO_3$等,或采用它们的混合物。这些护色剂浓度越高,浸泡时间越长,护色效果就越好。

(1)NaCl护色　通常加工中采用1%～2%的NaCl溶液护色,使酶活力被NaCl溶液破坏,同时氧气在NaCl溶液中的溶解度比空气中的小,也可起到一定的护色效果。护色后要漂洗干净。

(2)酸溶液护色　酸性溶液中氧气的溶解度较小,可以降低pH及多酚氧化酶的活力,又兼有抗氧化作用,而且大部分有机酸是水果的天然成分,效果较好。常用的酸有柠檬酸、苹果酸或抗坏血酸等,由于抗坏血酸费用较高,生产上一般采用柠檬酸,浓度为

0.5%～1%。

5.2 脱水

切分水果护色后，其内外都有许多水分，若在这样的湿润状态下放置，很容易变质或老化，因此，需要进行适当地加工以去掉水分。脱水可用冷风干燥机干燥，也可用离心机处理，通常情况下选用后者。离心机脱水时间要适宜，如果脱水过分，产品容易干燥枯萎，反而使其品质下降。

5.3 杀菌

经过去皮、切分(割)、护色、脱水后，水果表面上虽然细菌总数大大减少，但是仍有较多的残留细菌，因此有必要进行杀菌处理。鲜切水果一般选择紫外线灭菌器杀菌。杀菌过程要掌握好时间，既不能过长，也不能过短。时间过长，则可能由于温度升高而导致产品的品质劣化；时间过短则达不到相应的杀菌效果。

6 鲜切水果预冷包装

6.1 预冷

预冷就是指在水果贮藏或运输之前，迅速将其温度降低到规定温度的措施，是指原料从初始温度(30℃左右)迅速降至所需要的终点温度(0～15℃)的过程。冷却和快速冻结前的快速冷却工序都称为预冷。

预冷的目的就是要迅速消除水果采摘后自身存在的田间热(或者叫生长热)，降低水果温度，抑制水果采后依然旺盛的呼吸，最大限度地延长水果生理周期；预冷还可减少贮后制冷机械的能源消耗，对采用塑料薄膜袋、帐密封气调冷藏的水果，还可以防止造成袋、帐内的结露。另外，预冷还能增强水果的抗冷害能力和抑制病原微生物的繁殖，减少水果腐烂。

预冷的方式和特点：水果预冷的方式有多种，各种方式都有其优点和缺点。预冷时应根据水果种类、数量和包装状况来决定采用最适宜的预冷方式和设施。

1. 空气预冷

空气预冷可分为室内冷却法和强制通风冷却法。

室内冷却法特点：冷却速度很慢，一般需要一昼夜甚至更长时间。但此方法操作简单，不需另外增设冷却设备，冷却和贮藏同时进行。但对于易变质腐烂的产品则不宜使用。

强制通风冷却法的特点：是采用专门的快速冷却装置，通过强制空气高速循环，使产品温度快速降下来。但其缺点是冷却表面不均匀，水果表面温度低于内部，贮藏箱内堆放的水果中，下部的温度要高于上部的温度，无法迅速将水果体内的田间热快速带出，且能量消耗也较高。但其优点是基本可以适用于所有农产品的预冷保鲜。

2. 水冷却

水冷却可分为喷淋式、浸渍式等几种。

水冷却法的特点：适用于表面比较小的水果；成本低，淋湿被预冷产品，易使水污染，应间隔一段时间更换一次水。水冷却的速度涉及许多因素，如冷却介质的温度和运动速度，水果体积和导热系数大小，产品堆积的形式和包装方式等，水冷却较空气冷却速度快、产品失水少。最大缺点是促使某些病菌的传染，易引起水果的腐烂，特别是受到各种伤害的产品，发病更为严重。

3. 差压预冷

差压预冷冷却速度较快，一般可在5～7 h将料温从30℃左右降到5℃左右，但在冷却时间和处理量上不如真空预冷。并且差压预冷库要能应付集中的大量负荷，要有高风压的风扇，要按照指定的方法排列，要用特殊开孔的纸箱。

4. 包装加冰冷却

包装加冰冷却方式适用于那些与冰接触不会产生伤害的产品，其作用比较有限，只能作为上述几种方式的辅助措施。

5. 冷库预冷

冷库预冷速度较慢，一般需要1～3 d才能冷却到预定温度，而且产品入库前几天就要开机运转以达到预冷温度，能耗较大，物品内在温度难以散发。冷库预冷的特点：当产品降到要求的低温后，需要移到另一冷库内按贮藏要求将产品装袋扎口并进行摆放和堆码。

6. 真空预冷

真空条件加快了水分的蒸腾。水果中的潜热随水蒸气释放到体外，从而使产品温度下降。这种方式具有冷却速度快、冷却均匀、效果好、操作方便等特点。真空预冷还不受包装容器和材料的限制，纸箱、木箱都可使用，而且冷却速度与不包装的产品几乎无差异。其缺点是设备成本较高，一次性投入大。

6.2 包装

水果切分后若暴露于空气中，很容易因失水而萎蔫，因氧化而变色，所以应尽快进行包装，防止或减轻此类不良变化。为了保持鲜切果蔬新鲜品质和延长货架期，就要选择适宜的包装材料、包装方法及包装类型。包装车间温度一般为4～6℃。

1. 包装材料的选择

一般根据鲜切水果种类的不同而选择不同种类和厚薄的包装材料。使用最多的有聚氯乙烯(PVC)、聚丙烯(PP)、聚乙烯(PE)、乙烯-乙酸-乙烯共聚物(EVA)及其他的复合薄膜。

2. 包装方法的选择

包装方法上既可以用真空包装机进行真空包装，也可以进行气调包装。相对而言，气调包装效果较好，但工序复杂，且成本较高，所以多数企业选择真空包装。

3. 包装类型的选择

(1)运输包装和销售包装　运输包装的主要功能是在装载、运输、卸货时起保护作用，主要材料有木箱、塑料箱、纸箱及麻布袋等。销售包装的主要功能是在鲜切水果展示销售的过程中起到保护、展示、方便消费者携带等作用，包装材料有聚乙烯、聚丙烯、醋酸纤维等做成的提袋，纸板、塑料板、泡沫塑料或薄木板做成的盘、盒等，采用的包装设备主要有装袋机和装盘机。

(2)产地包装和售地包装　产地包装有劳动力成本低、可减少运输质量、可与水果的清洗和分级配套进行等优点；对于易腐烂水果倾向于售地进行包装，因为在销售之前可以进行水果的修整和分级以保持水果的新鲜度，还可以对不同时期不同地区运到的水果进行包装，包装线的利用时间较长。

7　鲜切水果冷藏运销

鲜切水果要进行低温保存。在一定范围内环境温度越低，鲜切水果的生命活动进行越缓慢，营养素消耗越少，保鲜效果也就越好。每种水果都有其最佳保存温度，但考虑到实际生产需要，不可能每种水果都用最适冷藏温度，因此一般采用 4～6℃的冷藏温度，这样的条件下可避免发生冷害现象。

水果从包装车间到达消费者，在运输或转运过程中应保持所需求的低温范围，根据水果的性质和价值可选择如冷藏火车、汽车和船等运输工具。20 世纪 70 年代以来，冷藏货柜已广泛应用于国际贸易。

销售时一般采用冷柜，冷柜温度一般保持在 5℃左右、湿度保持在 85%～90%较好，可以保证鲜切水果的新鲜度。超市和连锁店一般都有低温冷库进行产品的暂存。

综上所述，水果从采收一直到消费者手中，整个流程都应保持适当的低温范围，形成所谓的冷链流通系统，从而对鲜切水果产生较好的保鲜作用。

【案例】

1　鲜切菠萝的加工

1.1　工艺流程

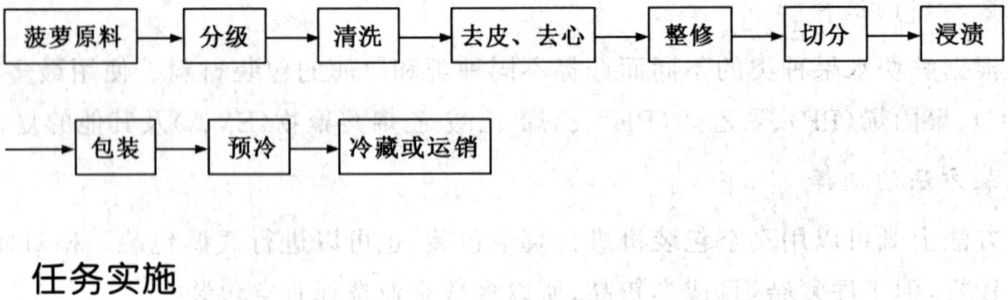

1.2　任务实施

1. 原料选择

要求成熟度八九成、新鲜、无病虫害、无机械损伤的菠萝。

2. 洗涤、分级

用清水洗去附着在果皮表面的泥沙和微生物等，按果实的大小进行分级。

3. 去皮、去心

用机械去皮捅心，刀筒和捅心筒口径要与菠萝大小相适应。

4. 整修

用不锈钢刀修去果皮及果上斑点，然后用水冲洗干净。

5. 切分

根据用户要求切分，如横切成厚度为 1.2 cm 的圆片、半圆片、扇片等，也可以切成长条状或粒状等。

6. 浸渍

把切分后的原料用 40%～50%糖液浸渍 15～20 min。糖液中加入 0.5%柠檬酸、0.1%山梨酸钾、0.1%氯化钙。

7. 包装、预冷

捞起用 PE 袋包装，按果肉与糖液之比为 4∶1 的比例加入糖液。尔后送至预冷装置预冷至 5～6℃。

8. 冷藏、运销

产品装箱后在 5～6℃的冷库中贮存或在 5～6℃的环境下销售。

2　鲜切荔枝的加工

2.1　工艺流程

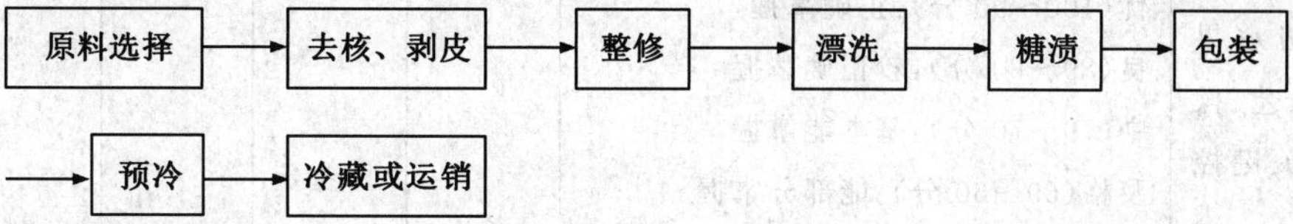

2.2　任务实施

1. 原料选择

选新鲜、八九成熟的荔枝，剔除病虫害、腐烂果。

2. 去核、剥皮

用荔枝专用去核器，对准蒂柄打孔，蒂柄去除深度以筒口接触到果核为度，夹出核后，剥去外壳。

3.修整

操作过程中谨防果肉损伤。

4.漂洗

用清水冲洗干净，沥干水分。

5.糖渍

注入40%～50%糖液，同时加入含0.5%柠檬酸、0.1%山梨酸钾、0.1%氯化钙的混合液护色，果肉与糖液比例控制在4∶1。

6.包装、预冷

包装后的产品直接送入预冷装置预冷至3～5℃。

7.冷藏或运销

放入冷库冷藏或直接运销，产品温度控制在3～5℃。

【任务评价】

表8-2 学生课堂表现评价表

企业(班级)： 部门： 姓名：

项目名称	评价标准	师傅	徒弟	部门	平均分	备注
鲜切水果原料选择	优(100～90分)：正确选择 良(89～80分)：较正确选择 中(79～70分)：基本能选择 及格(69～60分)：能部分选择 不及格(<60分)：不能选择					
掌握鲜切水果制品的工艺、操作要领、关键控制点	优(100～90分)：正确掌握 良(89～80分)：较正确掌握 中(79～70分)：基本能掌握 及格(69～60分)：能部分掌握 不及格(<60分)：不能掌握					
部门合作	优(100～90分)：按分工，积极参与 良(89～80分)：按分工，较积极参与 中(79～70分)：按分工，基本参与 及格(69～60分)：按分工，能部分参与 不及格(<60分)：不参与					

续表 8-2

项目名称	评价标准	师傅	徒弟	部门	平均分	备注
职业素质	优(100～90 分):沟通表达、分析解决问题、团队合作、组织协调、严谨工作等职业素质高 良(89～80 分):职业素质良好 中(79～70 分):职业素质一般 及格(69～60 分):职业素质较差 不及格(<60 分):职业素质差					
总分						
平均分						

【师徒共研】

1.鲜切水果加工中常出现的问题

(1)切分大小及工具选择的影响　切分大小是影响鲜切水果品质的重要因素之一,切分越小,切分面积越大,保存性越差。刀刃状况与所切水果的保存时间也有很大关系,采用锋利的刀具切分保存时间长,钝刀切分由于切面受伤多,容易引起切面褐变。

(2)病原菌数也与保存中的品质密切相关　病原菌数量多的比少的保存时间明显缩短。因而要求加工过程中的清洗必须彻底,除用水洗去水果表面附着的灰尘、污物外,还要加入一定的化学洗涤剂进行必要的消毒。同时,经常检查操作员的健康状况,定期进行车间和工具的消毒,从而尽可能地降低微生物和病原菌数量,延长贮藏寿命和货架期。

(3)包装材料的透气性对鲜切水果的品质影响很大　透气性过大,鲜切水果会发生萎蔫、切断面褐变;透气性太小,鲜切水果会处于无氧呼吸状态,从而导致异臭及产生酒精。在选择包装薄膜的时候,应考虑尽量使包装袋内的气体处于一个有利于贮藏的环境,降低呼吸速率,减轻代谢作用及褐变,从而延长贮存期。

(4)洗涤是延长鲜切水果保存时间的一个重要处理过程　洗涤用水必须干净、卫生、符合饮用水标准,否则,不仅起不到清洗作用,反而使切分后的原料在冲洗时直接感染微生物及其他病原菌,从而导致产品腐败。

(5)温度是影响鲜切水果加工和贮藏的重要因素　在加工过程中,应尽量避免高温作用,为防止在脱水、包装等工序中温度回升,可以采取低温真空操作,并且对产品的冷却要及时。在贮存时,尽量将包装小袋单层摆放成平板状,使产品的中心温度很快降下来,尤其是放入纸箱保管时更应如此。在贮存、运输和销售过程尽可能使用冷冻冷藏车,使温度保持在

5℃以下。

2. 鲜切水果的保鲜措施

鲜切水果因在生产过程中去皮、切分等加工将使组织损伤，导致色泽改变、果实软化、木质化、易腐烂等现象，为微生物的繁殖生长提供了有利的条件，也增加了微生物对水果的污染机会，因此鲜切水果的保鲜技术是延长其货架期的重要加工环节。

(1)低温控制技术　温度是影响鲜切水果品质变化的主要因素。低温保藏能有效减缓酶和微生物的活动，是一种保存食品原有新鲜度的有效方法。鲜切水果都需进行冷藏，冷藏一方面可以抑制水果的呼吸强度，降低组织的各种生理生化反应速度，延缓衰老和抑制褐变，大多数酶活性化学反应的温度系数 Q_{10} 为 2～3 的范围内。这就是说温度每下降 10℃，酶活性就会削弱 1/3～1/2。假设 Q_{10} 为 2.5，温度从 30℃降到 10℃，食品中的变化幅度可以减少 6.25 倍，即保藏期可延长 6 倍；另一方面，任何微生物都有一定的正常生长和繁殖的温度范围，降低温度后，微生物的生理代谢被抑制，微生物的生长与繁殖被抑制。因此，适宜的冷藏温度对鲜切水果保鲜十分重要。大多数鲜切水果在 10℃以下温度内贮藏，但是在低温贮藏时要注意避免冷害现象的发生。

(2)自发调节气体包装(MAP)　保鲜的基本原理是通过使用适宜的透气性包装材料被动地产生一个调节气体环境，或者采用特定的气体混合物及结合透气性的包装材料主动地产生一个调节气体环境。其目的是在包装中建立一个最适宜的气体环境，使产品的呼吸活性维持在尽可能低的水平上，且 O_2 和 CO_2 的浓度水平不能对产品造成危害。在生产中控制贮藏环境的气体指标为 2%～5% O_2 和 2%～5%的 CO_2，如果结合使用乙烯吸收剂，则阻止水果品质劣变和组织软化的效果更好，通常使用的乙烯吸收剂有高锰酸钾、活性炭加氯化钾等催化剂。

(3)保鲜剂贮藏保鲜　为了减少鲜切水果的褐变反应率和延长货架寿命，早期使用亚硫酸盐或酸式亚硫酸盐，取得了较好的效果。但是，由于这两种含硫的盐对一些气喘病人能引发好几种类似过敏的反应。最近，美国 FDA 已禁止亚硫酸盐类在某些食品生产中使用，现在常常采用安全的食品保鲜剂处理，如利用抗氧剂维生素 C 来消耗氧气，利用酸、螯合剂等抑制或钝化酶活性，从而有效地抑制水果组织的褐变。保鲜剂多用化学添加剂如抗坏血酸和异抗坏血酸及其钠盐，*L*-半胱氨酸、柠檬酸、4-取代基间苯二酚(4-HR)等。研究表明，抗坏血酸＋柠檬酸(10 g/L＋2 g/L)的混合物及抗坏血酸＋氯化钠(10 g/L＋5 g/L)的混合物能抑制苹果切块中 PPO 活性的 90%～100%。因此，常温下选择适当的保鲜剂处理对鲜切水果的保鲜、运输及销售具有十分重要的意义，但对于不同品种的水果采用哪种保鲜剂类型组合及浓度的配比，还需要进一步的研究。

(4)涂膜保鲜技术　涂膜保鲜就是将可食性膜涂于果蔬表面而形成涂层，达到改善产品质量的目的。因为涂膜包装处理后可以使食品不受外界氧气、水分及微生物的影响，因而可以提高产品的质量和稳定性。用于鲜切果蔬的涂膜包装材料主要有多聚糖、蛋白质及纤维素衍生物，由于其方便、卫生且可食用等特点近年来应用得比较多。不同的涂膜材料有不同的特性，如多聚糖有良好的阻气性，能附在切面；蛋白质成膜性好附在亲水性切面，但不能阻止水的扩散。根据不同涂层物质的特点，在配置涂膜配方时通常进行复配，在涂膜中有时加入防腐剂如山梨酸钾和抗氧化剂如叔丁基对羟基茴香醚等。另研究表明，海藻酸钠、卡拉胶等也可作为涂膜剂，也有利于鲜切水果的保鲜。

(5)冷杀菌保鲜剂

①紫外线：紫外线杀菌是一种传统、有效的消毒方法，波长在 190～350 nm，其中 260 nm 左右的波长为 DNA、RNA 的吸收峰，它使 DNA 的嘧啶基之间产生交联，成为二聚物，抑制 DNA 复制，导致微生物突变或死亡。采用紫外线照射切割西瓜，细菌总数降低，延长货架期，但对品质无影响。紫外线穿透能力很差，通常只能对样品表面进行消毒杀菌，其灭菌效果受障碍物、温度、湿度、照射强度等因素影响很大。

②超声波：超声波多用于鲜切水果的清洗，它是利用低频高能量的超声波的空化效应在液体中产生瞬间高温、瞬间高压而造成温度和压力变化，从而使液体中某些细菌致死、病毒失活，甚至使体积较小的一些微生物的细胞壁破坏，达到延长水果保鲜期的目的。超声波消毒速度较快，对人无害，对物品无损害，但消毒不彻底。因此，常考虑将其与其他冷杀菌技术联合使用，如超声波-磁化联合杀菌、超声波-激光联合杀菌、超声波-紫外线联合杀菌等。

③臭氧：臭氧对各类微生物都有强烈的杀菌作用，这是因为臭氧分解放出的新生态氧在空间扩散，能迅速穿过真菌、细菌等微生物的细胞壁、细胞膜，使细胞膜受到损伤，并继续渗透到膜组织内，使菌体蛋白质变性、酶系统破坏、正常的生理代谢过程失调和中止，导致菌体休克死亡而被杀灭，达到消毒、灭菌、防腐的效果。臭氧能使乙烯氧化分解，延缓水果的后熟和衰老。臭氧还能调节水果的生理代谢，降低水果的呼吸作用，降低代谢水平，延长贮藏保鲜期。臭氧杀死病原菌范围广、效率高、速度快、无残留，是一种理想的冷杀菌技术，但其杀菌效果还受温度和湿度的影响。此外，臭氧使用浓度过大，也会引起水果表面质膜损害，使其透性增大、细胞内物质外渗，导致品质下降，甚至加速水果的衰老和腐败等。

④辐射：辐射杀菌即利用射线照射食品，引起微生物发生一系列物理化学反应，使微生物的新陈代谢、生长发育受到抑制或破坏，从而使微生物被杀灭，食品的保藏期得以延长。通常采用 γ 射线对鲜切果蔬进行辐照保鲜处理。

【知识链接】

鲜切水果又称轻加工水果、最少加工水果、切割水果、调理水果，是对新鲜水果进行分级、清洗、整理、去皮(去核)切分、浸泡、包装等处理，是产品保持生鲜状态的制品。

消费者购买这类产品以后，不需做进一步的处理，可直接食用。鲜切水果以其新鲜、营养、方便、无公害等特点，受到欧美、日本等国消费者的喜爱，在我国也开始逐步受到关注。

由于鲜切水果具有新鲜、营养、卫生、方便、可食率达100%等特点，因此可作为一种旅游休闲食品和餐后甜点。在欧美、日本等发达国家日益受到消费者的青睐。在已达800亿美元市场规模的美国鲜切产品产业中，涉及125亿美元的鲜切水果产业发展如火如荼。随着我国人民生活水平的不断提高及生活节奏的加快，鲜切水果产品将形成产业化发展模式，面临潜在的发展前景。鲜切水果在国外已成为果品采后研究领域中的重要方向之一。近几年来在国内的一线大城市也已经成为一种成熟的消费品了。

作为现代水果流通的重要形式，我国微加工果蔬产业进入了一个快速发展的阶段。水果微加工即采用先进的技术和方法来控制微加工果蔬产品加工过程中品质的不良变化，以期更好地保存其营养成分、新鲜度以及口味。其主要目的是方便食用，主要问题是更易变质，关键技术是保鲜措施。随着食品工业的发展，微加工果蔬凭借其方便、卫生、新鲜等特点必将受到国内广大消费者的欢迎，具有广阔的市场。

1 鲜切水果的主要问题及控制措施

1.1 主要问题

1.生理生化因素

鲜切水果经去皮、切分等处理不再以完整状态而存在，其组织受到损伤后，伤信号会对呼吸、酚类、乙烯等代谢产生明显影响。首先，组织内部的酶与底物的区域化结构被破坏，酶与底物直接接触，引起组织的各种生理生化反应。如多酚氧化酶(PPO)催化酚类物质氧化反应，脂肪氧化酶催化膜脂反应，纤维素酶催化细胞壁的分解反应等，从而导致组织的褐变、细胞膜的破坏、细胞壁的分解及异味的产生。其次，水果经去皮、切分等处理后，由于组织受到损伤，导致乙烯释放速率上升，组织本身的代谢增强，呼吸强度提高，产生次生代谢产物，组织的伤愈合还会改变鲜切水果的外观，而降低其食用价值；而且乙烯会促进与水果成熟有关的酶的生物合成，如乙烯能诱导苯丙氨酸解氨酶(PAL)的活性增加，从而加速鲜切水果的衰老与腐败。

2.营养的损失

鲜切水果在去皮、切分等处理及贮藏过程中，一些营养成分，特别是维生素极易损失，从而影响切分水果的营养质量。同时，鲜切水果在贮藏过程中，一些不利的环境条件，如不适宜的温度、光照，空气中的氧气及组织自身的代谢作用都会导致鲜切水果营养成分的损失。

3.微生物因素

鲜切水果由于去皮、切分等处理后，造成组织结构受到损伤，原有的保护系统被破坏，果实汁液外溢，较大的表面及丰富的营养为微生物的侵染提供了有利的条件。因此，微生物的污染和繁殖是导致鲜切水果质量下降的主要因素。

1.2 控制措施

1. 低温冷链贮藏

鲜切水果在常温下呼吸和代谢旺盛，酶促褐变极易发生。低温贮藏由于抑制多酚氧化酶及其他酶活性，可减缓褐变进程，延缓水果的氧化腐烂，而且可以抑制微生物的生长与繁殖，营养成分消耗少。因此，一般鲜切水果都需要冷藏。新鲜水果原料在低温下进行去皮、切分等处理，可以将乙烯和呼吸速率的上升及其他劣变的生理代谢减到最低，保鲜期就可以大大延长。大多数研究认为，切分水果较适合于0～5℃条件下贮藏。为保证鲜切水果的品质，加工场所的温度控制和贮藏过程中的冷链是保鲜成败的关键。

2. 气调保鲜

气调保鲜是在冷藏基础上改变贮藏环境中的气体成分的一种贮藏保鲜方式。鲜切水果经气调包装结合冷藏，能有效降低呼吸，抑制乙烯的产生，减少失水，延迟切分水果的衰老，延长贮藏时间。在气调保鲜贮藏过程中，应创造一个低 O_2 和高 CO_2 的环境。不过低氧或超低氧条件极易引起无氧呼吸，导致异味产生，尤其在温度控制不当时更易发生。因此，鲜切水果包装内部通常要保持2%～5%的 O_2 和2%～5%的 CO_2，以利于保持其品质。O_2 浓度太低或 CO_2 浓度太高会导致水果的低 O_2 或高 CO_2 伤害，造成代谢紊乱、品质下降。

3. 褐变控制

鲜切水果的主要质量问题是褐变，褐变造成外观极差。亚硫酸盐是传统的褐变抑制剂，但会对人体造成毒害而被禁用。因此，对酶促褐变的抑制，一方面，应通过培育抗褐变的水果新品种，改善栽培管理技术，减少采收、贮运、加工过程中的机械损伤，降低对苯丙氨酸解氨酶活性的诱导，从而控制可被氧化的酚类底物形成，延缓鲜切水果褐变。另一方面，利用多酚氧化酶活性可被热、有机酸、某些酚类、硫、螯合剂、醌偶联剂等物质抑制的特性，对褐变加以控制。

4. 可食性涂膜

可食性涂膜对鲜切水果的酶促褐变有很好的抑制作用。一方面，可以减少鲜切水果的水分损失，限制氧气摄入，减轻外界气体及微生物的影响，抑制呼吸，延缓乙烯产生，降低生理生化反应速度，防止芳香成分挥发，并能夹带延迟变色和抑制微生物生长的添加剂。如利用可食性涂膜对氧气的透性，使切分水果表面的氧气浓度维持在较低水平，不但抑制了褐变，也降低了切分水果的呼吸作用与乙烯的产生，有利于贮藏。另一方面，在成膜剂中加入抗氧化剂、抗褐变剂，可以降低切分水果组织的衰老和腐败变质，提高鲜切水果的质量和稳定性。

2 鲜切水果加工设备

同鲜切蔬菜加工设备。

3 国内外鲜切水果保鲜技术

3.1 褐变抑制和保鲜剂的选择

水果褐变反应有酶促褐变和非酶促褐变两种:酶促褐变是在氧化酶催化下的多酚类物质发生氧化和抗坏血酸发生氧化下的褐变,非酶促褐变比酶促褐变复杂得多。

鲜切水果的褐变主要是酶促褐变。前者的发生必须同时有多酚类物质、多酚氧化酶和氧气;要防止酶促褐变的发生,要对三个方面因素进行适当控制。有效方法是抑制多酚氧化酶的活性,如利用化学保鲜剂(如抗坏血酸、柠檬酸、EDTA)、低温或热烫处理、调节pH(PPO酶的最佳pH为6.0~7.0)等。抗坏血酸能够将O-苯醌还原成酚类,柠檬酸可降低果实表面pH,抑制微生物数量。半胱氨酸对鲜切果蔬也有较好的保鲜效果。这些物质虽都能有效抑制鲜切果蔬的褐变,但其协同作用效果更佳。*L*-半胱氨酸、抗坏血酸和柠檬酸均能降低鲜切莲藕PPO活性和抑制酶褐变,但其联合使用(0.3% 维生素C+0.1%柠檬酸+0.4% *L*-半胱氨酸)的效果更佳。许多天然提取物也有利于鲜切水果的保鲜。采用丁香提取物处理鲜切茄子,可很好地解决贮藏过程中的失重和褐变。姜黄、虎杖、艾叶、丁香提取物对切割水果中常见微生物大肠杆菌、荧光假单胞菌、啤酒酵母均有一定的抑制作用。另外,许多天然物如苯酚、乙醛、有机酸等以及从薄荷、香兰草、欧芹、柑橘果皮中提取的精油也具有抗菌作用。

3.2 低温冷链保藏

切割水果品质保持十分关键的一点是低温保藏。低温能抑制切割水果的呼吸强度,降低体内的各种生理生化反应速度,延缓衰老和抑制褐变,延长果蔬的保鲜期。低温也能抑制微生物的生理代谢,从而抑制微生物的生长与繁殖。一般温度每降低10℃,代谢速率会下降2~3倍,因此,鲜切水果在低温下操作可以将乙烯和呼吸速率的上升及其他劣变的生理代谢减到最低,从而延长水果的保鲜期。

另外,加工过程中材料浸泡在冷水中有利于降低和保持产品温度。温度一般接近0℃较为合适。由于时间较短,几乎可以不考虑冷害的问题。此外,在运输、贮藏、销售环节保持低温可以有效地延缓后熟和其他代谢进程,降低腐烂,抑制乙烯的作用,大部分切割水果在10℃以下会发生不同程度的冷害,因此,切割水果在低温下贮藏应控制适当的温度。

3.3 微生物控制技术

3.3.1 新型化学杀菌剂

新型化学杀菌剂的共同特点就是避免了对人体有害副产物的产生,杀菌处理过后几乎没有副产物，或者反应后产物都是天然的、对人体安全无害的物质。充分保证了杀菌的安全性，是有效地替代含氯杀菌剂的新型安全杀菌剂。

(1)二氧化氯 (ClO_2) 二氧化氯是一种比次氯酸钠更高效，同时副产物更少的优良杀菌剂，其水溶液不会产生氯胺类等致癌物质。它能快速与微生物细胞内 RNA 和氨基酸反应，破坏细胞膜上的膜蛋白和膜类脂，并阻断蛋白质合成，从而达到杀菌的效果。ClO_2 是一种有效地代替次氯酸钠的杀菌剂，而且杀菌能力更强，作用范围更广，更加安全，在未来会有很广阔的发展前景。

(2)过氧乙酸 过氧乙酸也是一种强氧化型杀菌剂，是由过氧化氢和醋酸混合而成的一种混合物。其杀菌的主要机理是在微生物体内产生对 DNA 和膜脂类有伤害作用的活性氧，同时也会引起微生物蛋白质和酶的变性而失活，氧化细胞壁上的双硫键从而增大细胞膜的通透性。过氧乙酸对微生物作用效果从强到弱依次为细菌、病毒、细菌孢子。过氧乙酸作用副产物是水和氧气，对人体和环境无害，因此被认为是一种环保、绿色的杀菌剂，目前其作为含氯杀菌剂的替代品在鲜切果蔬上得到了广泛的研究和应用。过氧乙酸在质量浓度 50 mg/L 下就能达到良好的杀菌效果。优点就是安全、可靠、效果好，但是需要连续不断地电解，一旦断电，杀菌效力就会很快丧失，因此其缺点就是需要较高的设备成本和电力成本。

(3)过氧化氢 (H_2O_2) 过氧化氢也是一种强力的氧化型杀菌剂，在很低的浓度下就会产生很好的杀菌效果，体积分数为5%的 H_2O_2 水溶液就能有效地降低各种病原体和致病菌的总数，其杀菌效力会超过质量浓度 1 000 mg/L 次氯酸钠的杀菌效果。H_2O_2 氧化分解的产物主要是水，而且 H_2O_2 本身不稳定，在未完全氧化的条件下会自发分解为对人体安全的水和氧气，因此 H_2O_2 普遍被认为是安全的杀菌剂。

(4)臭氧 臭氧对各类微生物都有强烈的杀菌作用，这是因为臭氧分解放出的新生态氧在空间扩散，能迅速穿过真菌、细菌等微生物的细胞壁、细胞膜，使细胞膜受到损伤，并继续渗透到膜组织内，使菌体蛋白质变性、酶系统破坏、正常的生理代谢过程失调和中止，导致菌体休克死亡而被杀灭，达到消毒、灭菌、防腐的效果。臭氧能使乙烯氧化分解，延缓果蔬的后熟和衰老。臭氧还能调节果蔬的生理代谢，降低果蔬的呼吸作用，降低代谢水平，延长贮藏保鲜期。

(5)微酸电解水 微酸电解水(SAEW)杀菌技术是在日本被率先发明和使用的。其主要原理就是往水溶液中加入 NaCl 后通电，使水发生电解，从而产生 Cl_2 和各种次氯酸盐，达到杀菌的效果，对人体安全无害，能有效杀灭各种微生物。

3.3.2 新型物理杀菌技术

物理杀菌技术就是指通过物理的手段来杀灭鲜切水果中的微生物，如适度热处理、电解水、高压、辐射、紫外、脉冲、超声等。相比于化学杀菌，物理杀菌最大的优点就是不会产生化学副产物，是安全、健康的杀菌方式。随着化学杀菌剂安全问题的日益凸显，物理杀菌技术得到了人们越来越多的关注，特别是冷杀菌技术，由于能维持鲜切水果产品天然的风味，是目前杀菌技术研究的热点。

(1)紫外线　紫外线杀菌是一种传统、有效的消毒方法，波长在 190～350 nm，其中 260 nm 左右的波长为 DNA、RNA 的吸收峰，它使 DNA 的嘧啶基之间产生交联，成为二聚物，抑制 DNA 复制，导致微生物突变或死亡。

(2)超声波　超声波多用于鲜切水果的清洗，是利用低频高能量的超声波的空化效应在液体中产生瞬间高温、瞬间高压造成温度和压力变化，使液体中某些细菌致死、病毒失活，甚至使体积较小的一些微生物的细胞壁破坏，从而延长水果的保鲜期。

(3)辐射　辐射杀菌即利用射线照射食品，引起微生物发生一系列物理化学反应，使微生物的新陈代谢、生长发育受到抑制或破坏，致使微生物被杀灭，食品的保藏期得以延长。

(4)适度热处理　热杀菌应用在食品工业上已有上百年的历史，典型的有巴氏杀菌和 UHT 瞬时高温灭菌，由于高温对鲜切产品的感官、口感和营养均有很大的影响，因此高温杀菌很少用来处理鲜切水果。但近些年的研究结果表明，适度的热处理（温度不超过 55℃）可以在保证杀菌效果的基础上，降低鲜切水果呼吸率，延长货架期，并使产品的感官和营养品质达到可以接受的程度。

3.3.3　新型生物杀菌技术

生物杀菌技术，是近些年新兴起的鲜切产品杀菌技术，它主要利用生物体内的天然提取物杀菌。由于生物灭菌技术具有安全、绿色、健康的特点，正在逐渐受到人们的重视。天然植物中，特别是我国的中草药中存在很多天然灭菌植物，如唇形科的百里香、迷迭香、薄荷，毛茛科的黄连，伞形科的川芎、白芷和八角茴香，豆科的苦参，木兰科的厚朴，以及五加皮和独活等，都具有防腐杀菌的成分，都有很好的灭菌效果。一些水果的精油，如从橙子、柚子中提取出来的香精油，也有良好的抑菌效果。另外，许多植物体内的天然化合物具有很好的抑菌作用，有机酸如抗坏血酸、柠檬酸、苹果酸等，多糖类物质，壳聚糖，以及生物活性物质如谷胱甘肽等。植物体内的天然化合物具有安全、无毒，来源广泛的优点，是未来绿色杀菌剂的一个重要发展方向。

3.4　气调包装保鲜

鲜切水果的包装有多种，常见的方式有自发调节气体包装(MAP)、减压包装(MVP)、活性包装(AP)。

MAP 的基本原理是通过使用适宜的透气性包装材料被动地产生一个调节气体环境，或者采用特定的气体混合物及结合透气性包装材料主动地产生一个调节气体环境。

MVP 是指将产品包装在大气压为 40 kPa 的坚硬的密闭容器中并贮存在冷藏温度下的

保鲜方法。

AP 是指包含各种气体吸收剂和发散剂的包装，包括使用一些抗氧化剂、脱氧剂、防腐剂、吸湿剂、乙烯吸收剂等，其作用原理是通过改变环境气体组成，降低乙烯浓度、呼吸强度、微生物活力而达到保鲜效果的包装方法。

MAP 是目前研究使用最多的包装保鲜技术，其基本原理是通过使用适宜的透气性包装材料，或人工充入某一特殊的混合气体，使袋内形成一个低 O_2 高 CO_2 的理想气调环境，从而降低果实呼吸强度，抑制乙烯产生，延缓衰老，延长货架期，同时也能抑制好气性微生物生长，防止鲜切果实衰败。

3.5　涂膜保鲜

涂膜保鲜技术因其成本低廉、无毒无害、保鲜效果良好而备受关注。涂膜一方面可有效地减少鲜切水果的水分和挥发性物质的损失，限制氧气摄入，抑制呼吸，延缓乙烯产生，减缓生理生化反应速度；另一方面，膜本身可作为褐变抑制剂、抗氧化剂、防腐剂、增色剂、香料和营养成分等添加剂的载体，以延迟鲜切水果的变质变色，并可抑制微生物的生长。如在膜中加入抗坏血酸、柠檬酸、山梨酸钾、钙化合物、草酸等防腐剂以控制褐变和软化。鲜切果蔬涂膜保鲜要根据需要选择合适的涂膜材料，同时在涂膜液中加入无毒无残留的天然防腐保鲜剂，包装时根据需要选择具有适宜阻气性和阻水性的包装材料才能达到最佳的保鲜效果。卡拉胶和壳聚糖对于鲜切水果来说是很有希望的涂层材料，但 FDA 还未批准将卡拉胶作为涂层的一种成分。在美国，壳聚糖用作食品添加剂尚待批准。

4　鲜切蔬菜的规格

蔬菜名称	料理名称	规　　格	备　注
圆葱	圆葱丝	长 6 cm、宽 0.2 cm	
青椒	青椒丝	长 6 cm、宽 0.2 cm	青椒切制时去掉籽、筋
	青椒片	长 2.5 cm、宽 1.5 cm 菱形片	
胡萝卜	胡萝卜丝	长 6 cm、宽 0.2 cm	胡萝卜切制时需去皮、洗干净
	胡萝卜片	长 2.5 cm、宽 1.5 cm、厚 0.1 cm 菱形片	
红椒	红椒片	长 2.5 cm、宽 1.5 cm 菱形片	红椒切制时去掉籽、筋
大头菜		宽度为 3 cm、斜度为 3.5～4 cm、总长为 7 cm 菱形片	

5 工艺一标准

工艺流程	操作要领	关键控制点
原料预处理	原料预处理：将原料进行分选，去除伤、病、虫害原料，并去掉不可食部分。	伤、病、虫害原料的控制
清洗	清洗：用清水将原料冲洗干净。	冲洗干净
切分	切分：根据烹饪的要求进行机械或手工切分。	切分符合规格要求
清洗消毒	清洗消毒：采用浓度为 150 mg/L 的 NaClO 进行浸泡消毒处理。	消毒液浓度
漂洗预冷	漂洗预冷：用 2～4℃的清水进行漂洗，并对蔬菜进行预冷处理。	漂洗预冷温度
脱水沥干	脱水沥干：以网袋盛装预冷后的鲜切蔬菜，若采用国产 TG-P 系列变频脱水机进行脱水处理，脱水机转速设置为 600 r/min。	脱水机转速
定量包装	定量包装：脱水后的产品进行称重包装，包装袋为生产用白色 PE 袋（除须用充气包装的产品）。装量视具体蔬菜品种而定。 充气包装：充气体比例为 70％N_2＋30％CO_2，充气和抽气时间视包装的大小而确定。	定量包装
冷藏	冷藏：在 0～4℃冷库中贮藏。	冷藏温度

6 工艺二标准

工艺流程	操作要领	关键控制点
原料预处理	原料预处理：将原料进行分选，去除伤、病、虫害原料，并去掉不可食部分。	伤、病、虫害原料的控制
清洗	清洗：用清水将原料冲洗干净。	冲洗干净
切分	切分：根据烹饪的要求进行机械或手工切分。	切分规格及要求
清洗消毒	清洗消毒：采用浓度为 150 ppm 的 NaClO 进行浸泡消毒处理。	消毒液浓度

续表

工艺流程	操作要领	关键控制点
漂洗	漂洗：用 2～4℃的清水进行漂洗。	漂洗温度
护色	护色：护色采用 5‰柠檬酸＋5‰维生素 C 钠溶液进行浸泡处理。	护色液选择
预冷	对蔬菜进行预冷处理。	预冷温度
脱水沥干	脱水沥干：以网袋盛装预冷后的鲜切蔬菜，若采用国产 TG-P 系列变频脱水机进行脱水处理，脱水机转速设置为 600 r/min。	脱水机转速
定量包装	定量包装：脱水后的产品进行称重包装，包装袋为生产用白色 PE 袋(除须用充气包装的产品)。装量视具体蔬菜品种而定。 充气包装：充气体比例为 70％ N_2＋30％CO_2，充气和抽气时间视包装的大小而确定。	定量包装
冷藏	冷藏：在 0～4℃冷库中贮藏。	冷藏温度

7 中餐集团用各种蔬菜适合的鲜切加工的工艺及条件

类别	编号	品种	鲜切加工工艺	工艺参数	规格	要求
叶菜类	1	大白菜	工艺一	清洗消毒浸泡 3～5 min，脱水时间 2 min，包装量为每袋 1 kg。	员工餐吃	不要切太大/不要有连刀
	2	草头			洗净/拣去黄叶	不要有烂/发黄
	3	小菜心			粗加工/洗净/根部修平/太多的头部切十字花刀或切开	整体清爽/叶子不好的修去
	4	苋菜			粗加工/洗净/切除根部	不要有烂/发黄
	5	菠菜			粗加工/洗净/切除根部	不要有烂/发黄
	6	空心菜			洗净/切除根部较老部分/切 7 cm 长的段	不要有烂/发黄
	7	娃娃菜			一根切 6～8 等份	保持清爽/大小均匀
	8	香菜			粗加工/洗净/切除根部	不要有烂/发黄
	9	广菜心			切除根部较老部分/菜花修去/留少许叶子/15 cm 长	不要有黄叶/长短均匀
	10	小菜胆			用作装饰/只留 4～5 片叶子/根部修好	整体清爽/叶子不好的修去

续表

类别	编号	品种	鲜切加工工艺	工艺参数	规格	要求
叶菜类	11	卷心菜	工艺二	清洗消毒浸泡3～5 min，护色剂浸泡10 min，脱水时间2 min，包装量为每袋1 kg。	员工餐吃	不要切太大/不要有连刀
	12	本生菜			粗加工/洗净/切除根部	不要有烂/发黄
	13	油麦菜			粗加工/洗净/修净根部切开/切7 cm长的段	不要有烂/发黄
	14	韭黄			洗净/拣去烂叶/切4 cm长段	保持清爽
	15	芥蓝			刨皮/头部修成圆锥形/菜花修去/留少许叶子/16 cm长	长短大小均匀
根茎类	16	蒜薹	工艺一	清洗消毒浸泡3～5 min，脱水时间2 min，包装量为每袋1 kg。	洗净/切4 cm长段	长短大小均匀
	17	本芹			去根/洗净/叶子不要/切4 cm长段	粗细均匀
	18	韭菜花			切3.5 cm段	均匀/规格/清爽
	19	洋葱丝			切竖丝/0.3 cm宽	均匀/规格/清爽
	20	洋葱片			2.5 cm×2.5 cm片状	均匀/规格/清爽
	21	葱段			2.5 cm长	均匀/规格/清爽
	22	葱粒			0.2 cm节	均匀/规格/清爽
	23	葱花			0.3 cm节	均匀/规格/清爽
	24	生姜丝			切最细的丝	均匀/规格/清爽
	25	生姜末			0.1 cm×0.1 cm	均匀/规格/清爽
	26	生姜菱形片			1.2 cm边长/厚0.2 cm菱形片	大小厚薄均匀/保持清爽
	27	生姜片			4 cm×1.5 cm×0.2 cm/长方形	大小厚薄均匀/保持清爽
	28	大蒜子			去皮/去少许根尾	大小均匀/形整
	29	大蒜片			修去根/切片0.2 cm厚	大小厚薄均匀/不要太碎
	30	青大蒜			切马耳形/3.5 cm	粗的切小/均匀
	31	土豆1	工艺二	清洗消毒浸泡3～5 min，护色剂浸泡10 min，脱水时间2 min，包装量为每袋装1 kg。部分产品需作充氮气包装。	去皮/切0.2 cm×0.2 cm的丝/6 cm长	一定要均匀
	32	土豆2			去皮/切3 cm边长菱形块/厚2 cm	大小均匀
	33	沙葛			去皮/切成1.5 cm边长0.6 cm厚的菱形	大小均匀
	34	中芦笋1			老部位去皮/切4.5 cm段	不要有较老的/大小均匀
	35	中芦笋2			只要尾部那点/6 cm长	长短均匀
	36	冬笋			去壳/切去前根部较老部位/再一切两半	不要有较老
	37	老香芋			去皮/切3.5 cm×0.3 cm×0.3 cm的细条	粗细均匀
	38	山药			去皮/切4.5 cm×1.0 cm×1.0 cm长条	不要有烂/发黑/均匀

续表

类别	编号	品种	鲜切加工工艺	工艺参数	规格	要求
根茎类	39	茭白	工艺二	清洗消毒浸泡3～5 min，护色剂浸泡10 min，脱水时间2 min，包装量为每袋装1 kg。部分产品需作充氮气包装。	去皮/切2.5 cm宽/6 cm长的丝	粗细均匀
	40	西芹			去皮/撕茎/改4 cm长段/带点斜刀/1.5 cm宽	大小均匀/清爽
	41	胡萝卜			取一段长6 cm直径2.5 cm萝卜/两头修成圆锥形至中间	规格/两边均匀
	42	嫩藕			去皮/对半切开/修去棱角/切0.2 cm厚的片	大小厚薄均匀
	43	银芽			洗净	干净/清爽
	44	黄豆芽			洗净/去除根部	干净/清爽
	45	毛豆仔			去皮毛豆仔	清爽
	46	百合王			洗净/切开分成片状	不要有黑/发黄的
	47	黑木耳			去除根部/改成小朵	大小均匀/不要有碎的
	48	黑木耳丝			改成0.25 cm×0.25 cm的丝	大小均匀/不要有碎的
	49	光马蹄			去除有带黑皮、黑点的/两面修平整	清爽/干净
花菜类	50	西兰花	工艺一	清洗消毒浸泡3～5 min，脱水时间1 min，包装量为每袋1 kg。	修成4 cm×4 cm左右小朵/根部圆锥形	不要有发黄/开花
	51	花菜	工艺二	清洗消毒浸泡3～5 min，护色剂浸泡5 min，脱水时间1 min，包装量为每袋1 kg。	员工餐吃	不要切太大/不要有连刀
瓜菜类	52	老冬瓜	工艺一	清洗消毒浸泡3～5 min，脱水时间1 min，包装量为每袋1 kg。	去皮/去瓤/切18 cm长3 cm宽立体长方形	瓜瓤去净/较软的不要
	53	老南瓜			去皮/切0.5 cm厚的片	瓜要老点
	54	黄瓜			洗净/去少许皮/去瓤修平/切1.5 cm边长/厚0.6 cm的菱形	大小均匀
	55	苦瓜1			切8 cm长/1.5～2.5 cm宽/0.1 cm厚的薄片	只要净苦瓜
	56	苦瓜2			切开/去瓤/斜刀片0.5 cm厚	均匀/规格/清爽
	57	广丝瓜1	工艺二	清洗消毒浸泡3～5 min，护色剂浸泡10 min，脱水时间1 min，包装量为每袋1 kg。	去皮/去瓤/切5 cm长的段	不要过老
	58	广丝瓜2			去除少许皮/去瓤/切成3 cm边长菱形	大小均匀

续表

类别	编号	品种	鲜切加工工艺	工艺参数	规格	要求
茄果类	59	细茄	工艺二	清洗消毒浸泡3～5 min，护色剂浸泡10 min，脱水时间1 min。	去皮/切5 cm×1.5 cm×1.5 cm长条	老的去少许瓤
	60	小番茄			洗净	清爽
	61	番茄1			切成滚刀小块/一个14块左右	根部去除
	62	番茄2			切0.5 cm厚的大片	厚薄均匀
	63	青椒片	工艺一	清洗消毒浸泡3～5 min，脱水时间1 min，包装量为每袋1 kg。	2.5 cm边长菱形片	均匀/规格/清爽
	64	青椒丝			2.5 cm×2.5 mm丝	均匀/规格/清爽
	65	黄彩椒片			2.5 cm边长菱形片	均匀/规格/清爽
	66	红椒片			2.5 cm边长菱形片	均匀/规格/清爽
	67	红椒丝			2.5 cm×2.5 mm丝	均匀/规格/清爽
	68	红椒条			4.5 cm×1.0 cm长方条	均匀/规格/清爽
	69	青椒条			4.5 cm×2.0 cm长方条	均匀/规格/清爽
	70	小米椒			洗净/去蒂	干净/清爽
	71	杭椒节			切成1 cm长的节	大小均匀
	72	青尖椒圈			切成0.5 cm长的节	均匀/规格/清爽
	73	红尖椒圈			切成1 cm长的节	均匀/规格/清爽
	74	整杭椒			两头修去少许/一边全切开	不要有烂/发黄
	75	切片杭椒			两头修去少许/对半片开/两片	不要有烂/发黄
菜豆类	76	刀豆	工艺一	清洗消毒浸泡3～5 min，脱水时间1 min，包装量为每袋1 kg。	两头去除/撕去茎/改成5 cm长的段	长短均匀/不要有黑点
	77	密豆			两头斜刀修去少许/切成菱形状	清爽
	78	荷兰豆			两头斜刀修去少许/切成菱形状	清爽
菌菇类	79	干香菇	工艺一	清洗消毒浸泡3～5 min，脱水时间1 min，包装量为每袋1 kg。	去根部/片成3 cm×3 cm的片	不要有异味
	80	鲜香菇			去根/分成3～4等分	不要有发黑/发烂
	81	蘑菇			切成1.5 cm厚的片	不要有发黑/发烂
	82	秀珍菇			洗净	不要有发黑/发烂
	83	金针菇			去根蒂	不要有发黑/发烂
	84	茶树菇			去根蒂	不要有发黑/发烂
	85	草菇1			切成0.3 cm厚的片	不要有发黑/发烂
	86	草菇2			整形	不要有发黑/发烂
	87	杏鲍菇			切成6 cm×4 cm×0.6 cm厚的片	不要有发黑/发烂

备注：1. 供中餐的菜品包装规格以1 kg为一份来包装。
2. 储存4 d以上的菜品应抽真空保存。
3. 储运条件：0～4℃储存，采用冷链运输。

8　快餐用各种蔬菜适合的鲜切加工工艺及条件

类别	编号	品种	鲜切加工工艺	工艺参数	规格	要求
叶菜类	1	大白菜	工艺一	清洗消毒浸泡 3～5 min，脱水时间 2 min。	洗净/切块或丝	不要有烂/发黄
	2	杭白菜			粗加工/洗净/切除根部	不要有烂/发黄
	3	紫甘蓝			竖切丝/0.5 cm×6 cm 细丝	保持清爽
	4	米苋			粗加工/洗净/切除根部	不要有烂/发黄
	5	菠菜			粗加工/洗净/切除根部	不要有烂/发黄
	6	空心菜			洗净/切除根部较老部分/切 7 cm 长的段	不要有烂/发黄
	7	马兰菜			粗加工/洗净/切除根部	不要有烂/发黄
	8	青菜			粗加工/洗净/切除根部	不要有烂/发黄
	9	韭菜			洗净/拣去烂叶	保持清爽
	10	卷心菜	工艺二	清洗消毒浸泡 3～5 min，护色剂浸泡 10 min，脱水时间 2 min。	竖切丝/0.5 cm×6 cm 细丝	保持清爽
	11	生菜			粗加工/洗净/切除根部	不要有烂/发黄
	12	油麦菜			粗加工/洗净/修净根部切开/切 7 cm 长的段	不要有烂/发黄
	13	芦蒿			粗加工/洗净/修净根部切开/切 7 cm 长的段	不要有烂/发黄
根茎类	14	蒜薹	工艺一	清洗消毒浸泡 3～5 min，脱水时间 2 min。	洗净/切 4 cm 长段	长短大小均匀
	15	本芹			去根/洗净/叶子不要/切 4 cm 长段	粗细均匀
	16	洋葱			切竖丝/0.3 cm 宽或 2.5 cm×2.5 cm 片状	均匀/规格/清爽
	17	大葱			2.5 cm 长（段）/0.2 cm 节（粒）/0.3 cm 节（花）	均匀/规格/清爽
	18	土豆	工艺二	清洗消毒浸泡 3～5 min，护色剂浸泡 10 min，脱水时间 2 min。部分产品需作充氮气包装。	去皮/切 0.2 cm×0.2 cm×6 cm 的丝或切 3 cm×3 cm×2 cm 菱形块	一定要均匀
	19	莴笋			去叶/去根/切片或丝	大小均匀
	20	莲藕			去皮/对半切开/修去棱角/切 0.2 cm 厚的片	大小厚薄均匀
	21	香芋			去皮/切 3.5 cm×0.3 cm×0.3 cm 的细条	粗细均匀
	22	山药			去皮/切 4.5 cm×1.0 cm×1.0 cm 长条	不要有烂/发黑/均匀
	23	茭白			去皮/切 0.3 cm×0.3 cm×6 cm 的细条丝	粗细均匀
	24	荸荠			去除有带黑皮、黑点的/两面修平整	清爽/干净

续表

类别	编号	品种	鲜切加工工艺	工艺参数	规格	要求
根茎类	25	西芹	工艺二	清洗消毒浸泡 3～5 min，护色剂浸泡 10 min，脱水时间 2 min。部分产品需作充氮气包装。	去皮/撕茎/改 4 cm 长段/带点斜刀/1.5 cm 宽	大小均匀/清爽
	26	地瓜			去皮/切块或片	大小均匀/清爽
	27	胡萝卜			取一段长 6 cm 直径 2.5 cm 萝卜/两头修成圆锥形至中间	规格/两边均匀
	28	白萝卜			去根蒂/切块或片	大小均匀/清爽
花菜类	29	西兰花	工艺一	清洗消毒浸泡 3～5 min，脱水时间 1 min。	修成 4 cm×4 cm 左右小朵/根部圆锥形	不要有发黄/开花
	30	花菜	工艺二	清洗消毒浸泡 3～5 min，护色剂浸泡 5 min，脱水时间 1 min。	修成 4 cm×4 cm 左右小朵/根部圆锥形	不要切太大/不要有连刀
瓜菜类	31	冬瓜	工艺一	清洗消毒浸泡 3～5 min，脱水时间 1 min。	去皮/去瓤/切 18 cm 长 3 cm 宽立体长方形	瓜瓤去净/较软的不要
	32	南瓜			去皮/切 0.5 cm 厚的片	瓜要老点
	33	黄瓜			洗净/去少许皮/去瓤修平/切 1.5 cm 边长/厚 0.6 cm 的菱形	大小均匀
	34	苦瓜			切开/去瓤/斜刀片 0.5 cm 厚或切 8 cm 长/1.5～2.5 cm 宽/0.1 cm 厚的薄片	均匀/规格/清爽
	35	西葫芦			切开/去瓤/斜刀片 0.5 cm 厚	均匀/规格/清爽
	36	佛手瓜			切开/去瓤/斜刀片 0.5 cm 厚	均匀/规格/清爽
	37	丝瓜	工艺二	清洗消毒浸泡 3～5 min，护色剂浸泡 10 min，脱水时间 1 min。	去除少许皮/去瓤/切成 3 cm 边长菱形或切 5 cm 长的段	大小均匀
	38	夜开花			切 1 cm×1 cm×5 cm 的长条段	大小均匀
茄果类	39	茄子	工艺二	清洗消毒浸泡 3～5 min，护色剂浸泡 10 min，脱水时间 1 min。	去皮/切 5 cm×1.5 cm×1.5 cm 长条	老的去少许瓤
	40	青椒	工艺一	清洗消毒浸泡 3～5 min，脱水时间 1 min。	去蒂/切成 2.5 cm 边长菱形片或 2.5 cm×2.5 cm 丝或 4.5 cm×2.0 cm 长方条	均匀/规格/清爽

续表

类别	编号	品种	鲜切加工工艺	工艺参数	规格	要求
菜豆类	41	刀豆	工艺一	清洗消毒浸泡3～5 min，脱水时间1 min。	两头去除/撕去茎/改成5 cm长的段	长短均匀/不要有黑点
	42	豇豆			两头去除/改成5 cm长的段	长短均匀
	43	荷兰豆			两头斜刀修去少许/切成菱形状	清爽

备注：1. 储存4 d以上的菜品应抽真空保存。

2. 储运条件：0～4℃储存，采用冷链运输。

项目九
果蔬加工副产物的综合利用

知识目标

1. 了解果蔬加工下脚料的利用途径。

2. 学会利用果蔬加工后的下脚料提取果胶、色素、纤维素、香精油、糖苷类等。

技能目标

1. 学会果蔬中果胶、色素、香精油、纤维素的提取方法。

2. 学会香精油、色素的精炼方法。

德育目标

通过对果蔬加工后下脚料提取果胶、色素、香精油等实践操作，培养学生有效组织、合理分工、相互协作、团队合作的能力。

任务一 柑橘加工副产物的利用

【任务要求】

1. 柑橘加工副产物原辅料必须符合相应的国家标准、行业标准及相关规定、不得使用非食用性原料。

2. 柑橘制品所选用的原料应无异味、无腐烂现象，农药残留及污染物限量应符合相应国家标准、行业标准的规定。

3. 如使用的原辅材料为实施生产许可证管理的产品，则必须选用获生产许可证企业生产的合格产品。

【工艺流程】

柑橘果皮渣中含有 20%～30%的果胶，它是提取果胶的主要原料。从柑橘果皮渣中提取果胶，国内外已有大量的文献报道，提取的主要方法有酸解法、离子交换法、酶解法等。

柑橘果皮渣提取果胶（酸解法）工艺流程：

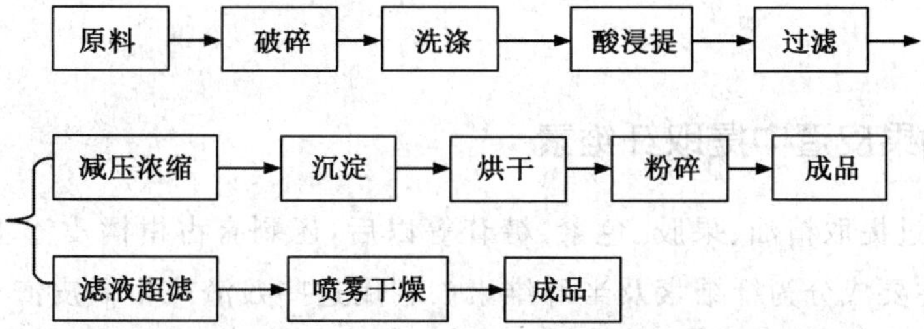

【任务实施】

1　粉碎、清洗、调酸

橘皮粉碎后，用 5 倍原料重的水冲洗 2 次，再加入 2～3 倍原料重的水，用盐酸调整 pH 2.5 左右，85℃下加热搅拌 1 h。

二维码 9-1　柑橘加工副产物的利用教学案例

2　浸提、过滤

浸提液用滚筒式过滤机或压滤机过滤后，在 45～50℃下减压浓缩，使果胶浓度达 3%。

3　超滤、干燥

若要喷粉干燥制得果胶，需要用阻断分子量为 8 000 的超滤膜进行超滤，以精制浓缩果胶。喷粉干燥的条件为：平板旋转速度 2 000 r/min，果胶液进料量 4 L/h，热风入口温度 140℃，热气出口温度 70℃，风量 5 m^3/s。

名句赏析

“有匪君子，如切如磋，如琢如磨。”

——《诗经·卫风·淇奥》

君子的自我修养就像加工骨器，切了还要磋，就像加工玉器，琢了还得磨。

4 减压浓缩、沉淀

若不用喷雾干燥，减压浓缩后加入酒精沉淀，酒精浓度达到 68%。果胶沉淀物用 75% 和 80%的酒精各洗涤一次。

5 真空干燥、粉碎

在 45～50℃真空干燥 2 h，再粉碎过 60 目筛即得果胶粉。

【案例】

1 从柑橘果皮渣中提取纤维素

柑橘皮渣经过提取精油、果胶、色素、糖苷等以后，还剩有占柑橘皮渣重 60%左右的残渣，这些残渣的主要成分为纤维素及半纤维素。利用这些残渣或柑橘皮渣可以提取食用纤维素。

食用纤维素有“第七营养素”之称，它是平衡膳食结构的必需营养素之一。其主要功能是防止便秘、结肠炎、动脉硬化、高血脂、肥胖症等。此外，膳食纤维也能吸收肠内有害金属，清扫肠内毒素，防止大肠癌、直肠癌等疾病。

目前，从柑橘果皮渣中直接提取纤维素还没有形成规模化生产，多数是从柑橘果皮渣中提取果胶后，再制取食用纤维素。下面介绍从橘皮渣中提取纤维素的工艺：

1.1 工艺流程

原料 → 清洗 → 干燥 → 粉碎 → 酸液浸提 → 压滤 → 洗涤 → 脱色 → 乙醇洗涤 → 压滤 → 真空干燥 → 食用纤维素

1.2 任务实施

1. 原料及预处理

柑橘皮渣经过清洗去杂以后，风干或低温干燥，然后粉碎到粒度为 1～2 mm 的粉末。

2. 酸液浸提

将柑橘皮渣粉末加入 2～3 倍皮渣粉末重的水中，用盐酸浸提调节 pH 为 2～2.5，浸提 1 h 后，进行压滤，去滤液留渣。滤液用于提取果胶，渣用于制取食用纤维素。

3. 过滤、洗涤、脱色

压滤后的余渣用 50～60℃的热水浸泡后反复冲洗至中性，然后用 5%的过氧化氢在 pH

5～7,30℃左右下进行脱色 10 min。

4. 压滤、干燥

脱色后压滤去除滤液,用清水及 20%～50%的乙醇进行洗涤余渣,再施压滤,滤渣进行真空干燥。真空干燥后就成了食用纤维素。

2　从柑橘皮中提取香精油

2.1　工艺流程

原料 → 预处理 → 离心分离 → 静置、抽滤 → 包装、贮存 → 香精油

2.2　任务实施

1. 挑选

选用的橘皮应摊放于清洁、干燥、通风处,尽量避免果皮霉烂,已霉烂的橘皮应及时剔除,以免造成污染。

2. 橘皮硬化与压榨

用压榨法取油的橘皮应进行硬化处理,即将果皮浸入 pH 12 的石灰水中,上面加压筛板,使橘皮淹没在水中,浸泡 10 h 以上,浸到橘皮呈黄色无白心,硬而有弹性,压榨时不滑,残渣为颗粒状,过滤时不糊筛,黏稠度不大为准。浸好后捞出橘皮用流动水漂洗干净,最后沥干水分备用。

将硬化的橘皮送入螺旋压榨机中,加压榨出香精油。在加压的同时要喷洒喷淋液,用量与橘皮重量相等。喷淋液配方:清水 400～500 kg、小苏打 1 kg、碳酸钠 2 kg,调节 pH 为 7～8。这种喷淋液既能加大水油间的密度差异,提高油水分离的效果,又可提高油水混合液的 pH,减少酸性介质对香精油的不良影响。

3. 离心分离

将已过滤的油水混合液用泵送入橘油分离机进行离心分离。经分离后,水流入下方的循环桶中,油浮在上面,积累到一定量时,油由上方出口流入盛溢器内。

混合液进入离心机的流量应恰当,流量过大,易混油,流量过小,则影响出油率,在正常情况下,橘油分离机分离出来的油应当澄清透明。

4. 静置与抽滤

分离出来的油需在 5～10℃的冷库中静置 5～7 d,使杂质下沉。然后以虹吸管吸出上面澄清的香精油,并用滤纸过滤。

5. 包装与贮存

柑橘香精油应装于清洁干燥的棕色玻璃瓶中，尽量装满，加盖后再用硬脂蜡密封，贮藏于冷库或阴凉场所。

3　从柑橘籽中提取柑橘籽油

柑橘中籽的含量为柑橘整果重的4%～8%。柑橘籽中含油脂量一般可达籽重的20%～25%。粗制柑橘籽油可作为工业用油；精炼后的柑橘籽油，色泽浅黄而透明，无异味，有类似橄榄油的芳香气息，可食用。

3.1　工艺流程

原料→炒籽→粉碎去壳→加水拌和→蒸料→制饼坯→压榨→

沉淀澄清→过滤→粗制油→碱炼→脱色压滤→干燥脱水→

真空脱臭→透明精炼油

3.2　任务实施

1. 清洗

用清水反复洗涤柑橘籽，以便去除附着在柑橘籽表面上的果肉碎屑、污物等，然后晒干或烘干。将干籽进行筛选去杂。

2. 炒制

将选好的柑橘籽倒入炒锅中进行炒制，控制其温度，炒至柑橘籽外表面呈均匀的橙黄色为度，不得炒焦。

3. 去壳

炒制后的柑橘熟籽立即冷却，用粉碎机进行粉碎，再用粗筛(20目)或风选机除去干壳。

4. 加水拌和

给粉碎去壳的柑橘籽粉中加入籽粉重8%左右的清水，用混合机混合均匀，但以籽粉不成团为度。

5. 蒸料

拌和好的籽粉加入蒸料锅，用水蒸气蒸料，蒸至籽粉用手捏成粉团为佳。

6. 制坯、压榨

蒸好的籽粉制成籽粉饼进入压榨机进行压榨。

7. 澄清、过滤

榨出的柑橘籽油送入贮油罐自然澄清并过滤，或用板框式压滤机进行过滤，或用离心分离机进行分离。过滤后得到柑橘籽油粗品。

柑橘籽油粗品，尚含有少量的植物胶质、游离脂肪酸、植物蛋白、苦味成分等，外观色泽较深、稠度大、有不愉快的特殊气味，因而只能作为一般工业原料应用。若要食用，还需以下的精炼处理。

8. 碱炼

测定柑橘籽油粗品的酸价（一般为 2.29 左右），通过计算确定浓度为 5% 的氢氧化钠溶液的加入量。给柑橘籽油粗品加入计算量浓度为 5% 的氢氧化钠溶液，充分搅拌、乳化，使原油中的杂质发生皂化作用而析出。碱炼的时间一般 40 min 左右；若碱炼的温度 50～55℃，则时间可在 15～20 min 内完成。然后让其自然澄清，待析出的皂化沉淀物等杂质彻底沉降后，分离出上层澄清的碱炼油。

9. 脱色

在充分搅拌下，给澄清的碱炼油中加入油量 4%～5% 的粉状活性炭和少量的硅藻土，加热至 80～85℃，脱色处理 1～2 h。取样检查脱色合格后，用板框式压滤机进行过滤，以达到脱色的目的。

10. 脱水

脱色后，将上述清油加热至 105～110℃，维持 30～40 min，以便除去清油中所含有的少量水分及低沸点杂质成分。当清油再次呈现透明清晰状态时，即达到干燥脱水终点。

11. 脱臭

干燥脱水的清油送入真空脱臭器进行脱臭处理。一般油温为 60～65℃，真空度为 0.065～0.07 MPa。脱臭处理进行 30～35 min 后，即可得到合格的柑橘籽油。

【任务评价】

表 9-1　学生课堂表现评价表

企业（班级）：　　　　　　　　　　部门：　　　　　　　　　　姓名：

项目名称	评价标准	师傅	徒弟	部门	平均分	备注
柑橘果皮渣提取果胶	优（100～90 分）：提取工艺标准 良（89～80 分）：提取工艺较标准 中（79～70 分）：基本符合提取工艺标准 及格（69～60 分）：部分符合提取工艺标准 不及格（＜60 分）：不符合提取工艺标准					

续表 9-1

项目名称	评价标准	师傅	徒弟	部门	平均分	备注
从柑橘果皮渣中提取纤维素	优(100～90 分):提取工艺标准 良(89～80 分):提取工艺较标准 中(79～70 分):基本符合提取工艺标准 及格(69～60 分):部分符合提取工艺标准 不及格(<60 分):不符合提取工艺标准					
部门合作	优(100～90 分):按分工,积极参与 良(89～80 分):按分工,较积极参与 中(79～70 分):按分工,基本参与 及格(69～60 分):按分工,能部分参与 不及格(<60 分):不参与					
职业素质	优(100～90 分):沟通表达、分析解决问题、团队合作、组织协调、严谨工作等职业素质高 良(89～80 分):职业素质良好 中(79～70 分):职业素质一般 及格(69～60 分):职业素质较差 不及格(<60 分):职业素质差					
总分						
平均分						

【师徒共研】

1.从柑橘果皮中提取果胶过程中为什么要不断补充水分和盐酸?

由于加热,水分和盐酸挥发,引发 pH 变化。在提取过程中要不断补充水分和盐酸,以控制 pH 在 2.0～2.5。

2.柑橘果皮中提取果胶,影响提取率的因素有哪些?

影响因素有浸提温度、浸提时间、酸度等,这些因素都对果胶提取率有较大的影响。

温度过高,果胶易分解,果胶胶凝度很低,质量不好;温度过低,速度太慢,提取率低,因此提取果胶的温度一般控制在 85～95℃之间。

酸度大,果胶提取率高,主要原因是果胶水解逐渐强烈之故,但酸度过大,果胶胶凝度会下降,故一般浸提液的 pH 调节在 2.0 左右。

随着浸提时间的提高，提取率和胶凝度都有所提高，但浸提达到一定时间后，产品提取率增大变得很缓慢，且产品颜色加深，影响质量，从节能和生产效率的角度出发，时间控制在1.5 h为佳。

3. 柑橘果皮提取果胶为什么用盐酸？

盐酸电离过程中，只产生 H^+ 和 Cl^-，Cl^- 一般情况下只与 Ag^+ 产生沉淀，很难跟其他离子形成沉淀物，避免了后续实验过程中其他杂质的生成，而且在食品加工业上，盐酸可“按生产需要，正常使用”。最终只要中和除去，即可认为是无害的。同时盐酸的来源容易，成本低。

4. 柑橘果胶提取采用乙醇沉淀的原理是什么？

基本原理是利用果胶不溶于醇类有机溶剂的特点，将大量的醇加入果胶的水溶液中，形成醇-水混合溶剂将果胶沉淀出来，一般将果胶提取液进行浓缩，再添加乙醇，使果胶沉淀，然后离心得到果胶沉淀物，用更高些浓度的异丙醇或乙醇洗涤沉淀数次，再进行干燥、粉碎即可，此法工艺简单，所得果胶色泽好、灰分少。

5. 柑橘皮中提取纤维素为什么用双氧水脱色？

其作用机理是：$H_2O_2 + H_2O = H_3O^+ + OOH^-$，其中 OOH^- 具有强氧化性，从而使膳食纤维达到氧化脱色的目的。

6. 原料破碎度对柑橘类精油提取有哪些影响？

柑橘皮的破碎度越高，香精油越易蒸出；颗粒为3～5 mm为佳，当颗粒太小时，会造成“冲团”现象，降低出油率。

7. 柑橘类膳食纤维提取中，为什么采用水浸提？

用水浸提的主要目的是除去还原糖，防止纤维素粉在放置过程中发生褐变。

8. 柑橘类膳食纤维提取中，用乙醚洗涤的主要作用是什么？

乙醚洗涤主要是除去蛋白质、香精油、类黄酮等以防止褐变和减轻苦味。

【知识链接】

1　柑橘副产品的利用

我国的柑橘量仅次于巴西、美国，居第三位。但我国的柑橘大部分用于鲜食或贮藏后食用，仅有5%左右的柑橘用于加工，柑橘加工的附加值较低。巴西是柑橘综合加工利用最好的国家，除果汁外，还有果胶、香精、化学药品等加工副产品，柑橘的利用十分彻底，几乎没有废弃物。美国有70%左右的柑橘用于加工，柑橘的皮渣等下脚料用于生产柑橘糖蜜、酒精、饲料等。

目前，我国柑橘加工的主要产品有柑橘汁、糖水橘瓣罐头、柑橘果冻和果酱、柑橘果酒、柑橘蜜饯等，可是在加工中还剩有40%～55%的柑橘皮渣，未能得到充分的加工利用。据分析，这些柑橘皮渣含有大量对人体有益的维生素、胡萝卜素、蛋白质、糖类和多种微量元素等。若将这些柑橘皮渣或质次的柑橘整果经过适当的物理、化学处理，可得到具有很高使用价值的柑橘香精、果胶、天然类胡萝卜素、黄酮苷（如橙皮苷、柚皮苷）、柑橘籽油、膳食纤维素、饲料等。

早在 1916 年 Will 就报道了利用柑橘加工副产物制取香精油、果胶、柠檬酸、酒精等，1948 年从柑橘中制取香精油形成工业化生产，但到 20 世纪 80 年代随着柑橘加工产生大量的果皮渣，其副产物的综合利用才引起人们的足够重视。1985 年 Bonnell 等比较系统地介绍了利用柑橘果皮渣制取天然香精油、黄酮类、果胶、糖浆等的方法（美国专利号:4497838）。近年来，国内外非常重视柑橘加工新产品和新技术的研究，生物技术、膜分离技术、超临界 CO_2 萃取技术等已应用于柑橘汁生产和柑橘加工副产物的综合利用中。

1.1 柑橘香精油的提取

在柑橘类中的香精油存在于橘皮、花、叶之中。以橘皮外层（即油胞层）的油胞中含量最高，可达 2%～3%。香精油的成分很复杂，含有多种醇、酸、酯、醛、萜烯类等物质。各品种含有的成分又有差异，所以呈现的香味亦不同。香味最好的是柠檬皮油，橙皮油、橘皮油次之，柚皮油香味欠佳。

通常从柑橘果皮渣中提取香精油的方法有以下几种。

1.1.1 蒸馏法

一般香精油的沸点较低，可随水蒸气挥发，在冷却时与水蒸气同时冷凝下来。但香精油的比重比水要小，因此，可利用这一特点，通过蒸馏将油水分离开来。

蒸馏法提取香精油，通常都要通过原料浸润、分层上料、蒸馏分离、提纯等操作。一般先用粉碎机将原料碎分成 3～5 mm 的细粒或用冷榨取油后的皮渣，然后放入蒸馏设备内（蒸馏设备主要部件为加热器、蒸馏罐、冷凝器、油水分离器），用蒸汽加温蒸馏。温度以 50～60℃为宜，由于香精油的沸点低，最先蒸出来的都是香精油，以后温度达到水的沸点，于是水和油一起蒸出来。蒸馏 1.5～2.5 h，蒸馏液经过冷凝进入油水分离器，油浮在上面，水在下面，经油水分离器进行分离，便得蒸馏油。

提取的香精油应过滤，装于能密封的有色瓶中，贮放在阴凉处，以防止香精油的挥发损失或氧化变质。

1.1.2 浸提法

应用石油醚、乙醚、酒精等有机溶剂可以把橙花或橘花中的香精油浸提出来。最好使用低沸点的石油醚（沸点为 30～60℃），所得香精油品质较好，如用酒精浸提较为方便，成本也较低。

供浸渍用的橙花、橘花原料应新鲜。如橘皮应先行破碎，然后置于较低温度下尽快进行浸提。浸提时，将原料放于能密闭的容器中，加入酒精，密闭浸提 3～12 h（用酒精浸提橙花油一般需 3～5 h），然后放出浸提液。同时轻压出原料中所含的浸液，这浸液可再浸提新的原料，浸提 2～3 次后，得到香气较浓的具有原料色素的酒精浸提液，过滤后，可作为带酒精的香精油保存。

这种浸提液尚需进一步用蒸馏装置以较低温度(一般在70℃以下)将有机溶剂回收,最好用真空浓缩装置,在50～60℃的温度下进行。可将香精油浓缩成黏稠的软膏状,此法所得成品称浸膏,质量较好。浸提后的原料,还可再用蒸馏法取油。

1.1.3　压榨法(冷榨离心法)

柑橘类果实的香精油主要集中在外果皮的油胞中。加压使油胞破裂,榨出香精油。此法要加水冲淋被压榨的原料,又利用香精油与水的比重不同,通过离心机,使油水分离,得到冷榨油。目前,一般香料厂多采用压榨机榨取柑橘香精油,制取方法如下:

1. 石灰液浸泡橘皮

先将新鲜果皮用饱和的石灰水(pH 12)浸泡6～8 h,浸泡时上面加筛板,不让果皮上浮。同时,翻动2～3次使浸泡均匀。浸泡后,果皮变脆硬,油胞易破,利于榨油。浸泡标准是以橘皮达到脆而不断,果皮呈黄色无白芯为度。

2. 压榨过滤

用石灰水浸泡后的橘皮应先用清水洗,除去石灰液,沥干水分。然后将橘皮均匀地送压榨机榨油。这种压榨机是在螺旋推进式压榨机的基础上改进而成的,能连续流水作业。压出的香精油用高压喷淋水冲下,滤除杂质。

3. 离心取油

将滤液抽进高速离心机(6 000 r/min的油水分离机),由于香精油比重比水小,在离心力的作用下将水与香精油分开。通过分离机上两个不同位置的导管,甩出分离机外,由两个承受器分别接受而分出香精油。另外,分出的冲淋水则由水泵送至压榨机房,重新用作喷淋液。

4. 静置、过滤与包装

分离出的香精油往往带有少量水分和果皮带来的蜡质等杂质。须在5～10℃的冷库中静置5～7 d,让杂质下沉。后用虹吸管吸出上层澄清的香精油,再经过滤,装于干燥、干净的棕色玻璃瓶或陶坛中,尽量装满,加盖密封。

这个方法称冷榨离心法。用此法提取的香精油称为冷榨油。一般带深橙黄色,质量优良。压榨后的皮渣还可用蒸馏法继续取油。

目前,有些工厂亦直接用新鲜橘皮榨油,不经石灰水浸泡处理,工效大大提高。

1.1.4　擦皮离心法(磨油法)

此法是利用整个完好的橘果(多半为圆形的甜橙类果实),通过磨油机,把果实外果皮擦破让油胞里的香精油射出,用高压水冲洗,再将油水分离,得到香精油。具体方法分述如下:

1. 原料分级、洗涤

原料宜采用果皮较厚的雪柑、蕉柑、锦橙、晚生柑等。选新鲜、无霉烂的果实,按大小分为4级,漂洗,并用0.5%碳酸钠液浸泡1～3 min,以除去果皮蜡质,最后用清水漂洗干净,准备磨油。碳酸钠溶液每 4 h 更换一次,每小时补充 25%。

2. 磨油

将原料送入“爱文那”立式磨油机,此磨油机的外形、构造基本与滚抛擦皮机相同,只是磨油机的两个转盘上亦装有许多铜质或硬质玻璃的锥齿。这种磨油机的操作过程是果实从加料门徐徐地滚下,由于转盘的快速旋转,带动果实在上面滚动。同时,由于离心力的作用,果实与四周机壁不断碰撞,因而果实外层的油胞被转盘与机壁上的锥齿擦破,香精油即流出,并被机器上部高压水冲下而成为油水混合的乳状液流出。

3. 过滤、离心分离

由磨油机流出带有油细胞碎屑的混合液经筛滤机过滤后,流入贮槽。用泵将过滤后的油水混合液送入离心机,离心分离后,水由下方漏斗流入循环水桶中,由水泵重新打回磨油机中,香精油浮在上面,逐渐由上方漏斗流出。

4. 静置、过滤与包装

与上述压榨法同。

以上 4 种香精油的提取工艺,在具体应用时,要根据原料种类分别选用。工业生产上国内则以冷榨离心法为主。

1.2 从柑橘皮渣中提取橙黄色素

从柑橘皮渣中提取的橙黄色素是一种重要的天然色素,其主要的成分是柠檬烯和类胡萝卜素,还含有维生素 E 和稀有元素硒。这些物质对于防止癌细胞的生长、延缓细胞衰老和增强人体免疫力等有良好的作用。橙黄色素不仅是安全的着色剂,而且还是食品的强化营养剂。

从柑橘皮渣中提取橙黄色素的方法,目前大多数采用浸提法,提取的工艺流程为:柑橘皮渣→清洗→干燥→粉碎→有机溶剂萃取→分离→浓缩→真空干燥→橙黄色素。

对于从柑橘皮渣中提取橙黄色素的原料,可以用柑橘加工厂废弃的柑橘皮渣,也可以用提取香精后的皮渣。粉碎后皮渣的粒度对橙黄色素的提出率有很大影响。一般而言,皮渣粒度越小,溶剂渗透的能力越强,提取率越高。萃取是从柑橘皮渣中提取橙黄色素的关键工序。一般采用有机溶剂,如丙酮、氯仿、石油醚、乙醇、醋酸乙酯等。萃取以后,先进行有机溶剂的回收,然后进行低温真空浓缩,就可以得到黏稠、膏状橙黄色素。若要粉末状橙黄色素,还需进行真空干燥。

1.3 从柑橘皮渣中提取橙皮苷

橙皮苷是柑橘皮渣中的主要成分之一,它是橙皮素的芳香糖苷。橙皮苷是黄烷酮类的糖苷的一种,呈淡黄色,无臭无味,不溶于水,微溶于乙醇。纯橙皮苷为白色细针状晶体,带苦味,熔点为 258～262℃。橙皮苷具有较高的药用价值,能维持血管的正常渗透压,降低血管脆性,缩短出血时间等,此外,还是合成高甜度、低热量新型甜味剂二氢查耳酮的主要原料。

橙皮苷广泛存在于柑橘类中果皮(白皮层)及橘络中,其中甜橙、酸橙、温州蜜柑、红橘、柠檬等均含有丰富的橙皮苷。橙皮苷仅溶于碱液、热酒精及热甲醇中,在冷水、热水、冷酒精中极难溶解或不溶解。生产上就利用它的这个特性,常采用溶剂(热酒精、甲醇等)提取和碱液提取两种方法。前者提取的橙皮苷质量较好,但耗用溶剂多,成本较高;后者方法简便,但得率较低,且杂质较多。现将提取方法分述如下:

1.3.1 溶剂抽提法

新鲜橘皮最好削去油胞层,以白皮层作原料,将原料破碎,用清水洗净,并用热水煮10 min,压榨除去过多的水分,再用90%冷酒精(用量为果皮的1倍左右)浸8 h。这一系列处理的目的是洗净除杂,以保证成品的纯度及色泽。

将上述处理过的橘皮,放入装有回流装置的容器内,加入浓度为50%的酒精,其用量为果皮的2～3倍,将容器密封后,在水浴中加热回流抽提,温度控制在80℃以下。抽提1.5 h,滤出抽提液,并将残渣内流体压出,后并于抽提液中。将抽提液蒸馏,回收酒精,冷却3～4 h后即见大量结晶析出,静置让其充分沉淀(最好在低温下进行,得率较高),沉淀后,用虹吸法除去上层清液,再用离心机将沉淀物中水分尽量除去。最后在70℃温度下烘干。所得成品颜色洁白,纯度较高,一般得率约为0.3%。

1.3.2 碱液浸泡法

此法主要是利用橙皮苷能溶解在碱液中,转变为黄色橙皮苷,其性质不稳定,遇酸立即析出橙皮苷。

此法可与前述提取香精油的压榨法配合进行,在压榨法提取香精油中,为了提高压榨效率而将橘皮浸泡于饱和的消石灰水中,石灰水可浸泡3次新鲜橘皮,使其中溶有较多的橙皮苷,用此为原料来提取橙皮苷。此外,用其他方法提取香精油的橘皮亦可用作原料。要注意调整饱和石灰水的酸碱值,整个浸泡过程应保持在pH 11以上,每次浸泡时间为6～12 h。

浸泡完毕,将浸提液过滤,滤液要求透明,无细小颗粒。然后在滤液中加盐酸中和酸化至pH4.5左右,在60～70℃条件下保温1 h左右,逐渐见到灰白色或黄色结晶颗粒浮动,让其自然沉降,与溶液分离。沉淀后,用虹吸法除去上层清液,用离心机除去沉淀物中的水分,在较低温度(不超过80℃)下及时烘干。然后,粉碎过筛,即得到灰白色或橙黄色呈粉末状的橙皮苷粗制品,一般得率为0.1%左右。

目前从柑橘皮渣中提取橙皮苷主要是用碱溶解、酸沉淀的方法。其工艺流程为:柑橘皮渣→碱浸泡→过滤→酸化→沉降→分离→烘干→粉碎→成品。

柑橘皮渣清洗、去杂后,加入3～6倍皮渣重的饱和石灰水,调节pH 11～12,浸泡时间为2 h左右。若浸泡时间不足,橙皮苷从柑橘皮渣溶出不充分;若浸泡时间过长,则橙皮苷在碱性条件下容易分解。碱浸泡后,进行压滤,取得滤液。给滤液中加10%的盐酸,使得pH为4～5,在20℃下静置24～36 h进行酸化处理。静置的温度不宜过高,若超过20℃,橙皮苷很容易分解。待到沉淀析出后,进行过滤分离,除去滤液得到滤渣,滤液经烘干、粉碎,即为橙皮苷粗品。

橙皮苷粗品再经过15～20倍橙皮苷粗品重的50%酒精和1%氢氧化钠(1∶1)混合液溶解，然后过滤除去不溶物，加盐酸中和滤液，析出沉淀，再经乙醇结晶，可得到纯度较高的橙皮苷。

任务二 苹果加工副产物的利用

【任务要求】

1. 苹果加工副产物原辅料必须符合相应的国家标准、行业标准及相关规定，不得使用非食用性原料。

2. 苹果制品所选用的原料应无异味、无腐烂现象，农药残留及污染物限量应符合相应国家标准、行业标准的规定。

3. 如使用的原辅材料为实施生产许可证管理的产品，则必须选用获生产许可证企业生产的合格产品。

【工艺流程】

原料 → 清洗 → 干燥 → 粉碎 → 酸液水解 → 过滤 → 浓缩 →

沉析 → 干燥 → 粉碎 → 标准化处理 → 成品

苹果皮渣及残次果、风落果都能用于提取果胶。苹果皮渣中果胶的含量可达10%～15%。一般从苹果皮渣中提取果胶的方法是酸解法。

【任务实施】

1 原料及处理

苹果皮渣原料来源于苹果浓缩汁厂或罐头厂，一般新鲜的苹果皮渣含水量较高，极易腐烂变质，要及时处理。将苹果皮渣清洗去杂后，在温度为65～70℃的条件下烘干，烘干后，进行粉碎到80目左右待用。

2 酸液水解

给粉碎后的苹果皮渣粉末加入 8 倍左右皮渣粉末重的水，用盐酸调节 pH 为 2～2.5 进行酸解。在 85～90℃下，酸解 1～1.5 h。

3 过滤、浓缩

酸解完毕进行过滤，去渣留液。将过滤液在温度为 50～54℃，真空度为 0.085 MPa 下进行浓缩。

4 沉析、分离

浓缩后得到浓缩液要及时冷却并进行沉析。一般沉析有盐沉析、酒精沉析等方法。这里用酒精沉析法：冷却后的浓缩液按 1∶1 的比例加入 95%的乙醇，待沉析彻底后，过滤或离心分离，脱去乙醇并回收得到湿果胶。

5 烘干、粉碎

将所得湿果胶在 70℃以下进行真空干燥 8～12 h，然后粉碎到 80 目左右，即成为果胶粉。必要时可添加 18%～35%的蔗糖进行标准化处理，以达到商品果胶的要求。

【案例】

1 苹果膳食纤维提取

1.1 工艺流程

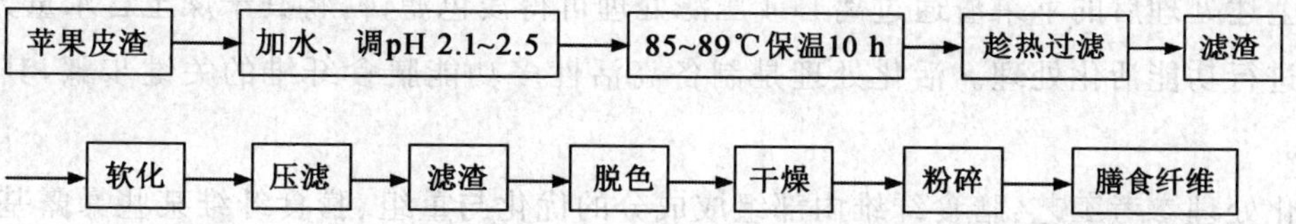

1.2 任务实施

1.2.1 原料预处理

(1)烘干 苹果刚榨完汁后得到的苹果渣的含水量约为 75%，易腐败变质，需在 65～70℃条件下烘干备用。

(2)漂洗 苹果渣中所含的糖苷、淀粉、芳香物质、色素、酸类和盐类等成分须漂洗干净，以免影响产品的品质。因此，苹果渣首先需浸泡漂洗，浸泡时不断搅拌，以使纤维均匀吸水软化，同时还可初步洗去残留在苹果渣表面的可溶性杂质。浸泡水量为苹果渣的 10～20

倍，温度和时间应严格控制。浸泡水温过高，时间过长会增大可溶性纤维的损失，反之则起不到作用。通常的水温最高不超过35℃，时间0.5～1 h为宜，同时加入质量分数为1.5%的淀粉酶，使苹果渣中的淀粉水解为糖，以便于漂洗除去。

1.2.2 粉碎

漂洗完成后进行干燥，干燥条件同预处理一样，之后将干燥后的苹果粗渣粉碎至80～100目粒状。

(1)水溶性膳食纤维的提取　第一次提取加6～7倍水，用食用柠檬酸调pH至2.0，缓缓加热至95℃，浸提1 h，水溶性膳食纤维在低pH和高温下加速向水中溶解。浸提结束后过滤，水溶性膳食纤维存在于滤液中。残渣加3～4倍水在相同条件下再提取一次，过滤得第二次滤液，合并两次所得滤液。

(2)水不溶性膳食纤维的提取　在提取水溶性膳食纤维过滤所得的滤渣中，不仅含有大量的膳食纤维，同时还含有部分杂质。所以滤渣须再次经过除杂后方能得到纯度较高的水不溶性膳食纤维。除杂操作工艺为：先在滤渣中加入7～8倍pH为12的NaOH溶液，浸泡30 min，将碱溶性杂质除去，然后漂洗至中性，再用HCl将pH调至2.0，加热至60℃并保温1 h，以除去酸溶性杂质。过滤收集滤渣，再漂洗至中性，所得滤渣即为精制水不溶性膳食纤维。

1.2.3 脱色

由于苹果渣富含花青素，对膳食纤维的色泽有一定影响，故应除去。其方法是：加入质量分数为0.3%～0.4%的花青素酶（由黑曲霉制备，活力40 U），边加边搅拌，调整pH为3.0～3.5，加热至55～60℃，保持40 min。脱色结束后，漂洗过滤除去溶液即可。

1.2.4 干燥、活化处理

经上述处理后的苹果渣通过离心或压滤处理可得浅色滤饼，将其干燥至含水量为6%～8%后，进行功能活化处理。活化处理是制备高活性多功能膳食纤维的关键步骤，其技术难度较大。

活化处理参考工艺：膳食纤维内部组成成分的优化与重组、膳食纤维某些暴露基团的包埋，以避免这些基团与矿物质元素相结合而影响机体内的矿物质代谢平衡。活化处理技术采取螺杆挤压技术，使物料在挤压机筒内受到强烈剪切作用后，纤维类大分子部分转化为非消化性的可溶性多糖。入料时，按入料质量的10%添加水分，控制挤压温度在150℃左右，末端温度在135℃左右，挤压腔压力为0.5～1 MPa，螺杆转速为100～120 r/min。经过活化处理后的苹果膳食纤维水溶性增加，功能作用加强。

1.2.5 粉碎、包装

成品活化后的膳食纤维再经真空干燥处理，最后用高速粉碎机粉碎，过200目筛，即得高活性苹果膳食纤维。采用充氮气包装，可长期保藏。

【任务评价】

表 9-2 学生课堂表现评价表

企业(班级): 部门: 姓名:

项目名称	评价标准	师傅	徒弟	部门	平均分	备注
苹果皮渣提取果胶工艺	优(100～90 分):提取工艺标准 良(89～80 分):提取工艺较标准 中(79～70 分):基本符合提取工艺标准 及格(69～60 分):部分符合提取工艺标准 不及格(<60 分):不符合提取工艺标准					
苹果中膳食纤维提取工艺	优(100～90 分):提取工艺标准 良(89～80 分):提取工艺较标准 中(79～70 分):基本符合提取工艺标准 及格(69～60 分):部分符合提取工艺标准 不及格(<60 分):不符合提取工艺标准					
部门合作	优(100～90 分):按分工,积极参与 良(89～80 分):按分工,较积极参与 中(79～70 分):按分工,基本参与 及格(69～60 分):按分工,能部分参与 不及格(<60 分):不参与					
职业素质	优(100～90 分):沟通表达、分析解决问题、团队合作、组织协调、严谨工作等职业素质高 良(89～80 分):职业素质良好 中(79～70 分):职业素质一般 及格(69～60 分):职业素质较差 不及格(<60 分):职业素质差					
总分						
平均分						

【师徒共研】

1.苹果果胶制备为什么要先浓缩后沉淀?

如果不经浓缩而沉淀,乙醇用量大,成本高,因此先浓缩。

2.苹果果胶提取的酸法水解中为什么控制 pH 为 2～2.5?

pH 小于 2.0 时,果胶提取率较低;pH 过高水解反应迟钝,果胶稳定性降低,容易水解成果胶酸,产品提取率不仅会降低,同时果胶的质量也会减弱,颜色会加深。因此,pH 控制在2.0左右，果胶的提取率最高。同时还发现此时提取出的果胶颜色较均匀。

3.苹果果胶提取温度为什么控制在85～90℃？

温度太低，水解速度太慢，水解不完全；温度太高，由于果胶的耐热性较差，提取温度过高则会引起果胶本身结构的破坏而使其提取率降低。

【知识链接】

苹果渣具有广泛的开发价值，可是许多产品都伴随着大量二次残渣的出现。因此，有关苹果渣利用的技术能否顺利应用于生产，除了决定于产品的市场前景外，关键在于如何实现苹果渣在被利用之后废渣的零排放，从根本上消除其引起的环境污染，这通常涉及多级产品开发的成套技术。

1 膳食纤维饮料

苹果皮中的纤维素含量是果肉中的2～3倍，且含有丰富的维生素等营养物质。以苹果皮为原料，可以加工成营养丰富的膳食纤维饮料。

1.1 工艺流程

原料→选择→清洗→切块→配料→均质→脱色→脱气→杀菌→灌装→成品

1.2 任务实施

1.原料及处理

苹果加工后的果皮，立即除去虫害、药斑、腐烂部分，然后用0.5%盐酸溶液清洗，再用清水冲掉药液。若加工过程中用药液洗过，可直接用清水冲洗。洗后浸泡到0.1%柠檬酸溶液中，以防果皮褐变。将果皮捞出，立即切为1 cm左右的小方块，然后迅速放入柠檬酸溶液中浸泡。

2.配料

按每1 kg果皮加水85 kg、葡萄糖15 kg、柠檬酸0.5 kg、维生素C 0.2 kg的比例，把果皮和以上辅料充分混合，使得各辅料彻底溶解。

3.均质

利用高压均质机对上述混合物料在49～50 MPa的压力下均质5～6次，以达到混合果汁的均一、黏稠为度。

4.脱色

由于苹果皮富含花青素，很不稳定，对饮料的色泽有一定的影响，应该去除。方法是：调整 pH 为 3～5，加入 0.3%～0.4%含有黑曲霉制备的花青素酶的赋氧剂，边加边搅拌。然后加热至 55～60℃，处理 40 min 后，再加 0.1%明胶水解物，使溶液呈现均一、稳定状态，最后冷却至室温。

5. 脱气

利用真空脱气机脱去空气，在真空为 82.62～85.32 kPa 下脱气 1～2 min。

6. 杀菌、装罐

采用高温短时杀菌法进行杀菌，在 95℃下保温处理 30 s，然后进行无菌灌装即可。

2 苹果渣生产富蛋白饲料

2.1 工艺流程

苹果渣→配料→接种→发酵→干燥→粉碎→蛋白质饲料

2.2 任务实施

1. 配料

干苹果渣 70%，麦麸 15%，棉籽饼 15%，尿素 1.5%，硫酸铵 2%，过磷酸钙 0.5%，将上面的各种原料混合均匀，并按料：水＝10：7 调节含水量。

2. 接种、发酵

接入 15%～30%原料量的菌种，按白地霉：康宁木霉＝1：(5～10)比例。然后将发酵原料铺成厚度小于 30 mm，在 25～30℃条件下发酵 72～96 h。

3. 干燥、粉碎

将发酵产物晒干，粉碎，过 40 目筛，即蛋白饲料。产物粗蛋白含量达到 27.56%，比原渣提高了 82.83%，粗纤维降低 23.27%。

该方法成本低廉，易操作，便于推广，但作为饲料产品增值幅度小，亦存在着一定的市场风险，不可单一发展。

3 白兰地-发酵饲料综合开发技术

3.1 工艺流程

果渣预处理→发酵→固态蒸馏→酒精→后熟→勾兑→苹果酒白兰地

→酒糟→干燥→粉碎→发酵饲料

3.2 任务实施

1. 预处理

苹果渣虽然碳水化合物含量很高，但可发酵糖比例较低，直接用于酒精发酵效率太低。将鲜苹果渣加 0.1%果胶酶于 50℃下处理 2 h，再加 0.1%淀粉酶继续保温 2 h，可使果渣中的可溶性固形物（主要是可溶性糖）提高 1 倍。

2. 接种发酵

先用葡萄酒酵母 1450 经二级活化得到酒母液，按投渣量接种 5%（V/W），30℃发酵 4～5 d，可得鲜渣酒精 41 mL/kg。据美国报道，干苹果渣调至含水量 85%，旋转 40 r/min，酒精得率最高。

3. 发酵饲料的产出

由于酵母菌体的存在，蒸馏酒精后的酒糟干燥得到比原渣蛋白丰富的饲料粉。英国测定表明这种粉除了粗蛋白提高至原渣 3 倍外，脂肪增加 0.5～1.0 倍，维生素 C 增加 1.0 倍。

任务三 葡萄加工副产物的利用

【任务要求】

1. 葡萄加工副产物原辅料必须符合相应的国家标准、行业标准及相关规定、不得使用非食用性原料。

2. 葡萄制品所选用的原料应无异味、无腐烂现象，农药残留及污染物限量应符合相应国家标准、行业标准的规定。

3. 如使用的原辅材料为实施生产许可证管理的产品，则必须选用获生产许可证企业生产的合格产品。

【工艺流程】

葡萄皮 → 浸提 → 粗滤、离心 → 沉淀 → 浓缩 → 干燥 → 成品

【任务实施】

1 原料

选用含有红色素较多的葡萄分离出果皮，或用除去籽的葡萄渣，干燥待用。

2 浸提

浸提时用酸化甲醇或酸化乙醇，按等量的原料加入，在溶剂的沸点温度下，pH 3～4 浸提 1 h 左右，得到色素提取液，然后加入维生素 C 或聚磷酸盐进行护色，速冷。

3 粗滤、离心

粗滤后进行离心，以便去除部分蛋白质和杂质。

4 沉淀

离心后的提取液加入适量的酒精，使果胶、蛋白质等沉淀分离。

5 浓缩

在 45～50℃、93 kPa 真空度下，进行减压浓缩，并回收溶剂。

6 干燥

浓缩后进行喷雾干燥或减压干燥，即可得到葡萄皮红色素粉剂。

【案例】

1 果胶的提取

1.1 工艺流程

原料 → 酸浸提 → 过滤 → 浓缩 → 酒精沉析 → 干燥粉碎 → 成品

1.2 任务实施

1. 原料预处理

葡萄皮破碎至粒度为 2～4 mm，在 70℃下保温 20 min 钝化酶，再用温水洗涤 2～3 次，沥干待用。

2. 酸浸提

加入 5 倍于原料的水，用柠檬酸调整 pH 1.8，在 80℃下浸提 6 h。然后进行过滤，得到滤液。

3.浓缩

将滤液在温度为45～50℃、真空度为0.133 MPa下浓缩至果胶液浓度为5%～8%。

4.沉析

给浓缩后的浓缩液加入乙醇，使得乙醇浓度达到60%，进行沉析，再分别用70%乙醇和75%乙醇洗涤沉淀物2次。

5.干燥粉碎

酒精沉淀物经洗涤后，沥干并在55～60℃下烘干，粉碎至60目大小，再经标准化处理即为果胶成品。

【任务评价】

表9-3 学生课堂表现评价表

企业(班级)： 部门： 姓名：

项目名称	评价标准	师傅	徒弟	部门	平均分	备注
葡萄红色素的提取工艺	优(100～90分)：提取工艺标准 良(89～80分)：提取工艺较标准 中(79～70分)：基本符合提取工艺标准 及格(69～60分)：部分符合提取工艺标准 不及格(<60分)：不符合提取工艺标准					
葡萄果胶的提取工艺	优(100～90分)：提取工艺标准 良(89～80分)：提取工艺较标准 中(79～70分)：基本符合提取工艺标准 及格(69～60分)：部分符合提取工艺标准 不及格(<60分)：不符合提取工艺标准					
部门合作	优(100～90分)：按分工，积极参与 良(89～80分)：按分工，较积极参与 中(79～70分)：按分工，基本参与 及格(69～60分)：按分工，能部分参与 不及格(<60分)：不参与					

续表 9-3

项目名称	评价标准	师傅	徒弟	部门	平均分	备注
职业素质	优(100～90 分):沟通表达、分析解决问题、团队合作、组织协调、严谨工作等职业素质高 良(89～80 分):职业素质良好 中(79～70 分):职业素质一般 及格(69～60 分):职业素质较差 不及格(<60 分):职业素质差					
总分						
平均分						

【师徒共研】

1.葡萄红色素的提取过程中为什么选择 pH 为 3～4?

葡萄皮在不同 pH 的体系中具有不同的色调和色度。当 pH 小于 3.9 时,色素呈现其最强的红色,颜色深;当 pH 在 4.1～4.4 之间时,色调基本保持不变,但色度略有下降;当 pH 大于 4.8 时,颜色逐渐变为橙黄色直至无色。

2.葡萄皮中果胶的提取用酸浸提为什么用柠檬酸?

以有机酸柠檬酸替代无机酸盐酸从葡萄皮中提取果胶,发现用柠檬酸提取的果胶酸钙质量明显高于盐酸提取的。

3.葡萄皮提取果胶中,为什么要 70℃ 下保温 20 min 钝化酶,再用温水洗涤 2～3 次?

为防止果胶酶水解果胶,使其胶凝度降低,黏度增大,颜色变深,品级下降,需将葡萄皮粉碎、过筛后,在 70℃热水中热烫 20 min 以钝化果皮中天然存在的果胶酶,灭酶后的葡萄皮需用蒸馏水反复漂洗 3 次,以除去葡萄皮中的可溶性固形物、色素、苦味和糖分等。

4.影响葡萄红色素的因素有哪些?

影响葡萄红色素的因素有 pH、温度、光照。

【知识链接】

葡萄不仅是栽培面积最大的果树之一,而且其果实的加工品产量居世界水果加工量之冠,被大量地加工成葡萄酒、葡萄干、葡萄汁、罐头、果冻、蜜饯等产品。在葡萄的加工品中,葡萄酒、葡萄干的产量占 90%以上。在葡萄制汁、酿酒的过程中,产生大量的葡萄皮渣、酒脚、葡萄籽等副产品,可以进行综合利用。

1 酒石的提取

利用葡萄酒的皮渣、酒脚、桶壁的结垢及白兰地蒸馏后的废渣提取粗酒石，然后再从粗酒石提取纯酒石。

1.1 粗酒石的提取

1. 从葡萄皮渣中提取粗酒石

葡萄皮渣蒸馏白兰地后，随即加入热水，水盖过皮渣，然后将甑锅严密关好，通入蒸汽，煮沸 15～20 min。将煮沸过的水放入木质结晶槽，槽内悬吊很多条麻绳。经过 24～48 h 的冷却，粗酒石结晶于桶壁、桶底及麻绳上。

2. 从葡萄酒酒脚提取粗酒石

葡萄酒酒脚是葡萄发酵以后贮藏换桶时桶底的沉淀物。这个沉淀物不能直接用来提取酒石，而是先要将其中所含的酒滤出，再蒸馏出白兰地，将剩下的酒脚加入甑锅中，按 100 kg 酒脚添加 200 L 水进行稀释，用蒸汽直接蒸煮。蒸煮后进行压滤，滤液经冷却后产生沉淀，此沉淀即为粗酒石。

3. 从桶壁提取粗酒石

葡萄酒在贮藏的过程中，其不稳定的酒石酸盐在冷的作用下析出沉淀于桶壁、桶底，时间一久这些酒石酸盐结晶紧贴在桶壁上，成为粗酒石。

1.2 从粗酒石提取纯酒石

纯酒石即为酒石酸氢钾。纯的酒石酸氢钾是白色透明的晶体，当含有酒石酸钙时，色泽呈现乳白色。酒石酸氢钾的溶解度随温度的升高而加大，提纯酒石酸氢钾的工艺就是根据这个特点来完成纯化的。

将粗酒石倒入大木桶中，按 100 kg 粗酒石添加 200 L 水进行稀释，充分浸泡和搅拌，去除浮于液面的杂物，然后加温至 100℃，保持 30～40 min，使粗酒石充分溶解。为了加速酒石酸氢钾的溶解，也可以按 100 L 溶液中加入 1～1.5 L 盐酸。当粗酒石充分溶解后再去除浮于液面的杂物；或用布袋过滤去除杂物。将粗酒石充分溶解的溶解液倒入木质结晶槽中，静置 24 h 以后，结晶已全部完成。抽取结晶槽中的水，这个水叫母水，作第二次结晶体使用，再取出结晶体。此时结晶体再按前法加蒸馏水溶解结晶一次，但不再使用盐酸，得到第二次结晶体。第二次结晶体用蒸馏水清洗一次，便得到精致的酒石酸氢钾，洗过的蒸馏水倒入母水中作再结晶用。精致酒石酸氢钾再经过烘干就成了纯的酒石。

2 葡萄籽油的提取及精炼

葡萄籽油是近年来深受国际市场欢迎的高级营养食用油，因为它含有多种不饱和脂肪酸和多种维生素，特别是维生素 E 含量与玉米胚油、葵花籽油相似，比花生油、米糠油、棉籽油高 0.5～1.0 倍。

2.1　葡萄籽油的提取

葡萄籽油的提取方法，一般有压榨法和浸出法。压榨法工艺简单、设备少、投资低，适于小批量生产。其工艺流程为：葡萄籽→晒干→筛选→破碎→软化→炒胚→预制饼→上榨→过滤→毛油。浸出法是利用有机溶剂对油脂的溶解特性，将油脂提出，然后分离出籽油，此法是目前较为先进的制油方法。其工艺流程为：葡萄籽→晒干→筛选→破碎→软化→贮存→浸提→过滤→贮存→蒸发→汽提→毛油。

将葡萄籽用风力或人力分选，基本不含杂质后用破碎机破碎。破碎后，将破碎的葡萄籽投入软化锅内进行软化，条件是：水分 12%～15%，温度 65～75℃，时间 30 min，必须达到全部软化。

若采用浸提法，经过软化后就可以加有机溶剂进行浸提。有机溶剂有：己烷、石油醚、二氯乙烷、三氯乙烯、苯、乙醇、甲醇、丙酮等。浸提液经压榨、过滤、分离即可得到毛油，其操作过程与精油的提取过程基本相似。

若采用压榨法，软化后要进行炒胚。炒胚的作用是使葡萄籽粒内部的细胞进一步破裂，蛋白质发生变性，磷脂等离析、结合，从而提高毛油的出油率和质量。一般将软化后的油料装入蒸炒锅内进行加热蒸炒，加热必须均匀。用平底锅炒胚时，料温 110℃，水分 8%～10%，出料水分 7%～9%，时间 20 min，炒熟炒透，防止焦煳。炒料后立即用压饼机压成圆形饼，操作要迅速，压力要均匀，中间厚，四周稍薄，饼温在 100℃为好。压好后趁热装入压榨机进行榨油。榨油时室温为 35℃以免降低饼温而影响出油率。出油的油温在 80～85℃为好，再经过过滤去杂就成为毛油。

2.2　葡萄籽油的精炼

葡萄籽油精炼的工艺流程为：毛油→过滤→水化→静置分离→脱水→碱炼→洗涤→干燥→脱色→过滤→脱臭→加抗氧化剂→精油。与其他油脂的精炼方法类似。

3　从葡萄皮渣中提取其他有效活性成分

3.1　黄烷醇类

从葡萄皮渣中提取附加值高的有效活性成分，是目前国内外研究的热门课题。葡萄皮渣中有效活性成分属低聚黄烷醇类化合物，其抗衰老机理类同黄烷酮。由于其结构中含有有效酚羟基，具有清除人体内自由基的功能，从而可达到防止老年性退行性变化、预防和延缓衰老的目的。近年的医学研究证明，黄烷醇类化合物具有多种生理作用，可抑制红细胞膜和低密度脂蛋白过氧化，促进内皮细胞松弛因子的形成，防止血小板凝聚，可维持血管的弹性，从而缓解高血压、降低冠心病的发病率。

低聚黄烷醇的提取工艺流程：

原料浸泡→浸泡液→减压蒸馏→冷却→离心分离→加盐沉淀→冷却→离心分离→乙酸乙酯萃取→脱水→减压蒸馏→加沉淀剂→析出沉淀→真空干燥→成品。

取 2 kg 原料，加入适量溶剂（丙酮-水）浸泡，滤出浸泡液，减压蒸馏，待回收 90％的丙酮溶液后，将浓缩液在 4℃下冷却 3 h。然后用离心机将沉淀分离。溶剂中再加入适量 NaCl 搅拌溶解，冷却，用离心机将沉淀分离，弃去沉淀。将澄清液用乙酸乙酯萃取，之后减压蒸馏，待回收 90％的乙酸乙酯后，将浓缩液与数倍体积的沉淀剂混合摇匀，静置 30 min 沉淀析出，离心分离，将分离出的沉淀物在真空干燥箱中干燥，即得成品。

3.2　齐墩果酸

葡萄皮中含有大量的齐墩果酸（OA），它是一种三萜类化合物。OA 分子结构中存在活泼的官能团双键、羧基和羟基，这些活性基团具有与体内毒性物质结合的能力，可以防止毒物对细胞膜的破坏，阻止或减少组织细胞中脂质过氧化物（MDA）的生成。此外，OA 分子中的双键还可与自由基发生加成反应，抑制活性氧的生成，从而减少氧自由基和其他自由基引起的细胞损伤，最终防止中型神经系统神经元损伤及代谢障碍引起的细胞死亡。因此，葡萄皮提取物可提高 SOD 的活性，抑制 MDA 的异常升高，从而可能具有延缓脑组织衰老的功能。OA 能明显延长拟痴呆模型大鼠的学习记忆潜伏期，减少错误次数，显著改善拟痴呆模型大鼠的学习记忆功能。国内外研究证实，OA 具有护肝、降糖、降血脂、抗过氧化、抗突变、抗癌和抑制 HIV1 复制等作用，也是治疗急性黄疸型肝炎和慢性病毒性肝炎比较理想的药物。

齐墩果酸提取工艺流程：

（1）碱溶酸沉法　皮渣粗粉→95％乙醇渗滤提取→回收乙醇→浸膏状物→热水洗→水溶物→乙醇溶解脱色→碱化（pH 12）→静置→过滤→析出物→滤液酸化（pH 1）→析出物→水洗、乙醇溶液脱色→酸化→放置→结晶→水洗→粗品齐墩果酸→95％乙醇重结晶→产品。

（2）层析柱分离法　皮渣粗提物→95％乙醇渗滤提取→回收乙醇→浸膏状物→热水洗→水不溶物干燥→干燥物上硅胶层析柱→石油醚洗脱→乙醚洗脱→回收溶剂→热乙醇溶解→滤液静置→白色结晶→95％乙醇重结晶→产品。

4　酚类化合物的提取

提取葡萄籽油后的葡萄籽残渣，含有约 10％的单宁。单宁除供药用外，是皮革工业很好的鞣料，亦是制造墨水、日用化工和印染工业的原料。单宁的提取过程：将葡萄籽残渣用 50％的乙醇为溶剂在常温常压下浸提两次。每次 5～7 d，过滤除去的滤渣可作饲料。合并滤液蒸馏，将乙醇蒸出回收利用。母液真空浓缩或直接加热浓缩，沉淀干燥后即为单宁。

注意提取时隔氧操作，避免氧化使颜色变黑。

葡萄籽中含大量的低聚原花青素（OPC），是一种多酚类化合物。OPC 以高效、低毒和高生物利用率而著称。OPC 具有逆转多药耐基因（MDA）的良好潜能。OPC 是从葡萄籽中提取的化合物，其基本结构单位是儿茶素。原花青素中含有儿茶素单体、二聚体和三聚体，均为水溶性分子，分子中含有多个酚性羟基。多酚类化合物具有很强的抗氧化作用，可以清除体内自由基，减少细胞膜脂质过氧化，从而降低与自由基有关的疾病的发生，延缓衰老。

5 其他

葡萄皮渣、籽除以上综合利用外，还可以提取蛋白质、膳食纤维素、白藜芦醇等。尤其是白藜芦醇，在葡萄皮中含量较高。

参考文献

1.赵晨霞.园艺产品贮藏与加工.北京:中国农业出版社,2005
2.祝战斌.果蔬贮藏与加工技术.北京:科学出版社,2010
3.赵丽芹.果蔬加工工艺学.北京:中国轻工业出版社,2002
4.王丽琼.果蔬加工技术.北京:中国轻工业出版社,2015
5.卢锡纯.园艺产品贮藏加工.北京:中国轻工业出版社,2012
6.于海杰.果蔬贮藏加工技术.北京:中国质检出版社,2017
7.董全.果蔬加工工艺学.重庆:西南大学出版社,2007
8.粟萍,赵群.果蔬加工技术.天津:天津大学出版社,2010
9.张裕中.食品加工技术设备.北京:中国轻工业出版社,2012
10.刘新社,杜保伟.果蔬贮藏与加工技术.北京:中国轻工业出版社,2014
11.郝丽平.园艺产品贮藏与加工学.北京:中国农业大学出版社,2008
12.许学勤.食品工厂机械与设备.北京:中国轻工业出版社,2010
13.杨清香,于艳琴.果蔬加工技术.北京:化学工业出版社,2006
14.王颉,张子德.果品蔬菜贮藏加工原理与技术.北京:化学工业出版社,2009
15.徐小芳,杜宗绪.园艺产品质量检测.北京:中国农业出版社,2005
16.魏庆葆.食品机械与设备.北京:化学工业出版社,2013
17. 尚丽娟.蔬菜腌制品的控制.农产品加工,2011(5)
18.覃海元.果蔬加工技术. 北京:中国劳动社会保障出版社,2014
19.刘会珍,刘桂芹.果蔬贮藏与加工技术.北京:中国农业科学技术出版社,2015
20.赵晨霞.果蔬贮藏与加工.北京:中国农业出版社,2009
21.祝战斌.果蔬加工技术.北京:化学工业出版社,2008
22.叶兴乾.果品蔬菜加工工艺学.北京:中国农业出版社,2002
23.罗云波,蔡同一.园艺产品贮藏加工学. 北京:中国农业大学出版社,2001
24.严佩峰.果蔬加工技术.北京:化学工业出版社,2008
25.刘新社,易诚.果蔬贮藏与加工技术.北京:化学工业出版社,2009
26.秦文,吴卫国,翟爱华.园艺产品贮藏与加工学.北京:中国计量出版社,2010
27.张慜,马良. 对我国鲜切果蔬微加工行业及安全性的思考.江南大学学报(人文社会科学版),2016,15(5):110-114